Elemente der Mathematik

EdM

Nordrhein-Westfalen

Qualifikationsphase Grundkurs
Lösungen Kapitel 4 bis 7

Herausgegeben von
Heinz Griesel, Andreas Gundlach, Helmut Postel, Friedrich Suhr

LÖSUNGEN KAPITEL 4 BIS 7
Nordrhein-Westfalen
Qualifikationsphase Grundkurs

Herausgegeben von
Prof. Dr. Heinz Griesel, Dr. Andreas Gundlach, Prof. Helmut Postel, Friedrich Suhr

Bearbeitet von
Karin Benecke, Sibylle Brinkmann, Martin Brüning, Gabriele Dybowski, Dr. Andreas Gundlach, Dr. Arnold Hermans †, Jakob Langenohl, Matthias Lösche, Hanns Jürgen Morath, Dr. Holger Reeker, Sigrid Schwarz, Heinz Klaus Strick, Friedrich Suhr

Beratend wirkte mit
Dr. Reinhard Köhler

westermann GRUPPE

Druck A⁴ / Jahr 2019
Alle Drucke der Serie A sind im Unterricht parallel verwendbar.

Redaktion: Dr. Petra Brinkmeier, Kira von Bülow
Grafiken: imprint, Ilona Külen, Zusmarshausen; Michael Wojczak, Braunschweig; Langner und Partner, Hemmingen; topset GmbH, Rudi Warttmann, Nürtingen
Taschenrechner-Screenshots: Texas Instruments Education Technology GmbH, Freising
Umschlagsfoto: OKAPIA KG - Michael Grzimek & Co., Frankfurt/M.: imageBROKER/J.W.Alker
Umschlagsgestaltung: Janssen Kahlert Design & Kommunikation
Druck und Bindung: Westermann Druck GmbH, Braunschweig

ISBN 978-3-507-**87984**-3

4 Analytische Geometrie

5 Wahrscheinlichkeitsverteilungen

4 Analytische Geometrie

4.1 Punkte und Vektoren im Raum – Wiederholung

4.1.1 Lage von Punkten im Raum beschreiben

152

Einstiegsaufgabe ohne Lösung
Hinweis: Als Koordinatenursprung sollte man eine untere Ecke des Klassenraumes wählen. Zwei Schüler/innen sollten dann möglichst mit einem Maßband die Koordinaten bestimmen. Bei den Messungen ist darauf zu achten, dass das Maßband orthogonal zu den beiden Achsen am Boden bzw. bei der Höhe orthogonal zum Fußboden gehalten wird. Die Schüler/innen sollten bei den Messungen ihr Vorgehen beschreiben. Bei der Gelegenheit können die Begriffe Ursprung, Koordinaten-Achsen und Koordinaten-Ebene eingeführt werden.

154

1. a) A(6 | 4 | − 1); B(−2 | 0 | 1,5); C(2 | 5 | 1)

b) Die Koordinaten des Punktes D könnten beispielsweise D(4 | 5 | 0) lauten. Auch die Punkte R(2 | 4 | − 1) oder S(0 | 3 | −2) erscheinen im Schrägbild an der Stelle D. An der Stelle E erscheinen im Schrägbild zum Beispiel die Punkte E(2 | −2 | 3), T(0 | −3 | 2), Q(−2 | −4 | 1).

c) D(−6 | 0 | −5); E(−4 | −5 | 0)

155

2. a)

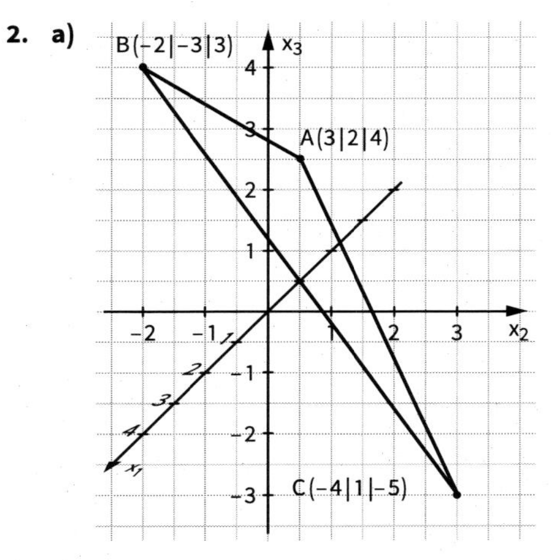

155

b)

C(−3|−3|2)
B(−1|4|1)
A(3|1|−1)

c) Beim Zeichnen des Koordinatensystems wie gewöhnlich, liegen die Punkte E und F übereinander und die Gerade lässt sich nicht einzeichnen.

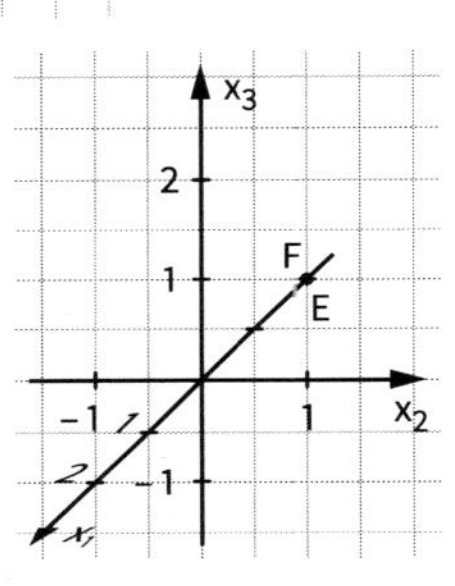

3. Lina hat das perspektivische Zeichnen beim Abtragen der x_2- und x_3-Koordinaten missachtet und dementsprechend diese zu lang gezeichnet.

4. *Beispiel*
Eckpunkte:
A(5 | 2,5 | 0); B(5 | 12,5 | 0); C(−5 | 2,5 | 0);
D(−5 | 12,5 | 0); S(0 | 7,5 | 8)

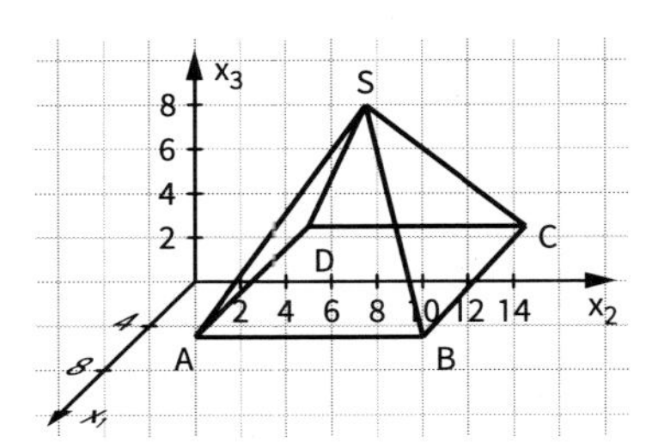

5. a) Schrägbild siehe Schülerbuch.
A(4 | 0 | 0); B(4 | 4 | 0); C(0 | 4 | 0); D(0 | 0 | 0); E(4 | 0 | 6); F(4 | 4 | 6);
G(0 | 4 | 6); H(0 | 0 | 6); S(2 | 2 | 9)

b) A(2 | −2 | 0); B(2 | 2 | 0); C(−2 | 2 | 0); D(−2 | −2 | 0); E(2 | −2 | 6);
F(2 | 2 | 6); G(−2 | 2 | 6); H(−2 | −2 | 6); S(0 | 0 | 9)

c) Die x_3-Koordinaten sind gleich. Jeweils die x_1- und x_2-Koordinate ist bei a) um 2 Einheiten größer als bei b).
Dies entspricht gerade der Verschiebung von D zu M.

155

6. a)

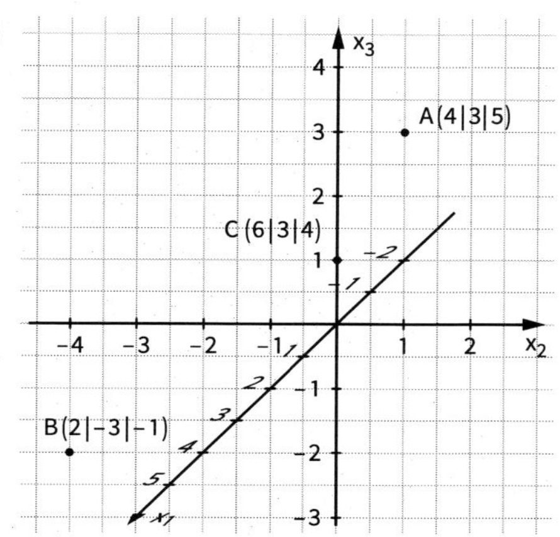

b) Punkte, die an derselben Stelle erscheinen wie Punkt

- A: z. B. (−2 | 0 | 2), (0 | 1 | 3)
- B: z. B. (4 | −2 | 0), (−2 | −5 | −3)
- C: z. B. (0 | 0 | 1), (−2 | −1 | 0)

156

7. A(6 | 0 | 0); B(6 | 6 | 0); C(0 | 6 | 0);
D(0 | 0 | 0); E(6 | 0 | 6); F(6 | 2 | 6);
G(6 | 6 | 2); H(4 | 6 | 6); I(0 | 6 | 6);
K(0 | 0 | 6)

8. a) Auf der x_2x_3-Ebene.
b) Auf der x_1x_3-Ebene.
c) Auf der x_1x_2-Ebene.
d) Auf der x_3-Achse.
e) Auf einer Ebene parallel zur x_1x_2-Ebene mit der x_3-Koordinate 3.
f) Auf einer Geraden parallel zur x_3-Achse durch den Punkt P(2 | 3 | 0).

9. a)

A(17 | −15 | 0)	B(17 | −15 | 8)	C(17 | 0 | 8)
D(0 | 0 | 8)	E(0 | 22 | 8)	F(−12 | 22 | 8)
G(−12 | 22 | 0)	H(0 | 22 | 0)	I(0 | 0 | 0)
J(17 | 0 | 0)		

156

b) x_1x_2-Ebene: A, G, H, I, J
x_2x_3-Ebene: D, E, H, I
x_1x_3-Ebene: C, D, I, J

c) A(37|17|0) B(37|17|8) C(22|17|8)
D(22|0|8) E(0|0|8) F(0|−12|8)
G(0|−12|0) H(0|0|0) I(22|0|0)
J(22|17|0)
x_1x_2-Ebene: A, G, H, I, J
x_2x_3-Ebene: E, F, G, H
x_1x_3-Ebene: D, E, H, I

10. Aus der Darstellung eines 3-dimensionalen Koordinatensystems auf einer 2-dimensionalen Zeichenfläche kann man nicht eindeutig die Koordinaten von Punkten ablesen, z. B. könnten die Punkte auch durch:
P(−2|2|1) und Q(1|−2|−1) beschrieben werden.
Erst durch weitere Informationen bzw. Lagebeziehungen kann Eindeutigkeit erreicht werden.

11. a) P'(2|0|4)
b) x_1x_2-Ebene: (2|3|0) x_2x_3-Ebene: (0|3|4)
c) Spiegelung an x_1x_3-Ebene: (2|−3|4)

12. a) P'(−4|0|0); Q'(0|3|0); R'(3|−2|−4); S'(−8|5|3)
b) P''(−4|0|0); Q''(0|−3|0); R''(3|2|4); S''(−8|−5|−3)
c) P'''(4|0|0); Q'''(0|3|0); R'''(−3|−2|4); S'''(8|5|−3)
d) P''''(4|0|0); Q''''(0|−3|0); R''''(−3|2|−4); S''''(8|−5|3)

4.1.2 Vektoren

157

Einstiegsaufgabe ohne Lösung
Richtung x_1-Achse: 5 Einheiten
Richtung x_2-Achse: 7 Einheiten
Richtung x_3-Achse: 1,5 Einheiten
Die Verschiebung auf G angewandt, ergibt G'(−12|30,5|4).

159

1. Das Dreieck A'B'C' muss mit dem Vektor $\begin{pmatrix} -4 \\ 2 \\ 0 \end{pmatrix}$ verschoben werden.

2. Man kann jeden Vektor im Raum durch einen Quader mit den Seitenlängen aus den Verschiebungskoordinaten darstellen.
Der Quader hat rechte Winkel, sodass die Länge des Vektors durch zweimalige Anwendung des Satzes des Pythagoras berechnet werden kann:
$d^2 = 5^2 + 7^2 = 74$
$|\vec{v}|^2 = d^2 + (1{,}5)^2 = 76{,}25$
$|\overline{AA'}| = |\vec{v}| = \sqrt{76{,}25} \approx 8{,}7$

160

3. **a)** A'(11 | 7 | 1)

b) A'(10,6 | 5,4 | − 10,9)

c) A'(6 | 4 | −3)

d) A'(0 | 0 | 0)

4. **a)**

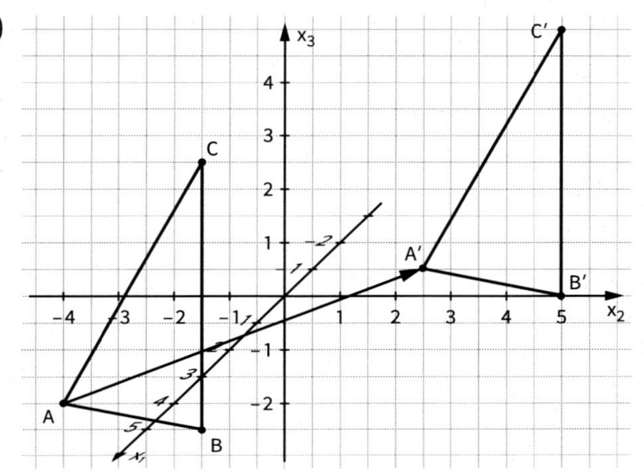

b) Das Dreieck wurde mit dem Vektor $\vec{v} = \begin{pmatrix} -3 \\ 5 \\ 1 \end{pmatrix}$ verschoben.
Der Gegenvektor ist $-\vec{v} = \begin{pmatrix} 3 \\ -5 \\ -1 \end{pmatrix}$.

5. (1) $-\vec{v} = \begin{pmatrix} -1 \\ 2 \\ -3 \end{pmatrix}$ (2) $-\vec{v} = \begin{pmatrix} 2 \\ 0 \\ -1 \end{pmatrix}$ (3) $-\vec{v} = \begin{pmatrix} -r \\ s \\ -t \end{pmatrix}$ (3) $-\vec{v} = \begin{pmatrix} 0 \\ 0 \\ 0 \end{pmatrix}$

6. **a)** Z. B.

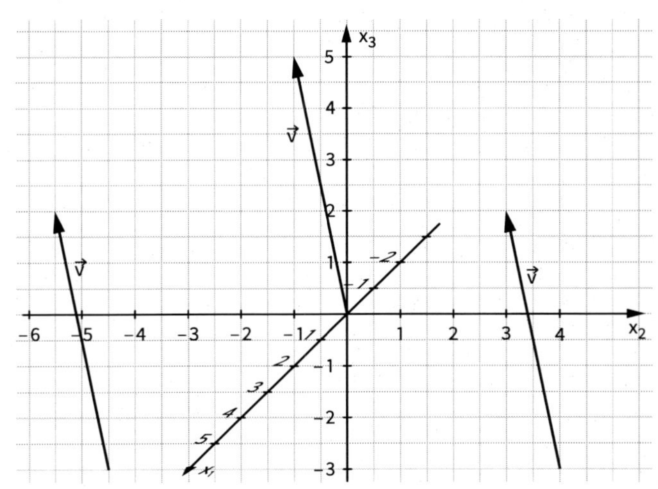

b) A'(−1 | 2 | 5); B (−4 | 20 | −26)

c) Q um $\vec{v}$ verschoben gibt Q'(8 | 11 | 4) ≠ P (8 | 11 | −4)
P ist kein Bildpunkt von Q unter $\vec{v}$.

7. **a)** Q (9 | −6 | 24)

b) P (−3 | 13 | 18)

c) Q (−4 | −1 | −8)

d) P (q + 3 | q − 7 | 3 q + 3)

160

8. a) $\overrightarrow{OA} = \begin{pmatrix} 4 \\ 0 \\ 0 \end{pmatrix}$; $\overrightarrow{OB} = \begin{pmatrix} 4 \\ 6 \\ 0 \end{pmatrix}$; $\overrightarrow{OC} = \begin{pmatrix} 0 \\ 6 \\ 0 \end{pmatrix}$; $\overrightarrow{OD} = \begin{pmatrix} 0 \\ 0 \\ 0 \end{pmatrix}$; $\overrightarrow{OE} = \begin{pmatrix} 4 \\ 0 \\ 4 \end{pmatrix}$; $\overrightarrow{OF} = \begin{pmatrix} 4 \\ 6 \\ 4 \end{pmatrix}$; $\overrightarrow{OG} = \begin{pmatrix} 0 \\ 6 \\ 4 \end{pmatrix}$; $\overrightarrow{OH} = \begin{pmatrix} 0 \\ 0 \\ 4 \end{pmatrix}$

b) Zum selben Vektor gehören
- $\overrightarrow{DC}$; $\overrightarrow{AB}$ und $\overrightarrow{EF}$
- $\overrightarrow{HF}$ und $\overrightarrow{DB}$

161

9. a) Es gibt 5 verschiedene Vektoren.
$\overrightarrow{AB} = \overrightarrow{DE}$; $\overrightarrow{AC}$; $\overrightarrow{BC} = \overrightarrow{EF}$; $\overrightarrow{AD} = \overrightarrow{CF} = \overrightarrow{BE}$; $\overrightarrow{FD}$

b) $\overrightarrow{AC} = \overrightarrow{JL}$; $\overrightarrow{AB} = \overrightarrow{IL}$; $\overrightarrow{BC} = \overrightarrow{ED} = \overrightarrow{GH} = \overrightarrow{JI}$; $\overrightarrow{IJ} = \overrightarrow{HG} = \overrightarrow{DE} = \overrightarrow{CB}$; $\overrightarrow{CG} = \overrightarrow{DJ}$

10. a) $\vec{a} = \overrightarrow{AB} = \overrightarrow{ED} = \overrightarrow{FM} = \overrightarrow{MC}$ $\quad$ $\vec{b} = \overrightarrow{BM} = \overrightarrow{ME} = \overrightarrow{CD} = \overrightarrow{AF}$ $\quad$ $\vec{d} = \overrightarrow{DM} = \overrightarrow{MA} = \overrightarrow{EF} = \overrightarrow{CB}$

b) Da es sich bei ABCDEF um ein regelmäßiges Sechseck handelt, sind alle angegebenen Vektoren gleich lang, es gilt also $|\vec{a}| = |\vec{b}| = |\vec{d}|$.

11. a) $\vec{v} = \begin{pmatrix} 7 \\ -6 \\ -4 \end{pmatrix}$; $|\vec{v}| = \sqrt{101} \approx 10{,}05$

b) $\vec{v} = \begin{pmatrix} 3 \\ -4 \\ 3 \end{pmatrix}$; $|\vec{v}| = \sqrt{34} \approx 5{,}83$

c) $\vec{v} = \begin{pmatrix} 19 \\ -9 \\ 11 \end{pmatrix}$; $|\vec{v}| = \sqrt{563} \approx 23{,}73$

d) $\vec{v} = \begin{pmatrix} 8 \\ -8 \\ 8 \end{pmatrix}$; $|\vec{v}| = \sqrt{192} \approx 13{,}86$

12. Max hat die einzelnen Einträge des Vektors nicht quadriert.
Laura dagegen hat zwar den ersten und dritten Eintrag des Vektors quadriert, beim zweiten Eintrag allerdings das Minus nicht ins Quadrat gesetzt.
Die richtige Lösung lautet: $|\vec{v}| = \sqrt{4^2 + (-2)^2 + 3^2} = \sqrt{29} \approx 5{,}39$.

13. a) $b_3 = 7$ oder $b_3 = 3$

b) $a_2 = 0$ oder $a_2 = 6$

c) $b_1 = 6 + \sqrt{6}$; $b_1 = 6 - \sqrt{6}$

d) $b_2 = 23$ oder $b_2 = 19$

14. a) P wird auf den Bildpunkt P′(1 | −3 | −8) abgebildet. Es gilt:
$\overrightarrow{PP'} = \begin{pmatrix} 0 \\ 0 \\ -16 \end{pmatrix}$ und $|\overrightarrow{PP'}| = \sqrt{0^2 + 0^2 + (-16)^2} = 16$.

b) A wird auf den Punkt A′(−4 | 5 | 0) abgebildet. Es gilt:
$\overrightarrow{AA'} = \begin{pmatrix} 0 \\ 0 \\ -9 \end{pmatrix}$ und $|\overrightarrow{AA'}| = \sqrt{0^2 + 0^2 + (-9)^2} = 9$.

4.1.3 Addition und Subtraktion von Vektoren

162

Einstiegsaufgabe ohne Lösung

- Die erste Verschiebung lässt sich durch den Vektor $\vec{v} = \begin{pmatrix} 10 \\ -7 \\ -5 \end{pmatrix}$, die zweite durch den Vektor $\vec{w} = \begin{pmatrix} -8 \\ -6 \\ 8 \end{pmatrix}$ beschreiben.
- Bei der Verschiebung mit dem Vektor $\vec{v}$ ändert sich die erste Koordinate von A um 10. Wird anschließend der Bildpunkt A′ mit dem Vektor $\vec{w}$ verschoben, dann wird die erste Koordinate von A′ um −8 verändert. Insgesamt ändert sich bei der Hintereinanderausführung der beiden Verschiebungen die erste Koordinate von A um $10 + (-8)$, also um 2. Entsprechend ändert sich die zweite Koordinate von A um $-7 + (-6) = -13$ und die dritte um $-5 + 8 = 3$. Dies gilt für jeden Punkt des Containers.

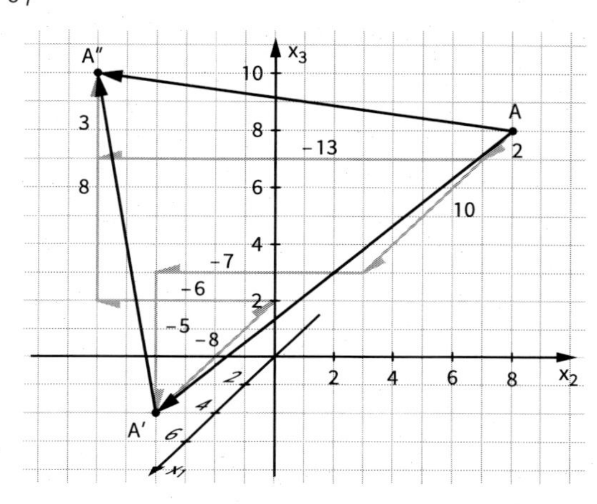

Die Hintereinanderausführung zweier Verschiebungen ist wieder eine Verschiebung.
Der Vektor $\vec{z}$ der Hintereinanderausführung hat somit die Koordinaten $\begin{pmatrix} 2 \\ -13 \\ 3 \end{pmatrix}$.
Offensichtlich erhält man die Koordinaten des Vektors $\vec{z}$, indem man die Koordinaten von $\vec{w}$ zu den Koordinaten des Vektors $\vec{v}$ addiert, also $\vec{z} = \begin{pmatrix} 10 + (-8) \\ -7 + (-6) \\ -5 + 8 \end{pmatrix} = \begin{pmatrix} 2 \\ -13 \\ 3 \end{pmatrix}$.

164

1. $\overrightarrow{AB} = \begin{pmatrix} 1-4 \\ 5-2 \\ -1-(-1) \end{pmatrix}$, also $\overline{AB} = |\overrightarrow{AB}| = \sqrt{(1-4)^2 + (5-2)^2 + (-1-(-1))^2} = \sqrt{18} \approx 4{,}24$

$\overrightarrow{AC} = \begin{pmatrix} 1-4 \\ 2-2 \\ 2-(-1) \end{pmatrix}$, also $\overline{AC} = |\overrightarrow{AC}| = \sqrt{(1-4)^2 + (2-2)^2 + (2-(-1))^2} = \sqrt{18} \approx 4{,}24$

$\overrightarrow{BC} = \begin{pmatrix} 1-1 \\ 2-5 \\ 2-(-1) \end{pmatrix}$, also $\overline{BC} = |\overrightarrow{BC}| = \sqrt{(1-1)^2 + (2-5)^2 + (2-(-1))^2} = \sqrt{18} \approx 4{,}24$

Es handelt sich also um ein gleichseitiges Dreieck.

2. **a)** $\begin{pmatrix} 2 \\ 3 \\ 5 \end{pmatrix} + \begin{pmatrix} 1 \\ 4 \\ -4 \end{pmatrix} = \begin{pmatrix} 3 \\ 7 \\ 1 \end{pmatrix}$

b) $\begin{pmatrix} 6 \\ 9 \\ 3 \end{pmatrix} + \begin{pmatrix} -9 \\ -5 \\ 4 \end{pmatrix} = \begin{pmatrix} -3 \\ 4 \\ 7 \end{pmatrix}$

c) $\begin{pmatrix} 8 \\ -5 \\ 3 \end{pmatrix} + \begin{pmatrix} -6 \\ -1 \\ -3 \end{pmatrix} = \begin{pmatrix} 2 \\ -6 \\ 0 \end{pmatrix}$

d) $\begin{pmatrix} -3 \\ 2 \\ -4 \end{pmatrix} + \begin{pmatrix} -1 \\ -4 \\ 6 \end{pmatrix} + \begin{pmatrix} 2 \\ 5 \\ -3 \end{pmatrix} = \begin{pmatrix} -2 \\ 3 \\ -1 \end{pmatrix}$

e) $\begin{pmatrix} 1 \\ 2 \\ 4 \end{pmatrix} - \begin{pmatrix} 3 \\ -1 \\ -1 \end{pmatrix} = \begin{pmatrix} -2 \\ 3 \\ 5 \end{pmatrix}$

f) $\begin{pmatrix} -3 \\ 2 \\ 1 \end{pmatrix} - \begin{pmatrix} 6 \\ -8 \\ -9 \end{pmatrix} = \begin{pmatrix} -9 \\ 10 \\ 10 \end{pmatrix}$

g) $\begin{pmatrix} 1 \\ -2 \\ 3 \end{pmatrix} - \begin{pmatrix} 5 \\ 4 \\ -2 \end{pmatrix} = \begin{pmatrix} -4 \\ -6 \\ 5 \end{pmatrix}$

h) $\begin{pmatrix} -3 \\ 5 \\ -2 \end{pmatrix} - \begin{pmatrix} -7 \\ -1 \\ 3 \end{pmatrix} - \begin{pmatrix} 3 \\ -2 \\ -4 \end{pmatrix} = \begin{pmatrix} 1 \\ 8 \\ -1 \end{pmatrix}$

i) $\begin{pmatrix} 7 \\ -3 \\ -10 \end{pmatrix} - \begin{pmatrix} -4 \\ 1 \\ 0 \end{pmatrix} + \begin{pmatrix} 5 \\ 8 \\ 1 \end{pmatrix} = \begin{pmatrix} 16 \\ 4 \\ -9 \end{pmatrix}$

165

3.

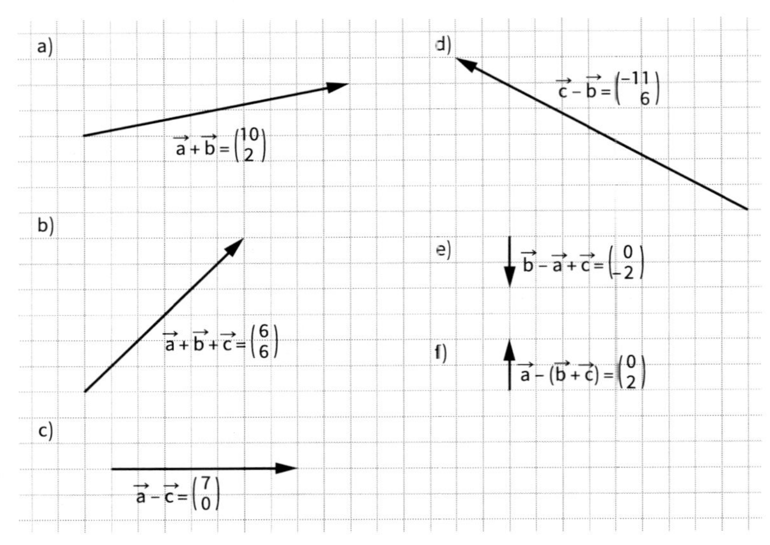

4. **a)** $\vec{a}+\vec{b}=\overrightarrow{AC}=\overrightarrow{EG}$

b) $\vec{a}-\vec{b}=\overrightarrow{DB}=\overrightarrow{HF}$

c) $\vec{b}-\vec{a}=\overrightarrow{BD}=\overrightarrow{FH}$

d) $\vec{a}-\vec{c}=\overrightarrow{EB}=\overrightarrow{HC}$

e) $\vec{b}+\vec{c}=\overrightarrow{AH}=\overrightarrow{BG}$

f) $\vec{b}-\vec{c}=\overrightarrow{ED}=\overrightarrow{FC}$

g) $\vec{a}+\vec{b}+\vec{c}=\overrightarrow{AG}$

h) $\vec{a}-\left(\vec{b}+\vec{c}\right)=\overrightarrow{AB}-\overrightarrow{AH}=\overrightarrow{HB}$

5. $\overrightarrow{AC}=-\vec{u}$, $\overrightarrow{AD}=-\vec{u}+\vec{s}$, $\overrightarrow{AE}=\vec{r}+\vec{t}$, $\overrightarrow{BA}=-\vec{r}$, $\overrightarrow{BC}=-\vec{r}-\vec{u}$, $\overrightarrow{BD}=-\vec{r}-\vec{u}+\vec{s}$, $\overrightarrow{CB}=\vec{u}+\vec{r}$, $\overrightarrow{CE}=\vec{u}+\vec{r}+\vec{t}$, $\overrightarrow{DA}=-\vec{s}+\vec{u}$, $\overrightarrow{DB}=-\vec{s}+\vec{u}+\vec{r}$, $\overrightarrow{DE}=-\vec{s}+\vec{u}+\vec{r}+\vec{t}$

6. **a)** $|\overrightarrow{AB}|=\sqrt{(8-(-3))^2+(-3-5)^2+(0-2)^2}=\sqrt{189}\approx 13{,}75$

b) $|\overrightarrow{AB}|=\sqrt{(3-6)^2+(0-6)^2+(-2-6)^2}=\sqrt{109}\approx 10{,}44$

c) $|\overrightarrow{AB}|=\sqrt{(-4-0)^2+(3-0)^2+(-5-0)^2}=\sqrt{50}\approx 7{,}07$

d) $|\overrightarrow{AB}|=\sqrt{(3-(-2))^2+(-5-(-1))^2+(2-(-5))^2}=\sqrt{90}\approx 9{,}49$

165

7. a) $|\overrightarrow{AB}| = \sqrt{(2-0)^2 + (-2-0)^2 + (7-3)^2}$

$= \sqrt{24} \approx 4{,}9$

$|\overrightarrow{BC}| = \sqrt{(0-2)^2 + (-4-(-2))^2 + (4-7)^2}$

$= \sqrt{17} \approx 4{,}1$

$|\overrightarrow{AC}| = \sqrt{(2-2)^2 + (-2-2)^2 + (4-3)^2}$

$= \sqrt{17} \approx 4{,}12$

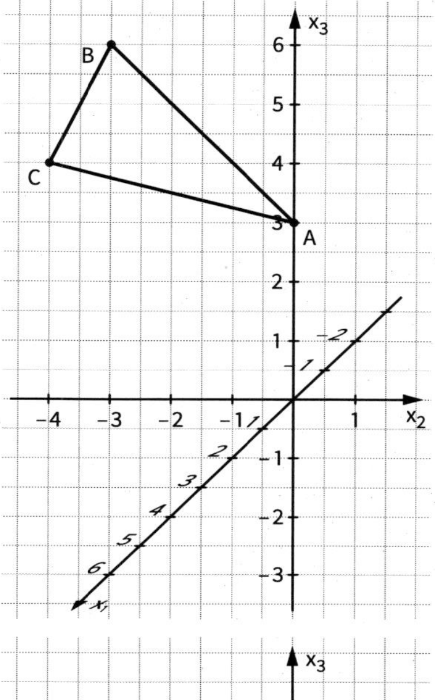

b) $|\overrightarrow{AB}| = \sqrt{(0-4)^2 + (-3-1)^2 + (1-0)^2}$

$= \sqrt{33} \approx 5{,}74$

$|\overrightarrow{BC}| = \sqrt{(6-0)^2 + (-1-(-3))^2 + (2-1)^2}$

$= \sqrt{41} \approx 6{,}4$

$|\overrightarrow{AC}| = |\overrightarrow{AB} + \overrightarrow{BC}|$

$= \sqrt{(-4+6)^2 + (-4+2)^2 + (1+1)^2}$

$= \sqrt{12} \approx 3{,}46$

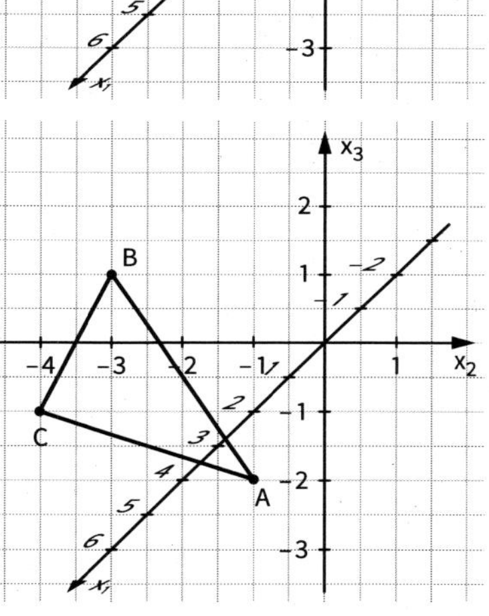

8. Die Überlegung ist falsch. Nach der Dreiecksregel kann man nur einen inneren gemeinsamen Punkt streichen.

165

9. **a)** $\overrightarrow{AB} + \overrightarrow{BC} + \overrightarrow{CD} = \overrightarrow{AC} + \overrightarrow{CD} = \overrightarrow{AD}$

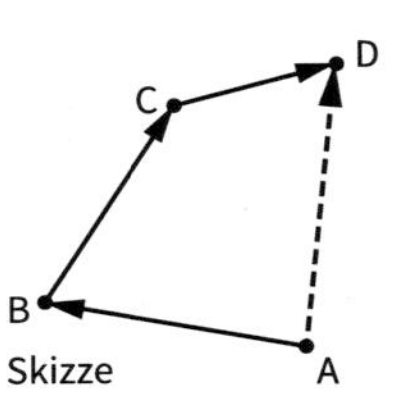

b) $\overrightarrow{AB} - \overrightarrow{CB} + \overrightarrow{CA} = \overrightarrow{AB} + \overrightarrow{BC} + \overrightarrow{CA} = \overrightarrow{AC} + \overrightarrow{CA} = \vec{0}$

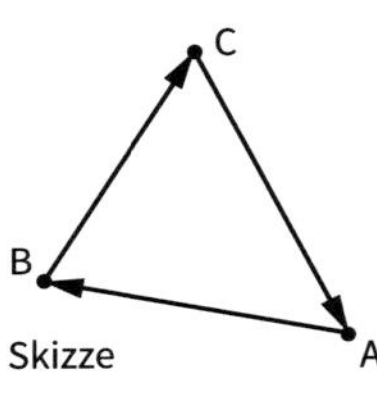

c) $\overrightarrow{RS} + \overrightarrow{SR} = \overrightarrow{RR} = \vec{0}$

S
R
Skizze

d) $\overrightarrow{RP} - \left(\overrightarrow{RP} - \overrightarrow{PQ}\right) + \overrightarrow{QS} = \overrightarrow{RP} - \overrightarrow{RP} + \overrightarrow{PQ} + \overrightarrow{QS} = \vec{0} + \overrightarrow{PS} = \overrightarrow{PS}$

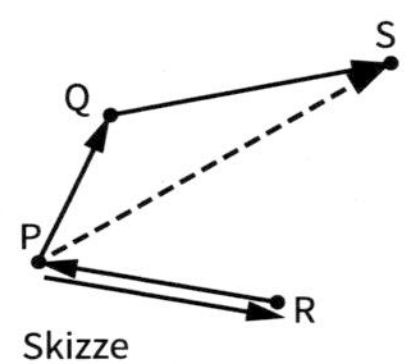

e) $\overrightarrow{FG} + \overrightarrow{GH} - \overrightarrow{FI} = \overrightarrow{FH} - \overrightarrow{FI} = \overrightarrow{IH}$

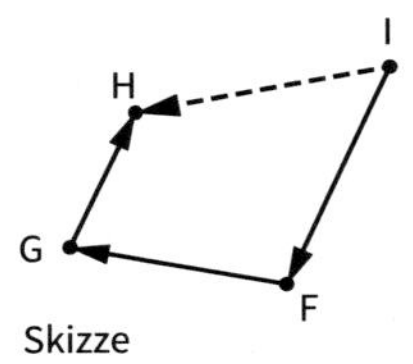

f) $\overrightarrow{PQ} - \left(\overrightarrow{SR} - \overrightarrow{QR}\right) + \overrightarrow{SP}$

$= \overrightarrow{PQ} - \overrightarrow{SR} + \overrightarrow{QR} + \overrightarrow{SP}$

$= \overrightarrow{PQ} + \overrightarrow{QR} - \overrightarrow{SR} + \overrightarrow{SP}$

$= \overrightarrow{PR} + \overrightarrow{RS} + \overrightarrow{SP} = \overrightarrow{PS} + \overrightarrow{SP} = 0$

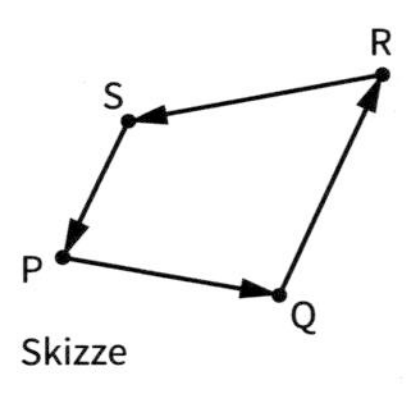

10. **a)** C(0|2|7); D(3|−1|2)

b) Seiten als Vektoren darstellbar:

$\overrightarrow{AB} = \begin{pmatrix} -5 \\ 4 \\ 5 \end{pmatrix}$ $\quad |\overrightarrow{AB}| = \sqrt{66} \approx 8{,}12$ $\qquad \overrightarrow{DC} = \begin{pmatrix} -3 \\ 3 \\ 5 \end{pmatrix}$ $\quad |\overrightarrow{DC}| = \sqrt{43} \approx 6{,}56$

$\overrightarrow{BC} = \begin{pmatrix} 2 \\ -3 \\ 4 \end{pmatrix}$ $\quad |\overrightarrow{BC}| = \sqrt{29} \approx 5{,}39$ $\qquad \overrightarrow{AD} = \begin{pmatrix} 0 \\ -2 \\ 4 \end{pmatrix}$ $\quad |\overrightarrow{AD}| = \sqrt{20} \approx 4{,}47$

Das Viereck ABCD ist kein Parallelogramm!

Gründe: 1) $\overrightarrow{AB} \neq \overrightarrow{CD}$ 2) $\overrightarrow{BC} \neq \overrightarrow{AD}$

166

11. a) $\overrightarrow{TB} = \begin{pmatrix} 1725 \\ 1649 \\ 2116 \end{pmatrix}$

b) $\overrightarrow{Z_{neu}B} = \begin{pmatrix} 1237 \\ 1115 \\ 1471 \end{pmatrix}$

c) Es gilt:
$|\overrightarrow{TZ}| + |\overrightarrow{ZB}|$
$\approx 1\,113{,}13 + 2\,086{,}46$
$= 3\,199{,}59$
$|\overrightarrow{TZ_{neu}}| + |\overrightarrow{Z_{neu}B}|$
$\approx 969{,}19 + 2\,222$
$= 3\,191{,}19$
Vor der Verlegung der Zwischenstation war der Weg von der Tal- zur Bergstation 3 199,59 m lang. Nach der Verlegung ist der Weg mit 3 191,19 m Länge etwas kürzer.

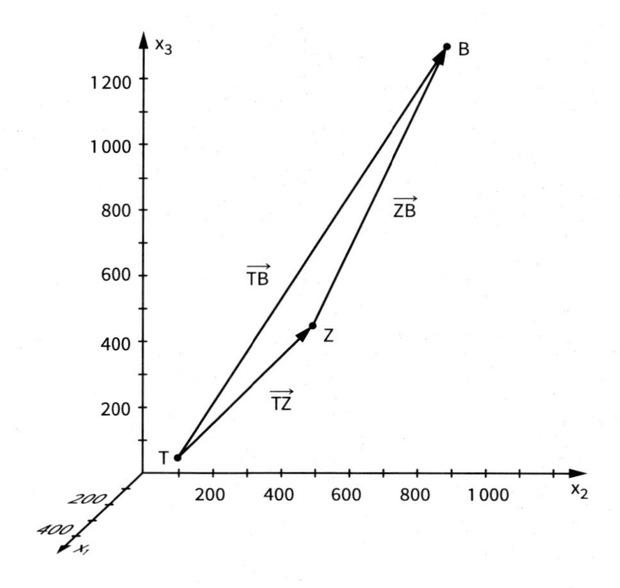

12. a) T(375 | 251 | 1 314)

b) $|\vec{v}| = \sqrt{150^2 + 600^2 + 1\,200^2} = 1\,350$,
In den ersten 5 Minuten erreicht der Ballon eine Durchschnittsgeschwindigkeit von $\frac{1{,}350\,\text{m}}{5\,\text{min}} = 270\,\frac{\text{m}}{\text{min}} = 16{,}2\,\frac{\text{km}}{\text{h}}$.

13. a) in Richtung x_1: −4 Einheiten
in Richtung x_2: 14 Einheiten
in Richtung x_3: −12 Einheiten
$\begin{pmatrix} -4 \\ 14 \\ -12 \end{pmatrix}$

b) H′(74 | 42 | 91)

c) $\sqrt{356} \approx 18{,}87$

167

14. a) D(0 | 2 | 9), $|\overrightarrow{AB}| = |\overrightarrow{DC}| = \sqrt{41} \approx 6{,}4$,
$|\overrightarrow{AD}| = |\overrightarrow{BC}| = \sqrt{50} \approx 7{,}07$

b) D(9 | 7 | 14), $|\overrightarrow{AB}| = |\overrightarrow{DC}| = \sqrt{77} \approx 8{,}77$,
$|\overrightarrow{AD}| = |\overrightarrow{BC}| = \sqrt{35} \approx 5{,}92$

c) D(6 | 8 | −4),
$|\overrightarrow{AB}| = |\overrightarrow{DC}| = \sqrt{116} \approx 10{,}77$, $|\overrightarrow{AD}| = |\overrightarrow{BC}| = \sqrt{29} \approx 5{,}39$

167

15. a) $\overrightarrow{DC} = \begin{pmatrix} -2 \\ 1 \\ -4 \end{pmatrix}$; $\overrightarrow{AB} = \overrightarrow{DC}$

ABCD ist ein Parallelogramm.

b) $\overrightarrow{DC} = \begin{pmatrix} 5 \\ 4 \\ 1 \end{pmatrix}$, $\overrightarrow{AB} \neq \overrightarrow{DC}$

ABCD ist kein Parallelogramm. Allerdings ist das Viereck ABDC ein Parallelogramm.

c) $\overrightarrow{DC} = \begin{pmatrix} 3 \\ 1 \\ 3 \end{pmatrix}$; $\overrightarrow{AB} = \overrightarrow{DC}$

ABCD ist ein Parallelogramm.

16.

Dreieck	Eigenschaften
Gleichseitiges Dreieck	Alle drei Seiten sind gleich lang. Alle drei Winkel haben 60°.
Gleichschenkliges Dreieck	Zwei Winkel sind gleich groß. Die anliegenden Schenkel sind gleich lang.
Rechtwinkliges Dreieck	Ein Winkel hat 90°. Ein Dreieck ist genau dann rechtwinklig, wenn der Satz des Pythagoras gilt.

17. a) $|\overrightarrow{AB}| = \sqrt{41}$, $|\overrightarrow{AC}| = \sqrt{41}$, $|\overrightarrow{BC}| = \sqrt{122}$

$41 + 41 = 82 \neq 122$, das Dreieck ist gleichschenklig, aber nicht rechtwinklig.

b) $|\overrightarrow{AB}| = \sqrt{68}$, $|\overrightarrow{AC}| = \sqrt{85}$, $|\overrightarrow{BC}| = \sqrt{17}$

$68 + 17 = 85$, das Dreieck ist rechtwinklig.

c) $|\overrightarrow{AB}| = \sqrt{20}$, $|\overrightarrow{AC}| = \sqrt{16{,}25}$, $|\overrightarrow{BC}| = \sqrt{16{,}25}$

$16{,}25 + 16{,}25 = 32{,}5 \neq 20$, das Dreieck ist gleichschenklig, aber nicht rechtwinklig.

d) $|\overrightarrow{AB}| = \sqrt{36}$, $|\overrightarrow{AC}| = \sqrt{10}$, $|\overrightarrow{BC}| = \sqrt{26}$

$10 + 26 = 36$, das Dreieck ist rechtwinklig.

e) $|\overrightarrow{AB}| = \sqrt{36}$, $|\overrightarrow{AC}| = \sqrt{36}$, $|\overrightarrow{BC}| = \sqrt{72}$

$36 + 36 = 72$, das Dreieck ist gleichschenklig-rechtwinklig.

18. a) $U = |\overrightarrow{AB}| + |\overrightarrow{AC}| + |\overrightarrow{BC}| = \sqrt{30} + \sqrt{50} + \sqrt{148} \approx 24{,}71$

b) $|\overrightarrow{AB}| = |\overrightarrow{AC}|$, also $30 = k^2 + 6k + 10$; $k_1 = -3 + \sqrt{29} \approx 2{,}39$; $k_2 = -3 - \sqrt{29} \approx -8{,}39$

$|\overrightarrow{AB}| = |\overrightarrow{BC}|$, also $30 = k^2 - 4k + 8$; $k_3 = 2 + \sqrt{26} \approx 7{,}1$; $k_4 = 2 - \sqrt{26} \approx -3{,}1$

$|\overrightarrow{AC}| = |\overrightarrow{BC}|$, also $k^2 + 6k + 10 = k^2 - 4k + 8$; $k_5 = -\frac{1}{5}$

Für die Werte k_1 bis k_5 erhält man ein gleichschenkliges Dreieck.

Das Dreieck kann nicht gleichseitig sein, da es keinen Wert für k gibt, für den alle drei Seiten gleich lang sind.

19. a) Es gilt: $|\overrightarrow{AB}| = \sqrt{25}$, $|\overrightarrow{AC}| = \sqrt{50}$, $|\overrightarrow{BC}| = \sqrt{25}$,

also $|\overrightarrow{AB}| = |\overrightarrow{BC}|$. Außerdem gilt $|\overrightarrow{AB}|^2 + |\overrightarrow{BC}|^2 = |\overrightarrow{AC}|^2$.

Das Dreieck ist also gleichschenklig-rechtwinklig.

$\overrightarrow{OD} = \overrightarrow{OA} + \overrightarrow{BC} = \begin{pmatrix} 4 \\ 3 \\ 9 \end{pmatrix}$. Für $D(4|3|9)$ ist das Viereck ABCD ein Quadrat.

167

b) Es gilt: $|\overrightarrow{AS}| = \sqrt{52}$, $|\overrightarrow{BS}| = \sqrt{17}$, $|\overrightarrow{CS}| = \sqrt{18}$, $|\overrightarrow{DS}| = \sqrt{53}$

Die Seiten der Pyramide haben alle eine unterschiedliche Länge.

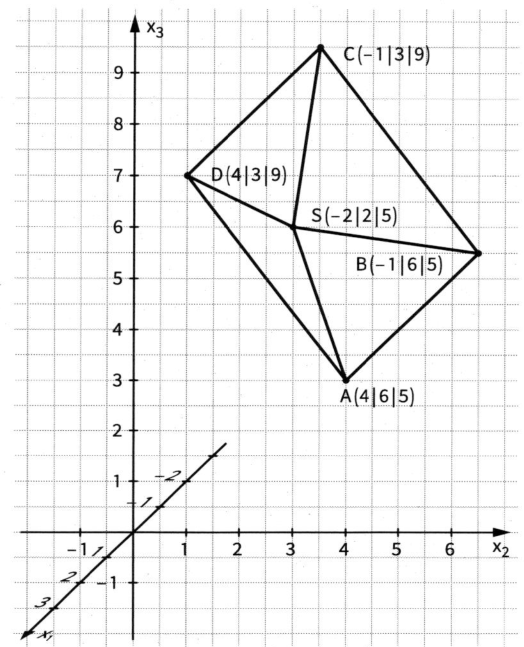

4.1.4 Vervielfachen von Vektoren

169

1. **a)** $\begin{pmatrix} -2 \\ 10 \\ 14 \end{pmatrix}$ **b)** $\begin{pmatrix} 3 \\ -6 \\ 4{,}5 \end{pmatrix}$ **c)** $\begin{pmatrix} -2 \\ 0 \\ -2{,}5 \end{pmatrix}$ **d)** $\begin{pmatrix} -6 \\ -3 \\ 15 \end{pmatrix}$ **e)** $\begin{pmatrix} 5 \\ -7{,}5 \\ 6{,}25 \end{pmatrix}$

2. Mehrere Lösungen immer möglich; einfache Beispiele:

a) $\vec{a} = \frac{1}{6} \cdot \begin{pmatrix} 4 \\ -6 \\ 3 \end{pmatrix}$

b) $\vec{a} = \frac{1}{12} \cdot \begin{pmatrix} -48 \\ -9 \\ 4 \end{pmatrix}$

c) $\vec{a} = 6 \cdot \begin{pmatrix} 3 \\ -2 \\ 4 \end{pmatrix}$; hier wäre die Aufgabenstellung ebenfalls eine Lösung.

d) $\vec{a} = \frac{1}{6} \cdot \begin{pmatrix} -3 \\ 120 \\ 4 \end{pmatrix}$

169

3. (1) Wegen der ersten Koordinate müsste der Faktor (– 1) sein.
Dies passt nicht zur dritten Koordinate.

(2) Wegen der ersten Koordinate müsste der Faktor $\frac{1}{2}$ sein.
Dies passt weder zur zweiten noch zur dritten Koordinate.

(3) Wegen der ersten Koordinate müsste der Faktor $\frac{1}{2}$ sein.
Dies passt nicht zur dritten Koordinate.

(4) Da $\vec{a}$ und $\vec{b}$ die gleiche x_3-Koordinate haben, aber unterschiedliche x_1- und x_2-Koordinaten, kann $\vec{b}$ kein Vielfaches von $\vec{a}$ sein.

170

4. **a)** $\vec{b} = \begin{pmatrix} \frac{2}{3} \\ \frac{-1}{3} \\ \frac{2}{3} \end{pmatrix}$ **b)** $\vec{b} = \frac{1}{5\sqrt{2}} \begin{pmatrix} 5 \\ 3 \\ -4 \end{pmatrix}$ **c)** $\vec{b} = \frac{1}{\sqrt{106}} \begin{pmatrix} 9 \\ 0 \\ 5 \end{pmatrix}$ **d)** $\vec{b} = \frac{1}{\sqrt{2}} \begin{pmatrix} 1 \\ 0 \\ 1 \end{pmatrix}$

Es gibt jeweils nur eine Lösung.

5. $\vec{b} = 2 \cdot \begin{pmatrix} -2 \\ 5 \\ 4 \end{pmatrix} = 2 \cdot \vec{d}$; $\vec{b}$ und $\vec{d}$ sind parallel zueinander.

$\vec{c} = -1{,}2 \cdot \begin{pmatrix} 2 \\ -5 \\ 4 \end{pmatrix} = -1{,}2 \cdot \vec{a}$; $\vec{e} = 150 \cdot \begin{pmatrix} 2 \\ -5 \\ 4 \end{pmatrix} = 150 \cdot \vec{a}$; $\vec{a}, \vec{c}$ und $\vec{e}$ sind parallel zueinander.

6.

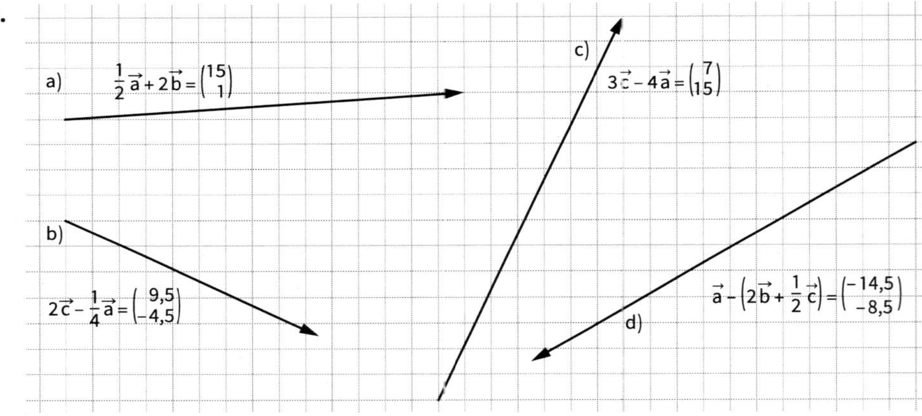

7. (1) $\frac{1}{2}\vec{a} + \frac{1}{2}\vec{b}$ (2) $-\vec{a} + \vec{b}$ (3) $\vec{a}$ (4) $\frac{1}{2}\vec{b}$

8. $\overrightarrow{AM_1} = \vec{a} + \frac{1}{2}\vec{b} + \frac{1}{2}\vec{c}$ $\overrightarrow{M_1M_2} = \frac{1}{2}\vec{b} - \frac{1}{2}\vec{a}$ $\overrightarrow{HM_3} = \frac{1}{2}\vec{a} - \vec{b} - \frac{1}{2}\vec{c}$ $\overrightarrow{M_2A} = -\frac{1}{2}\vec{c} - \frac{1}{2}\vec{a} - \vec{b}$

9. $\overrightarrow{MS} = -\frac{1}{2}\left(\vec{a} + \vec{b}\right) + \vec{c}$ $\overrightarrow{CS} = -\left(\vec{a} + \vec{b}\right) + \vec{c}$ $\overrightarrow{SB} = \vec{a} - \vec{c}$

10. $\overrightarrow{AB} = \begin{pmatrix} -12 \\ 12 \\ -4 \end{pmatrix}$, $\overrightarrow{OM} = \overrightarrow{OA} + \frac{1}{2}\overrightarrow{AB} = \begin{pmatrix} 3 \\ -4 \\ 7 \end{pmatrix} + \begin{pmatrix} -6 \\ 6 \\ -2 \end{pmatrix} = \begin{pmatrix} -3 \\ 2 \\ 5 \end{pmatrix}$

Der Mittelpunkt M der Strecke $\overline{AB}$ liegt bei M(–3|2|5).
Für den Mittelpunkt M einer Strecke $\overline{AB}$ gilt allgemein:

$\overrightarrow{OM} = \overrightarrow{OA} + \frac{1}{2}\overrightarrow{AB} = \overrightarrow{OA} + \frac{1}{2}\left(\overrightarrow{AO} + \overrightarrow{OB}\right) = \overrightarrow{OA} + \frac{1}{2}\left(-\overrightarrow{OA} + \overrightarrow{OB}\right) = \frac{1}{2}\overrightarrow{OA} + \frac{1}{2}\overrightarrow{OB} = \frac{1}{2}\left(\overrightarrow{OA} + \overrightarrow{OB}\right)$

170

11. $\overrightarrow{AB} = \begin{pmatrix} -6 \\ 4 \\ 2 \end{pmatrix}$; $\overrightarrow{AC} = \begin{pmatrix} 4 \\ -6 \\ -2 \end{pmatrix}$; $\overrightarrow{BC} = \begin{pmatrix} 10 \\ -10 \\ -4 \end{pmatrix}$ $M_a(1|0|4)$; $M_b(4|-2|3)$; $M_c(-1|3|5)$

$\overrightarrow{M_aM_b} = \begin{pmatrix} -3 \\ -2 \\ -1 \end{pmatrix} = -\frac{1}{2}\overrightarrow{AB}$ $\overrightarrow{M_aM_c} = \begin{pmatrix} -2 \\ 3 \\ 1 \end{pmatrix} = -\frac{1}{2}\overrightarrow{AC}$ $\overrightarrow{M_bM_c} = \begin{pmatrix} -5 \\ 5 \\ 2 \end{pmatrix} = -\frac{1}{2}\overrightarrow{BC}$

Jede Seite des Mittendreiecks $M_aM_bM_c$ ist parallel zur gegenüberliegenden Seite des Dreiecks ABC und halb so lang wie diese.
Die Dreiecke ABC und $M_aM_bM_A$ sind ähnlich zueinander.

Blickpunkt: Bewegungen auf dem Wasser

171

1. $|\vec{v}| = \sqrt{1{,}4^2 + (-2{,}1)^2} \approx 2{,}52$
Geschwindigkeit $v = 2{,}52\,\frac{m}{s} \approx 9{,}07\,\frac{km}{h} \approx 5{,}04$ kn

2. $|\overrightarrow{v_A}| = 6\,\text{kn} \approx 10{,}8\,\frac{km}{h} \approx 3\,\frac{m}{s}$;
$|\overrightarrow{v_B}| = 10\,\text{kn} \approx 18\,\frac{km}{h} \approx 5\,\frac{m}{s}$
Der Winkel zwischen den beiden Kursen beträgt 90°.
$x_A = 3 \cdot \sin(22{,}5°) \approx 2{,}30$;
$y_A = -3 \cdot \cos(22{,}5°) \approx -5{,}54$; $\overrightarrow{v_A} \approx \begin{pmatrix} 1{,}15 \\ -2{,}77 \end{pmatrix}$
$x_B = 5 \cdot \cos(22{,}5°) \approx 9{,}24$;
$y_B = 5 \cdot \sin(22{,}5°) \approx 3{,}83$; $\overrightarrow{v_B} \approx \begin{pmatrix} 4{,}62 \\ 1{,}91 \end{pmatrix}$

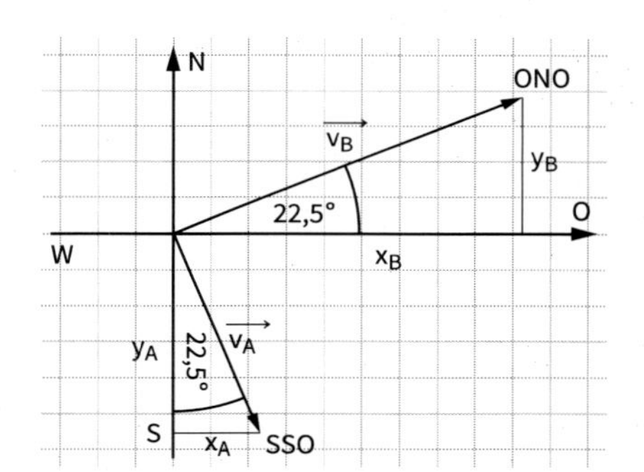

172

3. $\vec{v} = \overrightarrow{v_1} + \overrightarrow{v_2} = \begin{pmatrix} 2 \\ 5 \end{pmatrix} + \begin{pmatrix} 1 \\ -2 \end{pmatrix} = \begin{pmatrix} 3 \\ 3 \end{pmatrix}$
$|\vec{v}| = \sqrt{18}\,\frac{m}{s} \approx 4{,}24\,\frac{m}{s} \approx 15{,}27\,\frac{km}{h}$

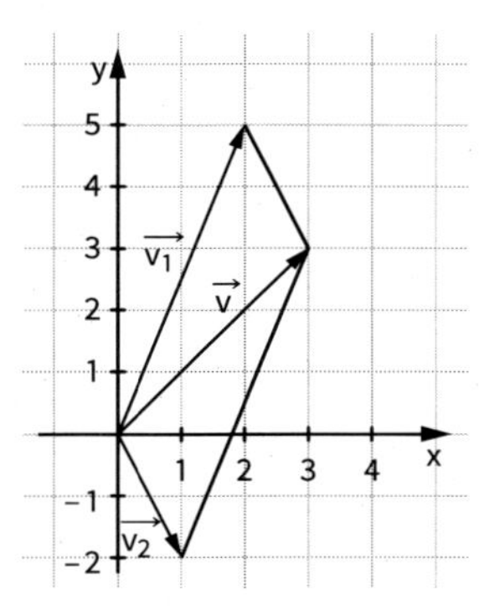

4. $x_1 = 4 \cdot \cos(75°) \approx 1{,}04$; $y_1 = 4 \cdot \sin(75°) \approx 3{,}86$
$\overrightarrow{v_1} \approx \begin{pmatrix} 1{,}04 \\ 3{,}86 \end{pmatrix}$; $\overrightarrow{v_2} = \begin{pmatrix} 3 \\ 0 \end{pmatrix}$
$\vec{v} = \overrightarrow{v_1} + \overrightarrow{v_2} \approx \begin{pmatrix} 4{,}04 \\ 3{,}86 \end{pmatrix}$
$|\vec{v}| \approx \sqrt{4{,}042 + 3{,}862} \approx 5{,}59$
Der Tanker bewegt sich mit einer Geschwindigkeit von ca. 5,6 kn.
Anmerkung: Die Geschwindigkeit kann auch durch Ablesen in einer maßstabsgetreuen Zeichnung bestimmt werden.

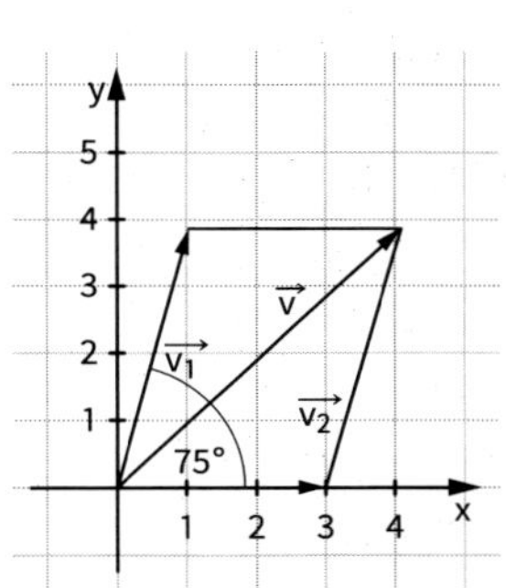

4.2 Geraden im Raum

4.2.1 Parameterdarstellung einer Geraden

173

Einstiegsaufgabe ohne Lösung

P_t sei der Punkt nach t Minuten.

- $P_1\left(5234 + 1 \cdot 74 \mid 805 + 1 \cdot 65 \mid -34 + 1 \cdot (-4)\right)$
  $P_1(5308 \mid 870 \mid -38)$
  $P_2(5456 \mid 1000 \mid -46)$
  $P_5(5604 \mid 1130 \mid -54)$
- $\overrightarrow{OP_t} = \begin{pmatrix} 5234 \\ 805 \\ -34 \end{pmatrix} + t \cdot \begin{pmatrix} 74 \\ 65 \\ -4 \end{pmatrix}$
- $\overrightarrow{OQ} = \begin{pmatrix} 6196 \\ 1650 \\ -86 \end{pmatrix} = \begin{pmatrix} 5234 \\ 805 \\ -34 \end{pmatrix} + t \cdot \begin{pmatrix} 74 \\ 65 \\ -4 \end{pmatrix}$ für $t = 13$ Minuten.

175

1. a) Am einfachsten kann man die Lage der Geraden im Koordinatensystem mithilfe von Bens Darstellung beschreiben. Geht man in Richtung des Richtungsvektors, so schneidet g die x_2x_3-Koordinatenebene in Punkt $S_{23}(0 \mid -2 \mid 3)$ und anschließend die x_1x_3-Ebene im Punkt $S_{13}(1 \mid 0 \mid 2)$. Dabei verläuft sie die ganze Zeit oberhalb der x_1x_2-Ebene, bis sie diese im Punkt $S_{12}(3 \mid 4 \mid 0)$ schneidet.

b) Schnittpunkte von h mit den Koordinatenebenen:
mit der x_1x_2-Ebene: $x_3 = 3 + 3k = 0$, also $k = -1$; $S_{12}(-6 \mid 2 \mid 0)$
mit der x_1x_3-Ebene: $x_2 = 1 - k = 0$, also $k = 1$; $S_{13}(-2 \mid 0 \mid 6)$
mit der x_2x_3-Ebene: $x_1 = -4 + 2k = 0$, also $k = 2$; $S_{23}(0 \mid -1 \mid 9)$

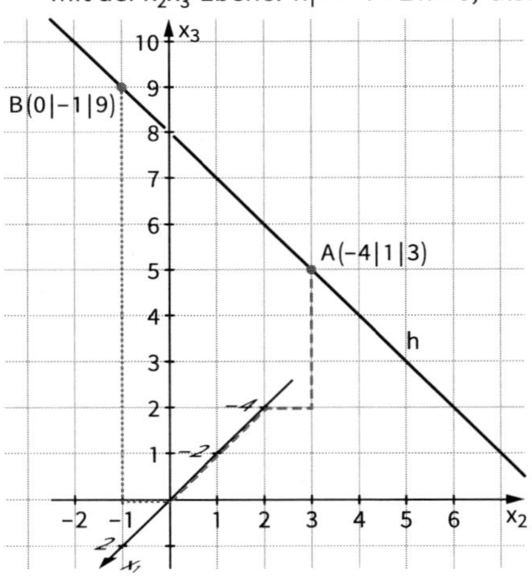

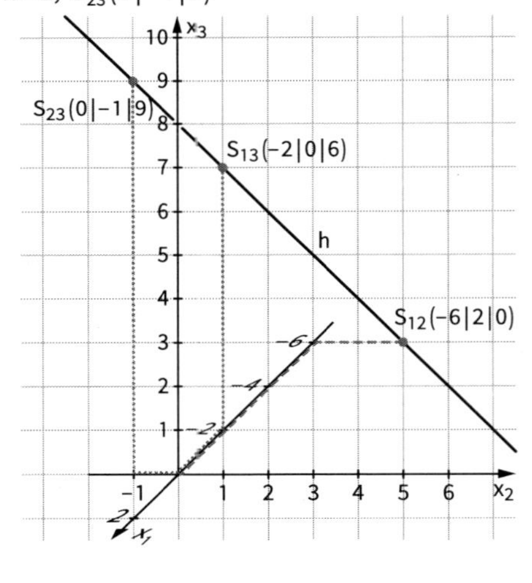

176

2. a) (1) $\vec{x} = \begin{pmatrix} -3 \\ 6 \\ 12 \end{pmatrix} + k \cdot \begin{pmatrix} 8 \\ -6 \\ -11 \end{pmatrix}$ (3) $\vec{x} = \begin{pmatrix} 9 \\ 0 \\ -5 \end{pmatrix} + k \cdot \begin{pmatrix} -9 \\ 0 \\ 5 \end{pmatrix}$

(2) $\vec{x} = \begin{pmatrix} -5 \\ 7 \\ 4 \end{pmatrix} + k \cdot \begin{pmatrix} 6 \\ -11 \\ 2 \end{pmatrix}$ (4) $\vec{x} = k \cdot \begin{pmatrix} 7 \\ 7 \\ 8 \end{pmatrix}$

b) Der Richtungsvektor $\begin{pmatrix} -8 \\ -6 \\ 8 \end{pmatrix}$ ist ein Vielfaches des Richtungsvektors der Geraden durch A und B.

Punktprobe: $\begin{pmatrix} 1 \\ 10 \\ -5 \end{pmatrix} = \begin{pmatrix} -7 \\ 4 \\ 3 \end{pmatrix} + k \cdot \begin{pmatrix} 8 \\ 6 \\ -8 \end{pmatrix}$

Die Vektorgleichung ist erfüllt für $k = 1$, somit liegt der Punkt $P(1\,|\,10\,|-5)$ auf der Geraden durch A und B.

Die Parameterdarstellung $\overrightarrow{OX} = \begin{pmatrix} 1 \\ 10 \\ -5 \end{pmatrix} + k \cdot \begin{pmatrix} -8 \\ -6 \\ 8 \end{pmatrix}$ beschreibt ebenfalls die Gerade durch A und B.

(1) $\vec{x} = \begin{pmatrix} 5 \\ 0 \\ 1 \end{pmatrix} + r \cdot \begin{pmatrix} -8 \\ 6 \\ 11 \end{pmatrix}$ (3) $\vec{x} = r \cdot \begin{pmatrix} 9 \\ 0 \\ -5 \end{pmatrix}$

(2) $\vec{x} = \begin{pmatrix} 1 \\ -4 \\ 6 \end{pmatrix} + r \cdot \begin{pmatrix} -6 \\ 11 \\ -2 \end{pmatrix}$ (4) $\vec{x} = \begin{pmatrix} 7 \\ 7 \\ 8 \end{pmatrix} + r \cdot \begin{pmatrix} -7 \\ -7 \\ -8 \end{pmatrix}$

c) (1) $\vec{x} = \begin{pmatrix} 13 \\ -6 \\ -10 \end{pmatrix} + s \cdot \begin{pmatrix} 8 \\ -6 \\ -11 \end{pmatrix}$ (3) $\vec{x} = \begin{pmatrix} -9 \\ 0 \\ 5 \end{pmatrix} + s \cdot \begin{pmatrix} -9 \\ 0 \\ 5 \end{pmatrix}$

(2) $\vec{x} = \begin{pmatrix} 7 \\ -15 \\ 8 \end{pmatrix} + s \cdot \begin{pmatrix} 6 \\ -11 \\ 2 \end{pmatrix}$ (4) $\vec{x} = \begin{pmatrix} 21 \\ 21 \\ 24 \end{pmatrix} + s \cdot \begin{pmatrix} 7 \\ 7 \\ 8 \end{pmatrix}$

3. a) Es gibt unendlich viele Lösungen. Beispiele:

$g\colon \vec{x} = \begin{pmatrix} 0 \\ 0 \\ 0 \end{pmatrix} + s\begin{pmatrix} 3 \\ -2 \\ 4 \end{pmatrix} = s \cdot \begin{pmatrix} 3 \\ -2 \\ 4 \end{pmatrix};\ s \in \mathbb{R}$

$g\colon \vec{x} = \begin{pmatrix} 3 \\ -2 \\ 4 \end{pmatrix} + r \cdot \begin{pmatrix} 3 \\ -2 \\ 4 \end{pmatrix};\ r \in \mathbb{R}$

$g\colon \vec{x} = \begin{pmatrix} -3 \\ 2 \\ -4 \end{pmatrix} + t \cdot \begin{pmatrix} 6 \\ -4 \\ 8 \end{pmatrix};\ t \in \mathbb{R}$

b) Man erkennt an der Parameterdarstellung einer Geraden eine Ursprungsgerade daran, dass der Ortsvektor ein Vielfaches des Richtungsvektors ist.

4. a) z. B. $\vec{x} = \begin{pmatrix} -3 \\ 4 \\ -3 \end{pmatrix} + r \cdot \begin{pmatrix} -2 \\ -1 \\ 4 \end{pmatrix}$

b) Es gilt: $\begin{pmatrix} -10 \\ -5 \\ 20 \end{pmatrix} = -5 \cdot \begin{pmatrix} 2 \\ 1 \\ -4 \end{pmatrix}$

Punktprobe: $\begin{pmatrix} 29 \\ 20 \\ -67 \end{pmatrix} = \begin{pmatrix} -5 \\ 3 \\ 1 \end{pmatrix} + k \cdot \begin{pmatrix} 2 \\ 1 \\ -4 \end{pmatrix}$ für $k = 17$

Also liegt $P(29\,|\,20\,|-67)$ auf g und die Richtungsvektoren sind Vielfache voneinander, somit ist diese Parameterdarstellung ebenfalls eine Parameterdarstellung von g.

177

5. Beim Stützvektor kommt es auf die Länge an. Nur beim Richtungsvektor ist die Länge irrelevant. Zu einem bekannten Stützvektor dürfen Vielfache eines Richtungsvektors addiert werden. Janniks alternative Darstellung der Geraden ist daher falsch.

6. Es gibt unendlich viele äquivalente Lösungen. Als Beispiel wird der Ursprung des Koordinatensystems immer in die untere, hintere, linke Ecke des Körpers gelegt und das Standard-Rechtssystem verwendet. Alle Einheiten sind cm.

a) $g: \vec{x} = \begin{pmatrix} 4 \\ 0 \\ 0 \end{pmatrix} + k \cdot \begin{pmatrix} -4 \\ 6 \\ 3 \end{pmatrix};\ k \in \mathbb{R}$ $\quad h: \vec{x} = \begin{pmatrix} 2 \\ 0 \\ 3 \end{pmatrix} + r \cdot \begin{pmatrix} 0 \\ 6 \\ -3 \end{pmatrix};\ r \in \mathbb{R}$

$i: \vec{x} = \begin{pmatrix} 0 \\ 3 \\ 3 \end{pmatrix} + t \cdot \begin{pmatrix} 2 \\ 3 \\ -3 \end{pmatrix};\ t \in \mathbb{R}$ $\quad k: \vec{x} = \begin{pmatrix} 0 \\ 3 \\ 3 \end{pmatrix} + s \cdot \begin{pmatrix} 4 \\ 3 \\ -3 \end{pmatrix};\ s \in \mathbb{R}$

b) $g: \vec{x} = \begin{pmatrix} 4 \\ 6 \\ 0 \end{pmatrix} + k \cdot \begin{pmatrix} -4 \\ -3 \\ 3 \end{pmatrix};\ k \in \mathbb{R}$ $\quad h: \vec{x} = \begin{pmatrix} 0 \\ 3 \\ 3 \end{pmatrix} + r \cdot \begin{pmatrix} 2 \\ 3 \\ -3 \end{pmatrix};\ r \in \mathbb{R}$

$i: \vec{x} = \begin{pmatrix} 2 \\ 6 \\ 0 \end{pmatrix} + t \cdot \begin{pmatrix} -2 \\ -6 \\ 3 \end{pmatrix};\ t \in \mathbb{R}$ $\quad k: \vec{x} = \begin{pmatrix} 2 \\ 0 \\ 0 \end{pmatrix} + s \cdot \begin{pmatrix} -2 \\ 6 \\ 3 \end{pmatrix};\ s \in \mathbb{R}$

c) $g: \vec{x} = \begin{pmatrix} 0 \\ 0 \\ 0 \end{pmatrix} + t \cdot \begin{pmatrix} 3 \\ 3 \\ 2{,}5 \end{pmatrix};\ t \in \mathbb{R}$ $\quad i: \vec{x} = \begin{pmatrix} 4 \\ 0 \\ 0 \end{pmatrix} + s \cdot \begin{pmatrix} -2 \\ 4 \\ 0 \end{pmatrix};\ s \in \mathbb{R}$

$k: \vec{x} = \begin{pmatrix} 2 \\ 4 \\ 0 \end{pmatrix} + r \cdot \begin{pmatrix} 2 \\ 2 \\ 5 \end{pmatrix};\ r \in \mathbb{R}$

7. a) $|\vec{v}| = \sqrt{4^2 + 4^2 + (-2)^2} = 6$

Die Bohrmaschine schafft 6 m pro Tag.

b) $\overrightarrow{OP} = \begin{pmatrix} 250 \\ 780 \\ 1\,030 \end{pmatrix} + 10 \cdot \begin{pmatrix} 4 \\ 4 \\ -2 \end{pmatrix} = \begin{pmatrix} 290 \\ 820 \\ 1\,010 \end{pmatrix}$

Das Tunnelende liegt im Punkt P (290 | 820 | 1 010).

c) Pro Tag bewegt sich der Bohrkopf um den Vektor $\vec{v}$.

Nach 1 Tag: $\overrightarrow{OP_1} = \overrightarrow{OA} + 1 \cdot \vec{v}$

Nach 2 Tagen: $\overrightarrow{OP_2} = \overrightarrow{OP_1} + 1 \cdot \vec{v} = \overrightarrow{OA} + \vec{v} + \vec{v} = \overrightarrow{OA} + 2 \cdot \vec{v}$

Entsprechend nach k Tagen:

$$\overrightarrow{OP_k} = \overrightarrow{OP_{k-1}} + \vec{v} = \overrightarrow{OA} + \underbrace{\vec{v} + \vec{v} + \ldots + \vec{v}}_{k \text{ Summanden}} = \overrightarrow{OA} + k \cdot \vec{v}$$

$0 \le k \le 10$

$P_1 (254 | 784 | 1\,028)$, $P_2 (258 | 788 | 1\,026)$

$P_3 (262 | 792 | 1\,024)$

d) Es muss ein k mit $0 \le k \le 10$ geben, sodass gilt: $\begin{pmatrix} 270 \\ 800 \\ 1\,020 \end{pmatrix} = \begin{pmatrix} 250 \\ 780 \\ 1\,030 \end{pmatrix} + k \cdot \begin{pmatrix} 4 \\ 4 \\ -2 \end{pmatrix}$

Dies ist der Fall für $k = 5$

Entsprechend:

$\begin{pmatrix} 300 \\ 820 \\ 1\,010 \end{pmatrix} = \begin{pmatrix} 250 \\ 780 \\ 1\,030 \end{pmatrix} + k \cdot \begin{pmatrix} 4 \\ 4 \\ -2 \end{pmatrix}$

Es gibt keinen Wert für k, der diese Gleichung erfüllt.

$\begin{pmatrix} 310 \\ 840 \\ 1\,000 \end{pmatrix} = \begin{pmatrix} 250 \\ 780 \\ 1\,030 \end{pmatrix} + k \cdot \begin{pmatrix} 4 \\ 4 \\ -2 \end{pmatrix}$

Dies ist der Fall für $k = 15$, die Lösung liegt aber nicht im Intervall [0; 10].

Somit gilt: E liegt auf der Tunnelstrecke, die Punkte F und G aber nicht.

177

8. a) Z. B.: $g: \vec{x} = \begin{pmatrix} -2 \\ 5 \\ 3 \end{pmatrix} + t \cdot \begin{pmatrix} 4 \\ -8 \\ -2 \end{pmatrix}$; $t \in \mathbb{R}$ oder $g: \vec{x} = \begin{pmatrix} 2 \\ -3 \\ 1 \end{pmatrix} + s \cdot \begin{pmatrix} -4 \\ 8 \\ 2 \end{pmatrix}$; $s \in \mathbb{R}$

P liegt auf g (im Beispiel: $t = -3$, $s = 4$). P liegt nicht zwischen A und B.

b) Z. B.: $g: \vec{x} = \begin{pmatrix} 5 \\ -3 \\ -1 \end{pmatrix} + t \begin{pmatrix} -3 \\ 2 \\ 3 \end{pmatrix}$; $t \in \mathbb{R}$ oder $g: \vec{x} = \begin{pmatrix} 2 \\ -1 \\ 2 \end{pmatrix} + s \begin{pmatrix} -6 \\ 4 \\ 6 \end{pmatrix}$; $s \in \mathbb{R}$

P liegt nicht auf g.

9. a) Alle Punkte der Strecke $\overline{AB}$ mit $A(-4|-6|3)$ und $B(1|9|3)$ inklusive der Punkte A und B.

b) Alle inneren Punkte der Strecke $\overline{CD}$ mit $C(4|0|-4)$ und $D(20|-8|0)$ (d. h. exklusive der Punkte C und D).

10. a) A liegt auf g für $k = -2$.
B liegt nicht auf g.
C liegt auf g für $k = 5$.

b) A liegt auf g für $t = -3$.
B liegt nicht auf g.
C liegt nicht auf g.

178

11. a) $\overrightarrow{PQ} = \begin{pmatrix} -2 \\ -4 \\ 4 \end{pmatrix}$, $\overrightarrow{PR} = \begin{pmatrix} 3 \\ 6 \\ -6 \end{pmatrix}$

Da $\overrightarrow{PR} = -\frac{3}{2} \cdot \overrightarrow{PQ}$, liegen P, Q, R auf einer Geraden und da der Vorfaktor negativ ist, liegt P zwischen Q und R.

b) $\overrightarrow{PQ} = \begin{pmatrix} 24 \\ -32 \\ 16 \end{pmatrix}$, $\overrightarrow{PR} = \begin{pmatrix} 15 \\ -20 \\ 10 \end{pmatrix}$, $\overrightarrow{PR} = \frac{5}{8}\overrightarrow{PQ}$

P, Q, R liegen auf einer Geraden. Da $\frac{5}{8} < 1$ liegt Q näher an P als R. Q liegt in der Mitte.

12. a) $g: \vec{x} = \begin{pmatrix} 11 \\ 1 \\ 6 \end{pmatrix} + k \cdot \begin{pmatrix} -6 \\ -2 \\ -4 \end{pmatrix}$

Punkte der Geraden liegen zwischen A und B für $0 < k < 1$.

Also: $k = \frac{1}{2}$ $\quad P_1(8|0|4)$

$k = \frac{1}{4}$ $\quad P_2(9{,}5|0{,}5|5)$

b) $Q(a|a|a)$ ist ein Punkt mit drei gleichen Koordinaten.

Es muss gelten: $\begin{pmatrix} a \\ a \\ a \end{pmatrix} = \begin{pmatrix} 11 \\ 1 \\ 6 \end{pmatrix} + k \cdot \begin{pmatrix} -6 \\ -2 \\ -4 \end{pmatrix}$

Also $\begin{vmatrix} a = 11 - 6k \\ a = 1 - 2k \\ a = 6 - 4k \end{vmatrix}$, bzw. $\begin{vmatrix} k = \frac{11 - a}{6} \\ k = \frac{1 - a}{2} \\ k = \frac{6 - a}{4} \end{vmatrix}$

Aus den beiden letzten Gleichungen erhalten wir $a = -4$; $k = \frac{5}{2}$

Diese Lösung erfüllt auch die erste Gleichung.

$Q(-4|-4|-4)$ liegt auf g.

13. a) $P(-4\,634|2\,035|-500)$

b) $\overrightarrow{PW} = \begin{pmatrix} 69 \\ 80 \\ -8 \end{pmatrix}$

Entfernung Tauchboot zum Wrack ist die Länge des Vektors $\overrightarrow{PW}$:

$|\overrightarrow{PW}| = \sqrt{11\,225} \approx 105{,}95 > 100$

Die Crew sieht das Wrack nicht.

178

14. a) $\begin{pmatrix} -14 \\ -11 \\ 9 \end{pmatrix} = \begin{pmatrix} -2 \\ 1 \\ 3 \end{pmatrix} + t \cdot \begin{pmatrix} -4 \\ -4 \\ 2 \end{pmatrix}$ für $t = 3$

$\begin{pmatrix} 18 \\ 21 \\ -7 \end{pmatrix} = \begin{pmatrix} -2 \\ 1 \\ 3 \end{pmatrix} + t \cdot \begin{pmatrix} -4 \\ -4 \\ 2 \end{pmatrix}$ für $t = -5$

Für die Punkte auf der Strecke $\overline{AB}$ gilt:

$\overrightarrow{OX} = \begin{pmatrix} -2 \\ 1 \\ 3 \end{pmatrix} + t \cdot \begin{pmatrix} -4 \\ -4 \\ 2 \end{pmatrix}$ für $-5 \le t \le 3$

b) $\begin{pmatrix} 30 \\ 101 \\ 115 \end{pmatrix} = \begin{pmatrix} 0 \\ 1 \\ -5 \end{pmatrix} + t \cdot \begin{pmatrix} 3 \\ 10 \\ 12 \end{pmatrix}$ für $t = 10$

$\begin{pmatrix} 300 \\ 1001 \\ 1195 \end{pmatrix} = \begin{pmatrix} 0 \\ 1 \\ -5 \end{pmatrix} + t \cdot \begin{pmatrix} 3 \\ 10 \\ 12 \end{pmatrix}$ für $t = 100$

Für die Punkte auf der Strecke $\overline{AB}$ gilt:

$\overrightarrow{OX} = \begin{pmatrix} 0 \\ 1 \\ -5 \end{pmatrix} + t \cdot \begin{pmatrix} 3 \\ 10 \\ 12 \end{pmatrix}$ für $10 \le t \le 100$

15. a) (1) $g: \vec{x} = \begin{pmatrix} 4 \\ 2 \\ 3 \end{pmatrix} + r \cdot \begin{pmatrix} -2 \\ 3 \\ -4 \end{pmatrix}$; $r \in \mathbb{R}$

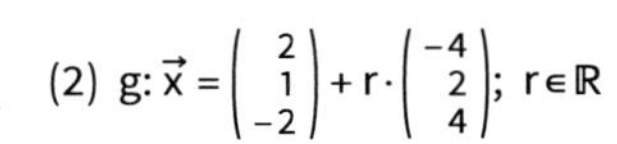

(2) $g: \vec{x} = \begin{pmatrix} 2 \\ 1 \\ -2 \end{pmatrix} + r \cdot \begin{pmatrix} -4 \\ 2 \\ 4 \end{pmatrix}$; $r \in \mathbb{R}$

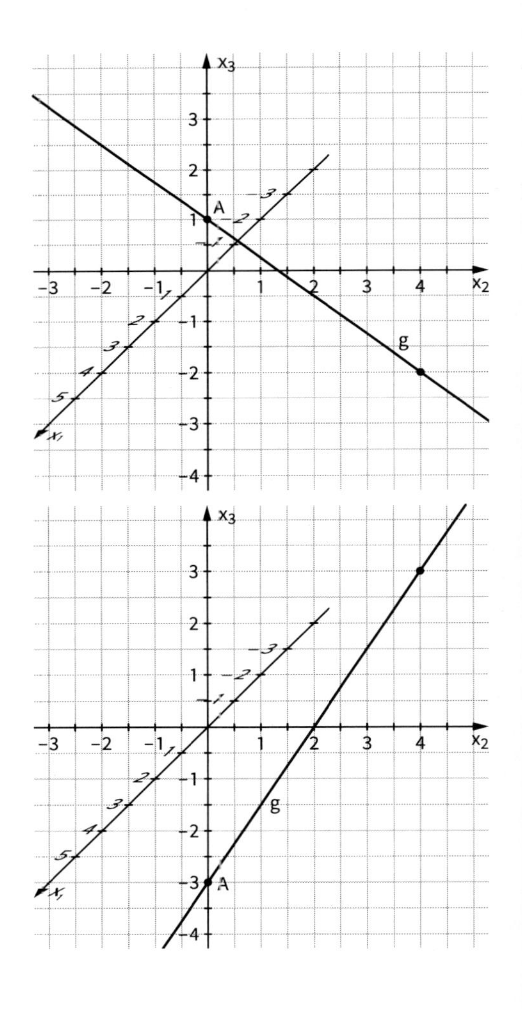

178 (3) $g\colon \vec{x} = \begin{pmatrix} -3 \\ -3 \\ 1 \end{pmatrix} + r \cdot \begin{pmatrix} 3 \\ 2 \\ -1 \end{pmatrix};\ r \in \mathbb{R}$

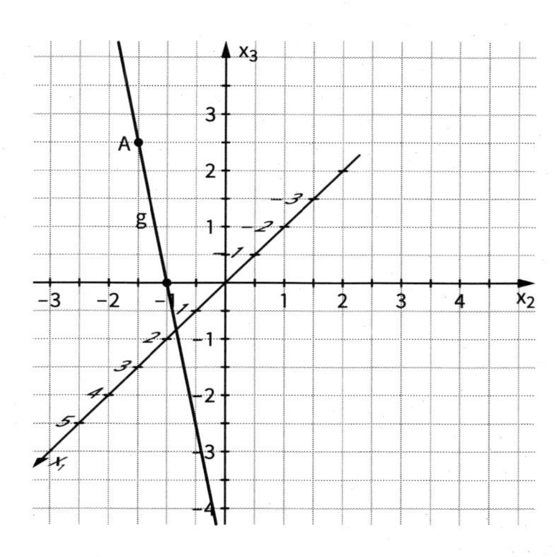

b) (1) $\left(2{,}5 \,\middle|\, \frac{17}{4} \,\middle|\, 0\right)$ (2) $(0\,|\,1\,|\,0)$ (3) $(0\,|-1\,|\,0)$
Dies sind jeweils die Schnittpunkte der Geraden g mit der x_1x_2-Ebene.

179 **16. a)** $S_{12}(2\,|-1\,|\,0)$; $S_{13}\left(\frac{4}{3}\,\middle|\,0\,\middle|\,1\right)$, $S_{23}(0\,|\,2\,|\,3)$

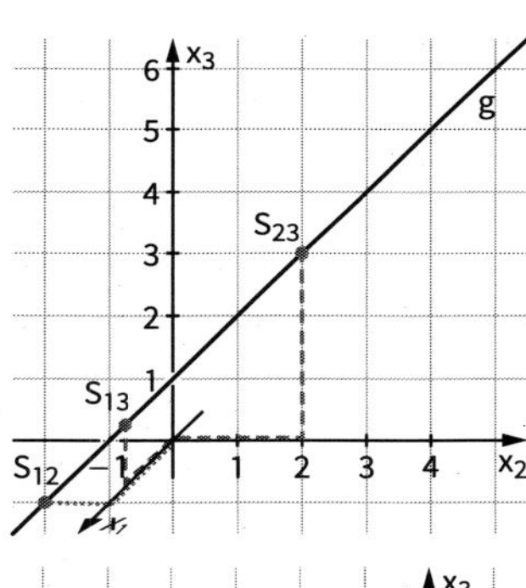

b) $S_{12}(10\,|\,2\,|\,0)$; $S_{13}(10\,|\,0\,|\,3)$;
S_{23} existiert nicht
g verläuft parallel zur x_2x_3-Ebene

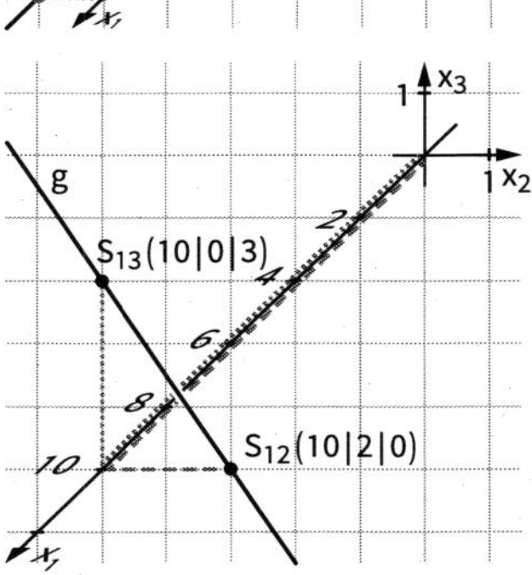

179

c) S_{12} und S_{13} existieren nicht.
$S_{23}(0|-2|4)$
g verläuft parallel zur x_1x_2-Ebene und zur x_1x_3-Ebene.

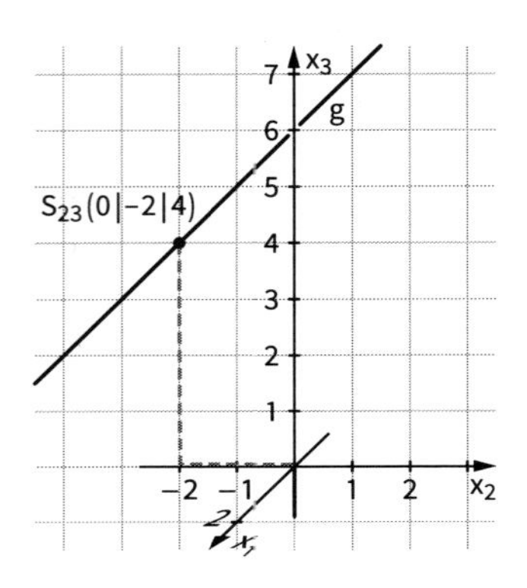

17. a) $S_{12}(6|0|0) = S_{13}$; $S_{23}(0|2|5)$
Zwei Spurpunkte fallen zusammen.
g schneidet die $x_1 x_2$-Ebene und die x_1x_3-Ebene in einem Punkt der x_1-Achse.

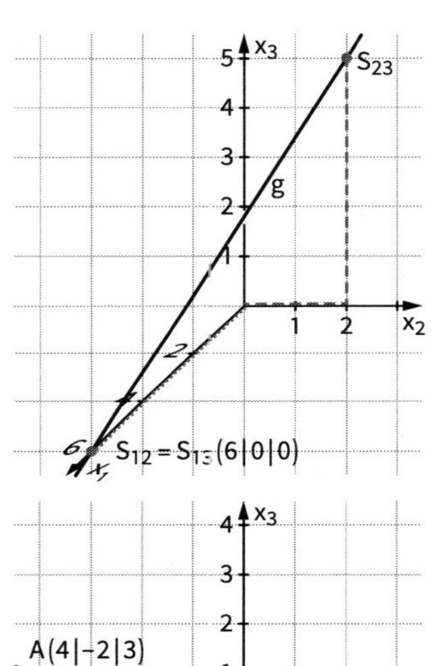

b) $S_{12}(0|0|0) = S_{13} = S_{23}$
g ist eine Ursprungsgerade.

179

c) $S_{12}(0|8|0) = S_{23}$; $S_{13}(-16|0|-24)$
Zwei Spurpunkte fallen zusammen.
g schneidet die x_1x_2-Ebene und die x_2x_3-Ebene in einem Punkt der x_2-Achse.

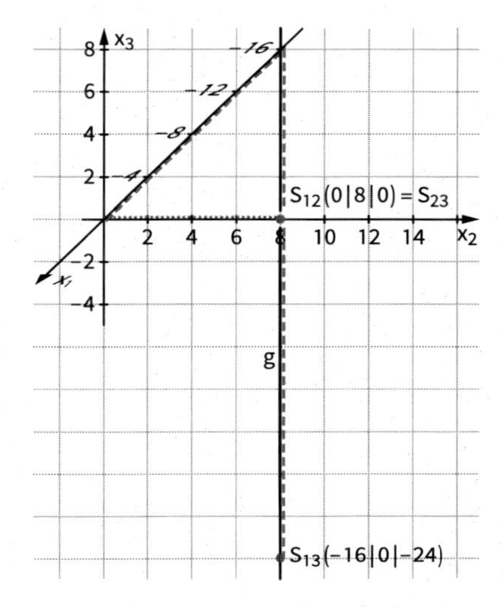

18. a) $S_{13}(4|0|3)$; $S_{23}(0|2|3)$; g: $\vec{x} = \begin{pmatrix} 4 \\ 0 \\ 3 \end{pmatrix} + k \cdot \begin{pmatrix} -4 \\ 2 \\ 0 \end{pmatrix}$

b) $S_{13}(2|0|3)$ g: $\vec{x} = \begin{pmatrix} 2 \\ 0 \\ 3 \end{pmatrix} + r \cdot \begin{pmatrix} 0 \\ 1 \\ 0 \end{pmatrix}$

179

19.

Anzahl der Spurpunkte	Beschreibung und Beipiel	Skizze
1 Spurpunkt	g verläuft paralell zu zwei Koordinatenebenen z. B. g: $\vec{x} = \begin{pmatrix} 2 \\ 3 \\ 2 \end{pmatrix} + k \cdot \begin{pmatrix} 1 \\ 0 \\ 0 \end{pmatrix}$ $S_{23}(0\|3\|2)$	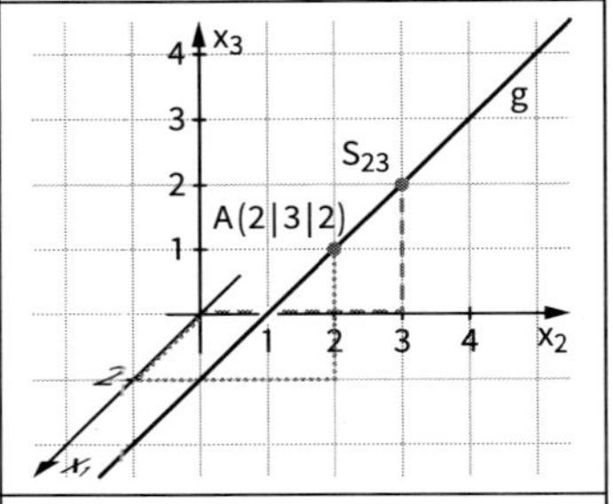
2 Spurpunkte	g verläuft parallel zu einer Koordinatenebene z. B. g: $\vec{x} = \begin{pmatrix} 4 \\ 0 \\ 3 \end{pmatrix} + k \cdot \begin{pmatrix} 2 \\ -1 \\ 0 \end{pmatrix}$ $S_{13}(4\|0\|3)$; $S_{23}(0\|2\|3)$	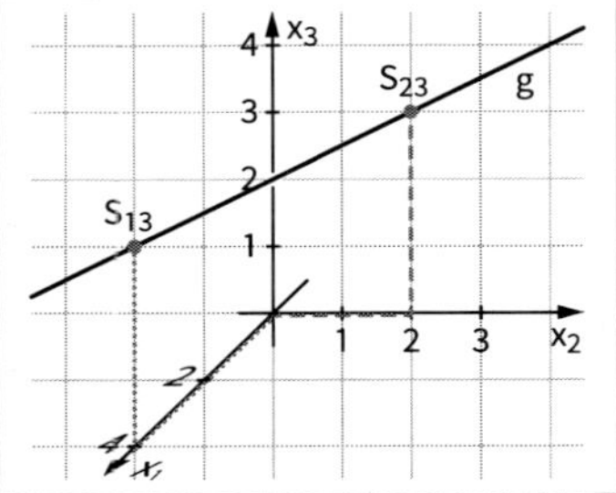
3 Spurpunkte	g schneidet alle drei Koordinatenebenen z. B. g: $\vec{x} = \begin{pmatrix} 4 \\ 6 \\ -1 \end{pmatrix} + k \cdot \begin{pmatrix} -1 \\ -2 \\ 1 \end{pmatrix}$ $S_{12}(3\|4\|0)$; $S_{13}(1\|0\|2)$; $S_{23}(0\|-2\|3)$	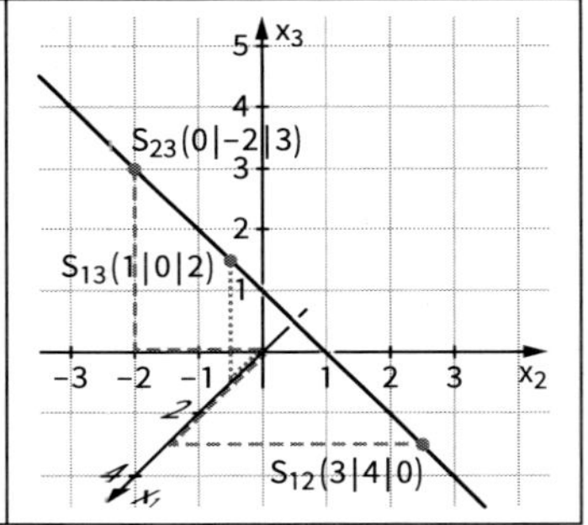

20. a) Ursprungsgerade in x_1x_2-Ebene — z. B.: g: $\vec{x} = \begin{pmatrix} 1 \\ 1 \\ 0 \end{pmatrix} + t \cdot \begin{pmatrix} 1 \\ 1 \\ 0 \end{pmatrix}$; $t \in \mathbb{R}$

b) x_2-Achse — z. B.: g: $\vec{x} = \begin{pmatrix} 0 \\ 1 \\ 0 \end{pmatrix} + t \cdot \begin{pmatrix} 0 \\ 1 \\ 0 \end{pmatrix}$; $t \in \mathbb{R}$

c) Ursprungsgerade in x_2x_3-Ebene — z. B.: g: $\vec{x} = \begin{pmatrix} 0 \\ 1 \\ -1 \end{pmatrix} + t \cdot \begin{pmatrix} 0 \\ 1 \\ -1 \end{pmatrix}$; $t \in \mathbb{R}$

d) Gerade verläuft in x_2x_3-Ebene — z. B.: g: $\vec{x} = \begin{pmatrix} 2 \\ 0 \\ 3 \end{pmatrix} + t \cdot \begin{pmatrix} 1 \\ 0 \\ 1 \end{pmatrix}$; $t \in \mathbb{R}$

179

21. Bei der Spiegelung eines Punktes an der x_1x_3-Ebene bleiben die x_1- und die x_3-Koordinate des Punktes erhalten, die x_2-Koordinate erhält das entgegengesetzte Vorzeichen.

a) Zwei Punkte, die auf g liegen: A(4|3|2), B(5|2|0)
Bildpunkte bei der Spiegelung:
A′(4|−3|2), B′(5|−2|0)
Die Bildgerade geht durch die Punkte A′ und B′, also $g'\colon \vec{x} = \begin{pmatrix} 4 \\ -3 \\ 2 \end{pmatrix} + r \cdot \begin{pmatrix} 1 \\ 1 \\ -2 \end{pmatrix}$.
Beobachtung: Da sich A und A′ sowie B und B′ nur im Vorzeichen der x_2-Koordinate unterscheiden, gilt dies auch für die Vektoren $\overrightarrow{AB}$ und $\overrightarrow{A'B'}$.

b) $g'\colon \vec{x} = \begin{pmatrix} -5 \\ -2 \\ -2 \end{pmatrix} + s \cdot \begin{pmatrix} 0 \\ -1 \\ -1 \end{pmatrix}$

c) $g'\colon \vec{x} = \begin{pmatrix} 2 \\ -2 \\ 1 \end{pmatrix} + t \cdot \begin{pmatrix} -2 \\ 0 \\ 3 \end{pmatrix}$

22. a) $g\colon \vec{x} = k \cdot \begin{pmatrix} 0 \\ 1 \\ 0 \end{pmatrix}$

b) $g\colon \vec{x} = \begin{pmatrix} 7 \\ 4 \\ 6 \end{pmatrix} + k \cdot \begin{pmatrix} 0 \\ 0 \\ 1 \end{pmatrix}$

c) $g\colon \vec{x} = \begin{pmatrix} 1 \\ 0 \\ 1 \end{pmatrix} + k \cdot \begin{pmatrix} 0 \\ 1 \\ 0 \end{pmatrix}$

d) $g\colon \vec{x} = k \cdot \begin{pmatrix} 0 \\ 1 \\ 1 \end{pmatrix}$

e) $g\colon \vec{x} = \begin{pmatrix} 3 \\ 3 \\ 3 \end{pmatrix} + k \cdot \begin{pmatrix} 1 \\ 1 \\ 0 \end{pmatrix}$

4.2.2 Lagebeziehungen zwischen Geraden

180

Einstiegsaufgabe ohne Lösung

■

	Lagebeziehung	Rechnung
1. Fall:	Zwei Geraden schneiden sich in einem gemeinsamen Punkt. In der Abbildung schneiden sich g_1 und g_2 im Punkt C.	Parameterdarstellungen gleichsetzen. Lineares Gleichungssystem mit 3 Gleichungen und zwei Unbekannten (Parameter der beiden Geraden) aufstellen und lösen. Es gibt genau eine Lösung.
2. Fall	Die beiden Geraden sind parallel zueinander. In der Abbildung gilt: $g_1 \parallel g_3$	Das Gleichungssystem wie im Fall 1 hat keine Lösungen. Die Richtungsvektoren sind Vielfache voneinander.
3. Fall	Die beiden Geraden schneiden sich nicht und sind auch nicht parallel zueinander.	Das Gleichungssystem wie im Fall 1 hat keine Lösungen. Die Richtungsvektoren sind keine Vielfachen voneinander.

Wenn das Gleichungssystem wie im Fall 1 beliebig viele Lösungen hat, dann handelt es sich um ein und dieselbe Gerade.

■ $g_1\colon \vec{x} = \begin{pmatrix} 6 \\ 6 \\ 0 \end{pmatrix} + k \cdot \begin{pmatrix} 6 \\ 0 \\ 0 \end{pmatrix}$ $\quad g_2\colon \vec{x} = \begin{pmatrix} 0 \\ 6 \\ 0 \end{pmatrix} + r \cdot \begin{pmatrix} 1 \\ -1 \\ 4 \end{pmatrix}$ $\quad g_3\colon \vec{x} = \begin{pmatrix} 5 \\ 1 \\ 4 \end{pmatrix} + s \cdot \begin{pmatrix} -4 \\ 0 \\ 0 \end{pmatrix}$

1) Wir betrachten zuerst paarweise die Richtungsvektoren der Geraden:

- g_1 und g_2:
  Die beiden Richtungsvektoren sind keine Vielfachen voneinander, also sind g_1 und g_2 nicht parallel zueinander.
- g_1 und g_3:
  $\begin{pmatrix} 6 \\ 0 \\ 0 \end{pmatrix} = -\frac{3}{2} \begin{pmatrix} -4 \\ 0 \\ 0 \end{pmatrix}$, also sind g_1 und g_3 parallel zueinander.
- Somit sind auch g_2 und g_3 nicht parallel zueinander.

180

2) Untersuchung auf gemeinsame Punkte

- g_1 und g_2:

  Die Gleichung $\begin{pmatrix} 6 \\ 6 \\ 0 \end{pmatrix} + k \cdot \begin{pmatrix} 6 \\ 0 \\ 0 \end{pmatrix} = \begin{pmatrix} 0 \\ 6 \\ 0 \end{pmatrix} + r \cdot \begin{pmatrix} 1 \\ -1 \\ 4 \end{pmatrix}$

  führt auf das lineare Gleichungssystem $\left| \begin{array}{r} 6k - r = -6 \\ r = 0 \\ -4r = 0 \end{array} \right|$ mit der Lösung $k = -1;\ r = 0$

  Die beiden Geraden g_1 und g_2 schneiden sich im Punkt $C(0|6|0)$.

- g_1 und g_3:

  $E(5|1|4)$ liegt nicht auf g_1 (Punktprobe), also sind g_1 und g_3 parallel zueinander, aber nicht identisch.

- g_2 und g_3:

  Die Gleichung $\begin{pmatrix} 0 \\ 6 \\ 0 \end{pmatrix} + r \cdot \begin{pmatrix} 1 \\ -1 \\ 4 \end{pmatrix} = \begin{pmatrix} 5 \\ 1 \\ 4 \end{pmatrix} + s \cdot \begin{pmatrix} -4 \\ 0 \\ 0 \end{pmatrix}$

  führt auf das lineare Gleichungssystem $\left| \begin{array}{l} r + 4s = 5 \\ -r = -5 \\ 4r = 4 \end{array} \right|$, das keine Lösung hat.

  Also schneiden sich g_2 und g_3 nicht, sind aber auch nicht parallel zueinander.

183

1. **a)** g und h schneiden sich im Punkt $S(-5|1|4)$.
b) g und h sind zueinander parallel.
c) g und h sind identisch.
d) g und h schneiden sich im Punkt $S(3|-4|5)$
e) g und h sind windschief.
f) g und h schneiden sich im Punkt $S(3|-2|4)$

2. Lena hat aus den ersten beiden Gleichungen $t = 1$ und $k = 2$ richtig errechnet.
Sie hat aber vergessen zu überprüfen, ob $t = 1$ und $k = 2$ auch die dritte Gleichung erfüllen. Dies ist nicht der Fall, deshalb sind die beiden Geraden windschief zueinander.

3. In der Aufgabenstellung benutzen beide Parameterdarstellungen den Parameter k. Fabian hat nicht beachtet, dass er einen der beiden Parameter umbenennen muss, wenn er den Schwerpunkt bestimmen möchte.

$$\begin{array}{l} (1) \\ (2) \\ (3) \end{array} \left| \begin{array}{r} -2 + 3k = 7 + s \\ 6 - 2k = 4 - 2s \\ -3 + 2k = -4 + 3s \end{array} \right|$$

Aus (2) folgt $k = 1 + s$
eingesetzt in (1): $s = 3$
eingesetzt in (3): $s = 3$
Die Graphen g und h schneiden sich im Punkt $S(10|-2|5)$.

183

4. a) Spurpunkte von g:
$S_{12}(1|1|0)$; $S_{13}(0|0|-2) = S_{23}$
Spurpunkte von h:
$S_{12}(2|5|0)$; $S_{13}(2|0|5)$;
S_{23} existiert nicht.

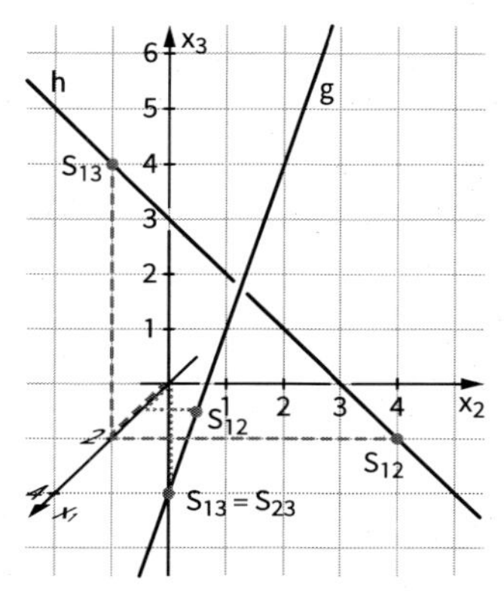

b) Die beiden Richtungsvektoren von g und h sind keine Vielfachen voneinander. Somit sind g und h nicht parallel zueinander.

Die Gleichung $\begin{pmatrix} 3 \\ 3 \\ 4 \end{pmatrix} + s \cdot \begin{pmatrix} 1 \\ 1 \\ 2 \end{pmatrix} = \begin{pmatrix} 2 \\ 2 \\ 3 \end{pmatrix} + t \cdot \begin{pmatrix} 0 \\ 1 \\ -1 \end{pmatrix}$

führt auf das lineare Gleichungssystem $\begin{vmatrix} s & = -1 \\ s - t & = -1 \\ 2s + t & = -1 \end{vmatrix}$, das keine Lösung hat.

g und h sind windschief zueinander.

5. a) Spurpunkte von g: $S_{12}(0|-1|0) = S_{23}$; $S_{13}(2|0|1)$
Spurpunkte von h: $S_{12}(2|1|0)$; $S_{23}(0|1|-2)$; S_{13} existiert nicht.
Die Spurpunkte und alle anderen Punkte von g liegen in der Zeichnung mit unserem üblichen Verkürzungsfaktor $k \approx 0{,}7$ und dem Winkel 45° alle auf einem Punkt.
Daher fertigen wir eine Zeichnung mit einem Winkel von ca. 56,3° und einem Verkürzungsfaktor von $k \approx 0{,}6$ an.

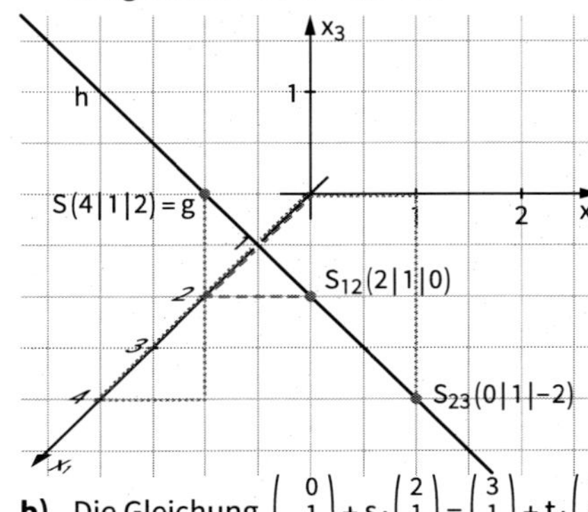

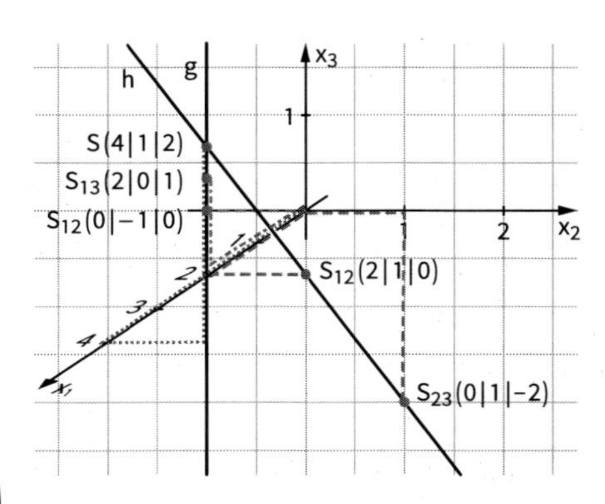

b) Die Gleichung $\begin{pmatrix} 0 \\ -1 \\ 0 \end{pmatrix} + s \cdot \begin{pmatrix} 2 \\ 1 \\ 1 \end{pmatrix} = \begin{pmatrix} 3 \\ 1 \\ 1 \end{pmatrix} + t \cdot \begin{pmatrix} 1 \\ 0 \\ 1 \end{pmatrix}$

führt auf das lineare Gleichungssystem $\begin{vmatrix} 2s - t & = 3 \\ s & = 2 \\ s - t & = 1 \end{vmatrix}$ mit der Lösung $s = 2$; $t = 1$

Schnittpunkt $S(4|1|2)$
Punkte, deren Schrägbild im Koordinatensystem an derselben Stelle liegen:
$P_1(0|-1|0)$, $P_2(-2|-2|-1)$, $P_3(6|2|3)$

184

6. a) P liegt nicht auf g. Wir wählen P als Aufpunkt der Geraden h und verwenden denselben Richtungsvektor.

Eine mögliche Lösung: $h: \vec{x} = \begin{pmatrix} 15 \\ 26 \\ 31 \end{pmatrix} + t \cdot \begin{pmatrix} -2 \\ -3 \\ 5 \end{pmatrix}$

b) P liegt nicht auf g. Wir wählen P als Aufpunkt der Geraden h und verwenden denselben Richtungsvektor.

Eine mögliche Lösung: $h: \vec{x} = \begin{pmatrix} 8 \\ 16 \\ 5 \end{pmatrix} + t \cdot \begin{pmatrix} 1 \\ -4 \\ 0 \end{pmatrix}$

7. a) $\vec{x} = \begin{pmatrix} 0 \\ 0 \\ 0 \end{pmatrix} + t \cdot \begin{pmatrix} 4 \\ 2 \\ 3 \end{pmatrix}$ **b)** $\vec{x} = \begin{pmatrix} 1 \\ 1 \\ 1 \end{pmatrix} + t \cdot \begin{pmatrix} 4 \\ 2 \\ 1 \end{pmatrix}$ **c)** $\vec{x} = \begin{pmatrix} 1 \\ 1 \\ 0 \end{pmatrix} + t \cdot \begin{pmatrix} 4 \\ 2 \\ 3 \end{pmatrix}$

8. $g \nparallel h$: Richtungsvektoren sind nicht kollinear zueinander.

$$\left| \begin{array}{l} -p+2t = 2+2s \\ 1-8t = 6-2s \\ -2-4t = 4p-4s \end{array} \right|; \quad \left| \begin{array}{l} 2t-2s = p+2 \\ -8t+2s = 5 \\ -4t+4s = 4p+2 \end{array} \right|$$

1. und 2. Gleichung addieren:

$$\left| \begin{array}{l} -6t = p+7 \\ -8t+2s = 5 \\ -4t+4s = 4p+2 \end{array} \right|$$

Das Doppelte der 2. Gleichung von der 3. Gleichung subtrahieren:

$$\left| \begin{array}{l} -6t = p+7 \\ -8t+2s = 5 \\ 12t = 4p-8 \end{array} \right|$$

Das Doppelte der 1. Gleichung zur 3. Gleichung addieren:

$$\left| \begin{array}{l} -6t = p+7 \\ -8t+2s = 5 \\ 0 = 6p+6 \end{array} \right|; \quad \left| \begin{array}{l} -6t = p+7 \\ -8t+2s = 5 \\ p = -1 \end{array} \right|; \quad \left| \begin{array}{l} t = -\frac{1}{6}p - \frac{7}{6} \\ s = 4t+2{,}5 \\ p = -1 \end{array} \right|; \quad \left| \begin{array}{l} t = -1 \\ s = -1{,}5 \\ p = -1 \end{array} \right|$$

Für $p = -1$ schneiden sich die Geraden g und h im Punkt $S(-1\,|\,9\,|\,2)$.

9. a) Die Geraden a und b liegen windschief zueinander und bilden kein Dreieck.

b) $A(-8\,|-12\,|\,10)$; $B(6\,|\,9\,|\,24)$; $C(-4\,|-4\,|-2)$

$|\overline{AB}| = \sqrt{833} \approx 28{,}86$; $|\overline{AC}| = \sqrt{244} \approx 14{,}97$; $|\overline{BC}| = \sqrt{945} \approx 30{,}74$

184

10. a) Z. B.

h_{AB}: $\vec{x} = \begin{pmatrix} 3 \\ 1 \\ 4 \end{pmatrix} + s\begin{pmatrix} -5 \\ 3 \\ -3 \end{pmatrix}$; $s \in \mathbb{R}$

g und h_{AB} liegen windschief zueinander.

b) Da $\overrightarrow{AB} = \begin{pmatrix} -5 \\ 3 \\ -3 \end{pmatrix} = \overrightarrow{DC}$ und

$\overrightarrow{AD} = \begin{pmatrix} 0 \\ -3 \\ 2 \end{pmatrix} = \overrightarrow{BC}$,

liegt ein Parallelogramm vor.
Schnittpunkt der Diagonalen: (0,5 | 1 | 3,5).

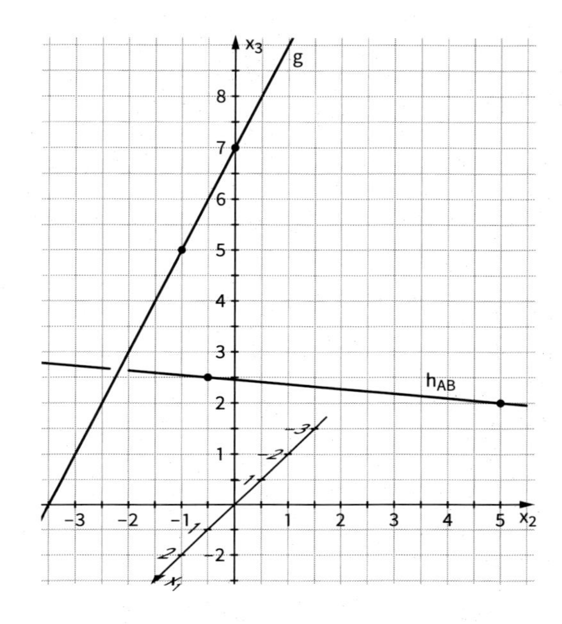

11. a) D(−1 | −1 | 2)

b) Z. B.

g_{M_1C}: $\vec{x} = \begin{pmatrix} 1 \\ -5 \\ 8 \end{pmatrix} + s \cdot \begin{pmatrix} -3 \\ -4 \\ 7 \end{pmatrix}$; $s \in \mathbb{R}$

Z. B.

h_{M_2D}: $\vec{x} = \begin{pmatrix} -1 \\ -1 \\ 2 \end{pmatrix} + r \cdot \begin{pmatrix} -4 \\ 3 \\ -4 \end{pmatrix}$; $r \in \mathbb{R}$

Schnittpunkt (2,2 | −3,4 | 5,2)

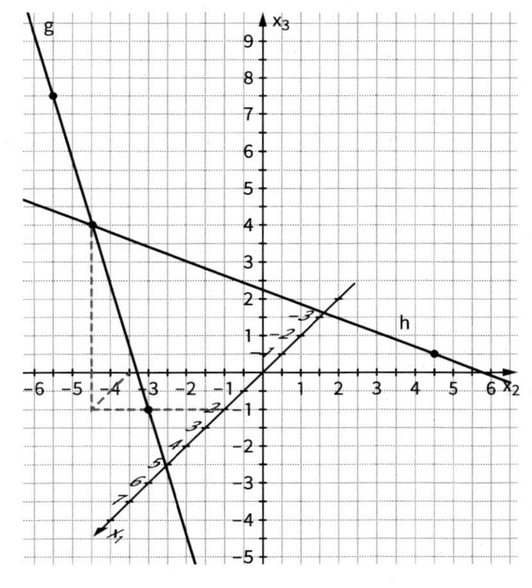

12. a) C(5 | 5 | 0); F(6 | 5 | 1); G(6 | 6 | 0); H(4 | 6 | 1)

b) Die Diagonalen AG und EC schneiden sich im Punkt (4,5 | 5 | 1).

13. a) G(2 | 4 | 5); H(2 | 2 | 5); Zeichnung siehe Schülerband.

b) Gerade AQ liegt zur Geraden BH windschief.
Gerade AQ schneidet Gerade EP im Punkt (3,75 | 3 | 3,75).
Gerade BH schneidet Gerade EP im Punkt (3,6 | 3,6 | 3).

c) S(3 | 3 | 7,5)

185

14. Koordinaten der Eckpunkte des Quaders:
$A(2|-2|0)$, $B(2|2|0)$, $C(-2|2|0)$, $D(-2|-2|0)$,
$E(2|-2|4)$, $F(2|2|4)$, $G(-2|2|4)$, $H(-2|-2|4)$,
$M_1(0|-2|4)$, $M_2(2|2|2)$; $P_t(-2|2|t)$, $0 \le t \le 4$

$$g\colon \vec{x} = \begin{pmatrix} 0 \\ -2 \\ 4 \end{pmatrix} + k \cdot \begin{pmatrix} 1 \\ 2 \\ -1 \end{pmatrix}$$

$$h_t\colon \vec{x} = \begin{pmatrix} 2 \\ -2 \\ 4 \end{pmatrix} + r \cdot \begin{pmatrix} -4 \\ 4 \\ t-4 \end{pmatrix}$$

Gemeinsame Punkte von g und h_t:

Die Gleichung $\begin{pmatrix} 0 \\ -2 \\ 4 \end{pmatrix} + k \cdot \begin{pmatrix} 1 \\ 2 \\ 1 \end{pmatrix} = \begin{pmatrix} 2 \\ -2 \\ 4 \end{pmatrix} + r \cdot \begin{pmatrix} -4 \\ 4 \\ t-4 \end{pmatrix}$

führt auf das lineare Gleichungssystem $\left| \begin{array}{l} k + 4r = 2 \\ 2k - 4r = 0 \\ -k - (t-4) \cdot r = 0 \end{array} \right|$,

das für $k = \frac{2}{3}$, $r = \frac{1}{3}$, $t = 2$ erfüllt ist.

Die Gerade h_2: $\vec{x} = \begin{pmatrix} 2 \\ -2 \\ 4 \end{pmatrix} + r \cdot \begin{pmatrix} -4 \\ 4 \\ -2 \end{pmatrix}$ schneidet die Gerade g.

15. Das Flugzeug überfliegt das Windrad mit einer Flughöhe von 384 m, d. h. der vertikale Abstand vom höchsten Punkt des Windrades beträgt 214 m.

16. a) $\left| \begin{pmatrix} 18 \\ 14 \\ 3 \end{pmatrix} \right| = 23$

Die Geschwindigkeit der Maschine beträgt $2300 \frac{m}{min} = 138 \frac{km}{h}$.

$\overrightarrow{p_3} = \begin{pmatrix} 4 \\ 1 \\ 0 \end{pmatrix} + 3 \cdot \begin{pmatrix} 18 \\ 14 \\ 3 \end{pmatrix} = \begin{pmatrix} 58 \\ 43 \\ 9 \end{pmatrix}$

Nach 3 Minuten am Ende der Startphase befindet sich das Flugzeug im Punkt $P_3(58|43|9)$.

Danach kann der Flugkurs durch die Gerade $h\colon \vec{x} = \begin{pmatrix} 58 \\ 43 \\ 9 \end{pmatrix} + s \cdot \begin{pmatrix} 22 \\ 19 \\ 1{,}2 \end{pmatrix}$ beschrieben werden.

Nach weiteren 7 Minuten: $\overrightarrow{p_{10}} = \begin{pmatrix} 58 \\ 43 \\ 9 \end{pmatrix} + 7 \cdot \begin{pmatrix} 22 \\ 19 \\ 1{,}2 \end{pmatrix} = \begin{pmatrix} 212 \\ 176 \\ 17{,}4 \end{pmatrix}$

$\left| \begin{pmatrix} 22 \\ 19 \\ 1{,}2 \end{pmatrix} \right| \approx 29{,}09$; $2909 \frac{m}{min} \approx 174{,}5 \frac{km}{h}$

10 Minuten nach dem Abheben befindet sich das Flugzeug im Punkt $P_{10}(212|176|17{,}4)$ und hat dort die Geschwindigkeit $174{,}5 \frac{km}{h}$.

b) Der Kurs des zweiten Flugzeugs kann durch die Gerade $k\colon \vec{x} = \begin{pmatrix} 220 \\ -180 \\ 32 \end{pmatrix} + t \cdot \begin{pmatrix} 14 \\ 25 \\ 0 \end{pmatrix}$ beschrieben werden.

$\overrightarrow{q_{10}} = \begin{pmatrix} 220 \\ -180 \\ 32 \end{pmatrix} + 10 \cdot \begin{pmatrix} 14 \\ 25 \\ 0 \end{pmatrix} = \begin{pmatrix} 360 \\ 70 \\ 32 \end{pmatrix}$

Das zweite Flugzeug befindet sich nach 10 min im Punkt $Q_{10}(360|70|32)$.

$\left| \overrightarrow{P_{10}Q_{10}} \right| = \left| \begin{pmatrix} 148 \\ -106 \\ 14{,}6 \end{pmatrix} \right| \approx 182{,}6$

Der Abstand der beiden Flugzeuge beträgt zu diesem Zeitpunkt ca. 18 260 m.

185

c) Untersuchung, ob die beiden Geraden h: $\vec{x} = \begin{pmatrix} 58 \\ 43 \\ 9 \end{pmatrix} + s \cdot \begin{pmatrix} 22 \\ 19 \\ 1{,}2 \end{pmatrix}$

und k: $\vec{x} = \begin{pmatrix} 220 \\ -180 \\ 32 \end{pmatrix} + t \cdot \begin{pmatrix} 14 \\ 25 \\ 0 \end{pmatrix}$ zueinander windschief sind:

Die Richtungsvektoren der beiden Geraden sind keine Vielfachen voneinander, somit schneiden sich h und k oder sie sind zueinander windschief.

Aus $\begin{pmatrix} 58 \\ 43 \\ 9 \end{pmatrix} + s \cdot \begin{pmatrix} 22 \\ 19 \\ 1{,}2 \end{pmatrix} = \begin{pmatrix} 220 \\ -180 \\ 32 \end{pmatrix} + t \cdot \begin{pmatrix} 14 \\ 25 \\ 0 \end{pmatrix}$ erhält man das lineare Gleichungssystem

$\left| \begin{array}{l} 22s - 14t = 162 \\ 19s - 25t = -223 \\ 1{,}2s \quad\quad = 23 \end{array} \right|$, das keine Lösung besitzt.

Die beiden Geraden h und k sind also windschief, es würde nicht zu einer Kollision kommen.

186

17. a) Nein, es kann zu keiner Kollision kommen.

b) Geschwindigkeiten

1. Flugzeug 763,89 $\frac{\text{km}}{\text{h}}$ 2. Flugzeug 402,51 $\frac{\text{km}}{\text{h}}$

18. Ein Stollen verläuft entlang einer Geraden s

$\vec{x} = \begin{pmatrix} 120 \\ 315 \\ -80 \end{pmatrix} + \lambda \cdot \begin{pmatrix} -25 \\ -36 \\ -12 \end{pmatrix}$

Der Stollen trifft das Wasser im Punkt P.

$z = -90 \Rightarrow \qquad -90 = -80 + y\ (-12)$

$\lambda = \frac{10}{12} = \frac{5}{6}$

$x = 120 - \frac{25 \cdot 5}{6} = \frac{595}{6}$; $y = 315 - \frac{36 \cdot 5}{6} = 285$

$P\begin{pmatrix} \frac{595}{6} \\ 285 \\ -90 \end{pmatrix}$

Die Bohrungen für den Stollen auf der Erdoberfläche befinden sich zwischen den Punkten

$\begin{pmatrix} 120 \\ 315 \\ 0 \end{pmatrix}$ und $\begin{pmatrix} \frac{595}{6} \\ 235 \\ 0 \end{pmatrix}$.

Der Bereich auf der Erdoberfläche ist $\vec{x} = \begin{pmatrix} 120 \\ 315 \\ 0 \end{pmatrix} + \mu \cdot \begin{pmatrix} -25 \\ -36 \\ 0 \end{pmatrix}$ für $0 \le \mu \le \frac{5}{6}$.

Blickpunkt: Licht und Schatten

188

1. Eckpunkte des Daches:
A(5,0 | −2,4 | 2,4); B(5,0 | 0 | 2,4); C(0 | −2,4 | 2,4); D(0 | 0 | 2,4)
Schattenpunkte durch $\vec{v}$: z. B. $\overrightarrow{OA} = \overrightarrow{OA} + \frac{6}{5}\vec{v}$
A′(7,4 | 1,2 | 0); B′(7,4 | 3,6 | 0); C′(2,4 | 1,2 | 0); D′(2,4 | 3,6 | 0)
Schattenpunkte durch $\vec{u}$:
A″(5,8 | −0,8 | 0); B″(5,8 | 1,6 | 0); C″(0,8 | −0,8 | 0); D″(0,8 | 1,6 | 0)
Grundstücksgrenze:
$g: \vec{x} = r \cdot \begin{pmatrix} 1 \\ 0 \\ 0 \end{pmatrix}$; $r \in \mathbb{R}$

- Bei $\vec{v}$ liegt der Schatten ganz im Nachbargarten
  $A = 2{,}4\ \text{m} \cdot 5\ \text{m} = 12\ \text{m}^2$.
- Bei $\vec{u}$ liegt der Schatten auf beiden Grundstücken.
  Er ist begrenzt durch B″, D″, E(5,8 | 0 | 0); F(0,8 | 0 | 0).
  $A = 1{,}6\ \text{m} \cdot 5\ \text{m} = 8\ \text{m}^2$

2. a) Koordinaten der Spitze: S(3 | 3 | 5)
Lichtstrahl durch S:
$g: \vec{x} = \begin{pmatrix} 3 \\ 3 \\ 5 \end{pmatrix} + \lambda \cdot \begin{pmatrix} 2 \\ 3 \\ -2 \end{pmatrix}$
In der x_1x_2-Ebene gilt $x_3 = 0$
$\Rightarrow \lambda = 2{,}5$
$\Rightarrow$ S′(8 | 10,5 | 0).

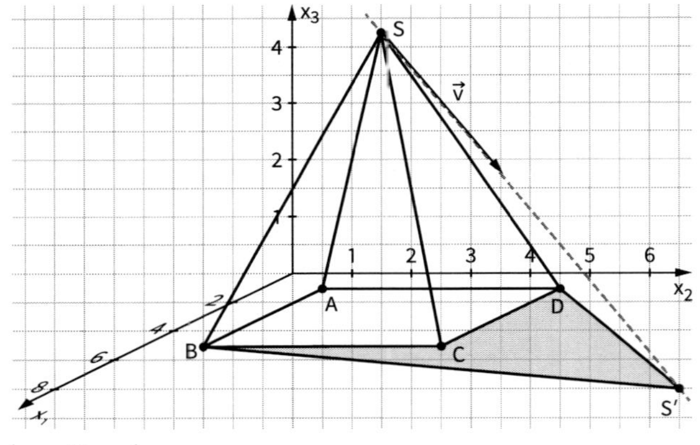

b) Schatten an der Wand (x_1x_3-Ebene)
Berechnung von S′ in der x_1x_2-Ebene:
$g: \vec{x} = \begin{pmatrix} 3 \\ 3 \\ 5 \end{pmatrix} + \lambda \cdot \begin{pmatrix} 0{,}5 \\ -2 \\ -1 \end{pmatrix}$, $x_3 = 0 \Rightarrow \lambda = 5$
S′(5,5 | −7 | 0)
S′ liegt „hinter“ der x_1x_3-Ebene. Die „Knickstelle“ des Schattens erhält man durch Schnitt der Geraden S′B mit der x_1-Achse.
$\begin{pmatrix} 5 \\ 1 \\ 0 \end{pmatrix} + \lambda \cdot \begin{pmatrix} -0{,}5 \\ 8 \\ 0 \end{pmatrix} = r \cdot \begin{pmatrix} 1 \\ 0 \\ 0 \end{pmatrix} \Rightarrow x_1 = 5{,}0625$
Schattenpunkt am Boden: (5,5 | −7 | 0)
Schattenpunkt an der Wand: (3,75 | 0 | 3,5)
Knickstellen: (1,5625 | 0 | 0); (5,0625 | 0 | 0)

188

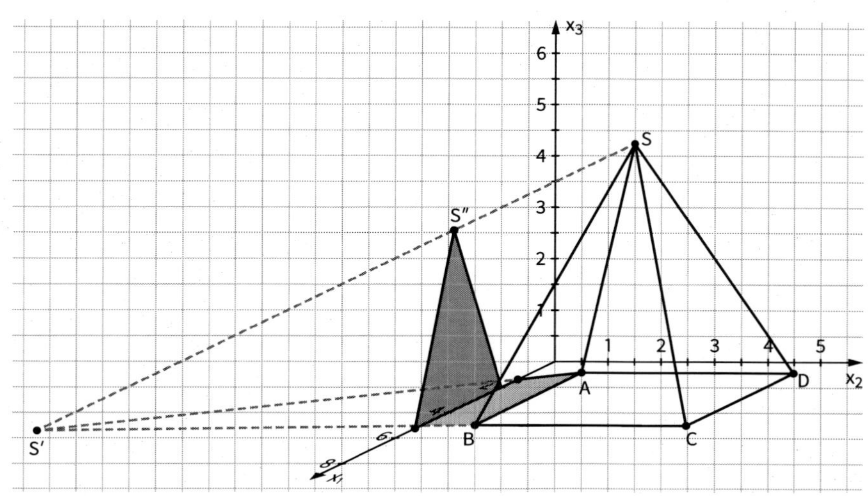

c) Schattenpunkt am Boden:
(6|4|0)

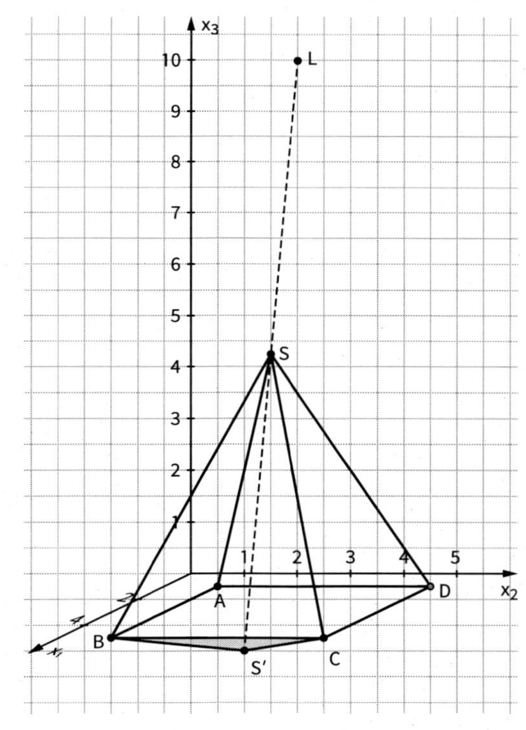

188

3. a) A(6|4|0); B(6|6|0); C(4|6|0); D(4|4|0); E(6|4|3); F(6|6|3); G(4|6|3); H(4|4|3); S(5|5|6)

b)

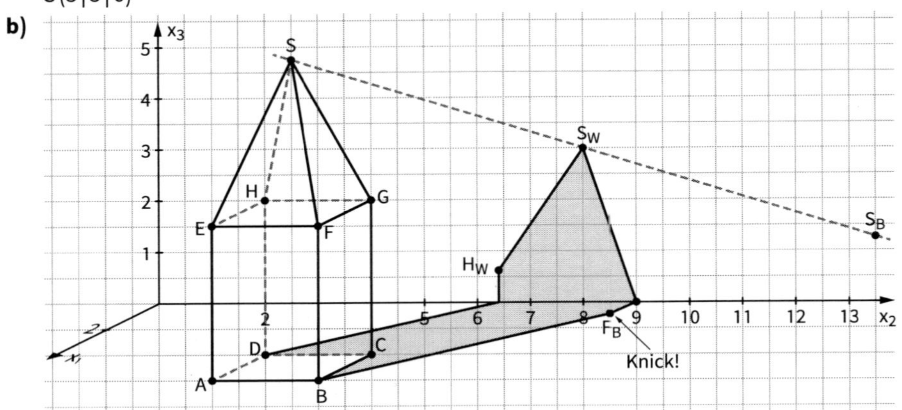

S: Schattenpunkt am Boden: (−5|11|0)
Schattenpunkt an der x_2x_3-Ebene: (0|8|3)

E: Schattenpunkt am Boden: (1|7|0)
Schattenpunkt an der Wand (0|7,6|−0,6)
(er wirft also keinen „direkten“ Schatten)

F: Schattenpunkt am Boden: (1|9|0)
„Schattenpunkt“ an der Wand: (0|9,6|−0,6)
(existiert aber eigentlich nicht)

G: Schattenpunkt am Boden: (−1|9|0)
Schattenpunkt an der Wand: (0|8,4|0,6)

H: Schattenpunkt am Boden: (−1|7|0)
Schattenpunkt an der Wand: (0|6,4|0,6)

Knickstellen: (0|7|0) und (0|9|0).

Der Schatten wird also durch die Punkte (1|7|0); (0|7|0); (0|6,4|0,6); (0|8|3); (0|8,4|0,6); (0|9|0) und (1|9|0) beschrieben.

188

c) Schattenpunkte:
E′(7,7 | 5,7 | 0);
F′(7,7 | 8,6 | 0);
G′(4,9 | 8,6 | 0);
H′(4,9 | 5,7 | 0);
S′(9,5 | 12,5 | 0)

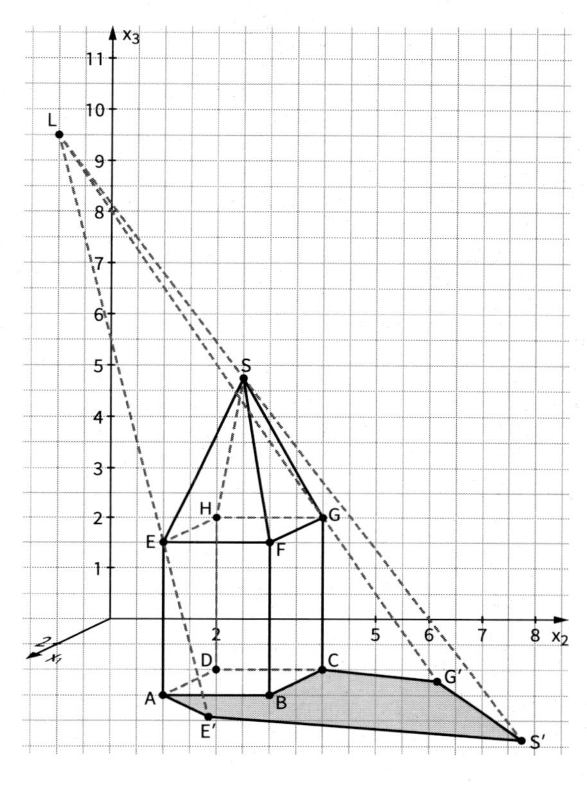

4. Wir legen ein Koordinatensystem so fest, dass das betrachtete Windrad auf der x_3-Achse liegt, mit seinem Fußpunkt im Koordinatenursprung und der Längeneinheit 1 m.
Spitze des Windrades: S (0 | 0 | 200)

- $g_1\colon \vec{x} = \begin{pmatrix} 0 \\ 0 \\ 200 \end{pmatrix} + k \cdot \begin{pmatrix} 1 \\ 4 \\ -1 \end{pmatrix}$

  Der Schattenpunkt der Spitze ist der Spurpunkt S_{12} der Geraden g_1, also $S_{12}(200 \,|\, 800 \,|\, 0)$.

  Länge des Schattens: $\left|\overrightarrow{OS}_{12}\right| = \sqrt{680\,000} \approx 824{,}6$

- $g_2\colon \vec{x} = \begin{pmatrix} 0 \\ 0 \\ 200 \end{pmatrix} + r \cdot \begin{pmatrix} 2 \\ -6 \\ -1 \end{pmatrix}$; $S^*_{12}(400 \,|\, -1\,200 \,|\, 0)$

  $\left|\overrightarrow{OS}^*_{12}\right| = \sqrt{1\,600\,000} \approx 1\,264{,}9$

  Im ersten Fall ist der Schatten ca. 825 m lang, im zweiten Fall ca. 1 265 m.

4.3 Winkel im Raum

4.3.1 Orthogonalität – Skalarprodukt

189

Einstiegsaufgabe ohne Lösung

- $\vec{a} = \overrightarrow{CB} = \begin{pmatrix} 0 \\ 0 \\ 8 \end{pmatrix}$, $|\vec{a}| = 8$; $\vec{b} = \overrightarrow{CA} = \begin{pmatrix} 0 \\ 3 \\ 0 \end{pmatrix}$, $|\vec{b}| = 3$; $\vec{c} = \overrightarrow{AB} = \begin{pmatrix} 0 \\ -3 \\ 8 \end{pmatrix}$, $|\vec{c}| = \sqrt{0^2 + (-3)^2 + 8^2}$

  Es gilt: $|\vec{a}|^2 + |\vec{b}|^2 = |\vec{c}|^2$

  Nach dem Satz des Pythagoras ist das Dreieck ABC rechtwinklig mit einem rechten Winkel im Punkt C.
- Kriterium: $|\vec{a}|^2 + |\vec{b}|^2 = |\vec{b} - \vec{a}|^2$

  $a_1^2 + a_2^2 + a_3^2 + b_1^2 + b_2^2 + b_3^2 = (b_1 - a_1)^2 + (b_2 - a_2)^2 + (b_3 - a_3)^2$

  Ausmultiplizieren und Zusammenfassen ergibt:

  $0 = -2\,b_1 a_1 - 2\,b_2 a_2 - 2\,b_3 a_3$ und somit $a_1 b_1 + a_2 b_2 + a_3 b_3 = 0$

191

1. $\vec{u} * \vec{u} = u_1 \cdot u_1 + u_2 \cdot u_2 + u_3 \cdot u_3 = u_1^2 + u_2^2 + u_3^2$

Nach Seite 160 (Schülerband) ist $|\vec{u}| = \sqrt{u_1^2 + u_2^2 + u_3^2}$.

Einsetzen der ersten Gleichung liefert $|\vec{u}| = \sqrt{\vec{u} * \vec{u}}$.

2. $\vec{u} * (\vec{v} + \vec{w}) = \begin{pmatrix} 2 \\ -4 \\ 3 \end{pmatrix} * \left(\begin{pmatrix} 8 \\ 1 \\ -4 \end{pmatrix} + \begin{pmatrix} -1 \\ 5 \\ 7 \end{pmatrix} \right) = \begin{pmatrix} 2 \\ -4 \\ 3 \end{pmatrix} * \begin{pmatrix} 7 \\ 6 \\ 3 \end{pmatrix} = 14 - 24 + 9 = -1$

$\vec{u} * \vec{v} + \vec{u} * \vec{w} = \begin{pmatrix} 2 \\ -4 \\ 3 \end{pmatrix} * \begin{pmatrix} 8 \\ 1 \\ -4 \end{pmatrix} + \begin{pmatrix} 2 \\ -4 \\ 3 \end{pmatrix} * \begin{pmatrix} -1 \\ 5 \\ 7 \end{pmatrix} = 16 - 4 - 12 + (-2) - 20 + 21 = -1$

Vermutung: Das Distributivgesetz gilt auch für das Skalarprodukt.

Beweis: Für $\vec{u} = \begin{pmatrix} u_1 \\ u_2 \\ u_3 \end{pmatrix}$, $\vec{v} = \begin{pmatrix} v_1 \\ v_2 \\ v_3 \end{pmatrix}$, $\vec{w} = \begin{pmatrix} w_1 \\ w_2 \\ w_3 \end{pmatrix}$ gilt:

$$\begin{aligned} \vec{u} * (\vec{v} + \vec{w}) &= \begin{pmatrix} u_1 \\ u_2 \\ u_3 \end{pmatrix} * \begin{pmatrix} v_1 + w_1 \\ v_2 + w_2 \\ v_3 + w_3 \end{pmatrix} \\ &= u_1 (v_1 + w_1) + u_2 (v_2 + w_2) + u_3 (v_3 + w_3) \\ &= u_1 v_1 + u_1 w_1 + u_2 v_2 + u_2 w_2 + u_3 v_3 + u_3 w_3 \\ &= (u_1 v_1 + u_2 v_2 + u_3 v_3) + (u_1 w_1 + u_2 w_2 + u_3 w_3) \\ &= \vec{u} * \vec{v} + \vec{u} * \vec{w} \end{aligned}$$

192

3. **a)** $\vec{u} * \vec{v} = 0 + 0 + 0 = 0$ $\Rightarrow$ orthogonal

b) $\vec{u} * \vec{v} = 2 + 1 - 3 = 0$ $\Rightarrow$ orthogonal

c) $\vec{u} * \vec{v} = 2 - 4 + 15 = 13$ $\Rightarrow$ nicht orthogonal

d) $\vec{u} * \vec{v} = 6 + 0 - 6 = 0$ $\Rightarrow$ orthogonal

e) $\vec{u} * \vec{v} = 5 - 8 + 3 = 0$ $\Rightarrow$ orthogonal.

f) $\vec{u} * \vec{v} = 0$, aber wegen $\vec{u} = \vec{0}$ spricht man nicht von Orthogonalität.

4. **a)** Skalarprodukt der Richtungsvektoren:

$\begin{pmatrix} -1 \\ 3 \\ 5 \end{pmatrix} * \begin{pmatrix} 7 \\ -1 \\ 2 \end{pmatrix} = 0 \Rightarrow$ Geraden orthogonal

Gleichsetzen der Parameterdarstellungen liefert für $r = -1$ bzw. $s = 1$ den Schnittpunkt $S(2\,|\,1\,|\,1)$.

192

b) Skalarprodukt der Richtungsvektoren:

$\begin{pmatrix} 4 \\ 2 \\ -1 \end{pmatrix} * \begin{pmatrix} 5 \\ -7 \\ 5 \end{pmatrix} = 1 \Rightarrow$ nicht orthogonal

Gleichsetzen der Parameterdarstellungen ergibt keine Lösung für r, s

$\Rightarrow$ kein Schnittpunkt

c) Skalarprodukt der Richtungsvektoren:

$\begin{pmatrix} 1 \\ -1 \\ 2 \end{pmatrix} * \begin{pmatrix} 2 \\ 2 \\ 0 \end{pmatrix} = 0 \Rightarrow$ Geraden orthogonal

Gleichsetzen der Parameterdarstellungen ergibt keine Lösung für r, s

$\Rightarrow$ kein Schnittpunkt

5. Diagonale durch die Punkte A und C: $g: \vec{x} = \begin{pmatrix} 3 \\ 1 \\ 2 \end{pmatrix} + k \cdot \begin{pmatrix} 4 \\ 2 \\ -6 \end{pmatrix}$

Diagonale durch die Punkte B und D: $h: \vec{x} = \begin{pmatrix} 3 \\ 0 \\ -3 \end{pmatrix} + r \cdot \begin{pmatrix} 3 \\ 3 \\ 3 \end{pmatrix}$

$\begin{pmatrix} 4 \\ 2 \\ -6 \end{pmatrix} * \begin{pmatrix} 3 \\ 3 \\ 3 \end{pmatrix} = 12 + 6 - 18 = 0$

Die beiden Diagonalen sind orthogonal zueinander. Das Viereck ist ein Drachenviereck.

6. Vektor Balken 1: $\vec{a} = \begin{pmatrix} 0{,}2 \\ 6 \\ -5 \end{pmatrix} - \begin{pmatrix} 0 \\ 0 \\ -2 \end{pmatrix} = \begin{pmatrix} 0{,}2 \\ 6 \\ -3 \end{pmatrix}$

Vektor Balken 2: $\vec{b} = \begin{pmatrix} -0{,}1 \\ -3 \\ -6 \end{pmatrix} - \begin{pmatrix} 0 \\ 0 \\ -2 \end{pmatrix} = \begin{pmatrix} -0{,}1 \\ -3 \\ -4 \end{pmatrix}$

$\vec{a} * \vec{b} = -0{,}02 - 18 + 12 = -6{,}02 \neq 0$

Die Balken sind nicht orthogonal.

7. a) (1) $\vec{a} = \overrightarrow{CB} = \begin{pmatrix} 0 \\ -2 \\ 2 \end{pmatrix}; \vec{b} = \overrightarrow{CA} = \begin{pmatrix} 2 \\ 0 \\ -2 \end{pmatrix}; \vec{c} = \overrightarrow{AB} = \begin{pmatrix} -2 \\ 2 \\ 0 \end{pmatrix}$

$|\vec{a}| = |\vec{b}| = |\vec{c}| = \sqrt{8} \Rightarrow$ gleichseitig

(2) $\vec{a} = \overrightarrow{CB} = \begin{pmatrix} -5 \\ 1 \\ -3 \end{pmatrix}; \vec{b} = \overrightarrow{CA} = \begin{pmatrix} -1 \\ 4 \\ -6 \end{pmatrix}; \vec{c} = \overrightarrow{AB} = \begin{pmatrix} -4 \\ -3 \\ 3 \end{pmatrix}$

alle Skalarprodukte ungleich 0 und

$|\vec{a}| = \sqrt{35}$; $|\vec{b}| = \sqrt{53}$; $|\vec{c}| = \sqrt{34}$; keine Besonderheiten

(3) $\vec{a} = \overrightarrow{CB} = \begin{pmatrix} 0 \\ -3 \\ 0 \end{pmatrix}; \vec{b} = \overrightarrow{CA} = \begin{pmatrix} 0 \\ 0 \\ 3 \end{pmatrix}; \vec{c} = \overrightarrow{AB} = \begin{pmatrix} 0 \\ -3 \\ -3 \end{pmatrix}$

$\vec{a} * \vec{b} = 0 \Rightarrow$ rechter Winkel bei C;

$|\vec{a}| = |\vec{b}| = 3$; $|\vec{c}| = 3\sqrt{2} \Rightarrow$ gleichschenklig

b) (1) Eines der Skalarprodukte $\overrightarrow{AB} * \overrightarrow{BC}$, $\overrightarrow{AB} * \overrightarrow{CA}$ oder $\overrightarrow{BC} * \overrightarrow{CA}$ muss null ergeben, dann ist das Dreieck rechtwinklig.

(2) Das Dreieck ist gleichschenklig, falls von $|\overrightarrow{AB}| = |\overrightarrow{BC}|$ oder $|\overrightarrow{AB}| = |\overrightarrow{CA}|$ oder $|\overrightarrow{BC}| = |\overrightarrow{CA}|$ genau eine Gleichung erfüllt ist.

(3) Das Dreieck ist gleichseitig, falls $|\overrightarrow{AB}| = |\overrightarrow{BC}| = |\overrightarrow{CA}|$ gilt.

192

8. $\overrightarrow{AB} = \begin{pmatrix} 4 \\ -3 \\ -1{,}5 \end{pmatrix}$ $\overrightarrow{AC} = \begin{pmatrix} 4 \\ 3 \\ -1{,}5 \end{pmatrix}$

$\overrightarrow{AB} * \overrightarrow{AC} = 16 - 9 + 2{,}25 = 9{,}25 \neq 0$

Die Vektoren sind nicht orthogonal zueinander, es wird kein rechter Winkel eingeschlossen.

193

9. a) $\vec{u} * \vec{v} = 2a + 8 - (3 + b) = 2a - b + 5 = 0$, also $b = 2a + 5$

Drei Möglichkeiten

(1) $a = 1;\ b = 7$ (2) $a = -1;\ b = 3$ (3) $a = 0;\ b = 5$

b) $\vec{u} * \vec{v} = 2a + b - 2 = 0$, also $b = 2 - 2a$

(1) $a = 0;\ b = 2$ (2) $a = 1;\ b = 0$ (3) $a = -1;\ b = 4$

c) $\vec{u} * \vec{v} = a + b = 0$, also $b = -a$

(1) $a = 1;\ b = -1$ (2) $a = b = 0$ (3) $a = 2;\ b = -2$

10. $\vec{a} = \overrightarrow{CB} = \begin{pmatrix} 4 \\ 3 \\ 1 - c_3 \end{pmatrix}$ $\vec{b} = \overrightarrow{CA} = \begin{pmatrix} 8 \\ 0 \\ -c_3 \end{pmatrix}$ $\vec{c} = \overrightarrow{AB} = \begin{pmatrix} -4 \\ 3 \\ 1 \end{pmatrix}$

Rechter Winkel bei C $\Rightarrow \vec{a} * \vec{b} = 0 \Leftrightarrow c_3^2 - c_3 + 32 = 0$; keine Lösung

Rechter Winkel bei B $\Rightarrow \vec{a} * \vec{c} = 0 \Leftrightarrow c_3 = -6$

Rechter Winkel bei A $\Rightarrow \vec{b} * \vec{c} = 0 \Leftrightarrow c_3 = -32$

11. Wähle D so, dass alle 4 Skalarprodukte null sind.

$\overrightarrow{AB} = \begin{pmatrix} 0 \\ 5 \\ 0 \end{pmatrix}$; $\overrightarrow{CB} = \begin{pmatrix} -3 \\ 0 \\ -4 \end{pmatrix}$; $\overrightarrow{CA} = \begin{pmatrix} -3 \\ -5 \\ -4 \end{pmatrix}$

Rechter Winkel bei B, da $\overrightarrow{AB} * \overrightarrow{CB} = 0$.

Sei $D(d_1 \mid d_2 \mid d_3) \Rightarrow \overrightarrow{AD} = \begin{pmatrix} d_1 - 1 \\ d_2 - 1 \\ d_3 - 2 \end{pmatrix}$; $\overrightarrow{CD} = \begin{pmatrix} 4 - d_1 \\ 6 - d_2 \\ 6 - d_3 \end{pmatrix}$

$\overrightarrow{AD} * \overrightarrow{CD} = 0$; $\overrightarrow{AD} * \overrightarrow{AB} = 0$ und $\overrightarrow{CD} * \overrightarrow{CB} = 0$.

Bestimmung der Koordinaten über Parallelverschiebung von A entlang $\overrightarrow{BC}$

$D = \begin{pmatrix} 1 \\ 1 \\ 2 \end{pmatrix} + \begin{pmatrix} 3 \\ 0 \\ 4 \end{pmatrix} = \begin{pmatrix} 4 \\ 1 \\ 6 \end{pmatrix}$

Alle Seitenlängen sind wegen $|\overrightarrow{AB}| = |\overrightarrow{CB}| = |\overrightarrow{AD}| = |\overrightarrow{CD}| = 5$ gleich lang

Also ist ABCD ein Quadrat.

12. $\overrightarrow{CB} = \begin{pmatrix} -1{,}85 \\ 1{,}4 \\ -0{,}19 \end{pmatrix}$; $\overrightarrow{CA} = \begin{pmatrix} -1{,}3 \\ -1{,}75 \\ -0{,}32 \end{pmatrix}$; $\overrightarrow{AB} = \begin{pmatrix} -0{,}55 \\ 3{,}15 \\ 0{,}13 \end{pmatrix}$

$\overrightarrow{AB} * \overrightarrow{CB} = 5{,}4028$ $\overrightarrow{CB} * \overrightarrow{CA} = 0{,}0158$ $\overrightarrow{CA} * \overrightarrow{AB} = -4{,}84$

Bei Punkt C liegt „annähernd“ ein rechter Winkel vor.

13. $(r \cdot \vec{a}) * (s \cdot \vec{b}) = r \cdot a_1 \cdot s \cdot b_1 + r \cdot a_2 \cdot s \cdot b_2 + r \cdot a_3 \cdot s \cdot b_3 = r \cdot s \cdot (a_1 b_1 + a_2 b_2 + a_3 b_3) = r \cdot s \cdot 0 = 0$

Somit sind auch die Vektoren $r \cdot \vec{a}$ und $s \cdot \vec{b}$ orthogonal zueinander.

14. a) $\begin{pmatrix} 1 \\ 2 \\ 3 \end{pmatrix} * \begin{pmatrix} -4 \\ 2 \\ 0 \end{pmatrix} = -4 + 4 = 0$; $\begin{pmatrix} 1 \\ 2 \\ 3 \end{pmatrix} * \begin{pmatrix} 3 \\ 0 \\ -1 \end{pmatrix} = 3 - 3 = 0$

Beide Vektoren sind orthogonal zum Vektor $\vec{v}$.

b) Es gibt unendlich viele Vektoren, die zu $\vec{v}$ orthogonal sind.

193

15. a) Es wurden lediglich die Komponenten multipliziert, aber die Ergebnisse nicht addiert. Das Skalarprodukt ergibt eine Zahl.

b) Hier wurde falsch addiert.

16. Bei der Verwendung des ∗ als Skalarproduktzeichen hat Jenny Recht.
(Bei der auch üblichen Verwendung eines „normalen“ Malpunktes für das Skalarprodukt wäre Tims Aussage korrekt und Jennys Argumentation falsch.)

4.3.2 Winkel zwischen Vektoren und Geraden

194

Einstiegsaufgabe ohne Lösung

- Die lange Rechteckseite hat die Länge $|\vec{a}|$. Die kurze hat die Länge $|\vec{b}| \cdot \cos(\alpha)$.
  Somit gilt für den Flächeninhalt A die angegebene Formel.
- Es gilt: $|\overrightarrow{AB}| = |\overrightarrow{AC}| = |\overrightarrow{BC}| = \sqrt{32}$;
  alle Seiten sind gleich lang. $A = \sqrt{32} \cdot \sqrt{32} \cdot \cos(60°) = 16$; $\overrightarrow{AB} * \overrightarrow{AC} = 16$
  Hier gilt: $\overrightarrow{AB} * \overrightarrow{AC} = |\overrightarrow{AB}| \cdot |\overrightarrow{AC}| \cdot \cos(\alpha)$
- Es gilt auch hier $\overrightarrow{CA} * \overrightarrow{CB} = |\overrightarrow{CA}| \cdot |\overrightarrow{CB}| \cdot \cos(\gamma)$
  Allgemein kann man vermuten, dass für zwei Vektoren $\vec{a}$ und $\vec{b}$ mit dem eingeschlossenen Winkel α gilt: $\vec{a} * \vec{b} = |\vec{a}| \cdot |\vec{b}| \cdot \cos(\alpha)$
- Weitere Beispiele bestätigen diese Vermutung. Zum Beweis siehe Information (2) auf Seite 195 im Schülerband.

196

1. Man kann den Schnittwinkel als Winkel zwischen den Richtungsvektoren der beiden Geraden bestimmen. Siehe dazu Schülerband Seite 195 f.

$$\cos(\varrho) = \frac{\begin{pmatrix}-2\\2\\1\end{pmatrix} * \begin{pmatrix}2\\10\\11\end{pmatrix}}{\left|\begin{pmatrix}-2\\2\\1\end{pmatrix}\right| \cdot \left|\begin{pmatrix}2\\10\\11\end{pmatrix}\right|} = \frac{-4+20+11}{\sqrt{(-2)^2+2^2+1^2} \cdot \sqrt{2^2+10^2+11^2}} = \frac{27}{3 \cdot 15} = 0{,}6$$

$\varrho \approx 53°$

2. $\alpha = \cos^{-1}\left(\frac{\vec{u} * \vec{v}}{|\vec{u}| \cdot |\vec{v}|}\right)$

a) $\alpha = 82{,}388°$ **b)** $\alpha = 107{,}024°$ **c)** $\alpha = 149{,}163°$

3. Die gesuchte Winkelgröße ist gleich der Größe des Winkels zwischen den Vektoren $\vec{u} = \overrightarrow{CA}$ und $\vec{v} = \overrightarrow{CB}$, welche die Richtungen der Dachkanten beschreiben.
Für das Skalarprodukt $\vec{u} * \vec{v}$ gilt: $\vec{u} * \vec{v} = |\vec{u}| \cdot |\vec{v}| \cdot \cos(\varphi)$.
Der Kosinus des Winkels φ kann daraus wie folgt bestimmt werden: $\cos(\varphi) = \frac{\vec{u} * \vec{v}}{|\vec{u}| \cdot |\vec{v}|}$
Aus dieser Gleichung lässt sich der Winkel φ berechnen.
Wir berechnen zunächst die Verbindungsvektoren $\vec{u} = \overrightarrow{CA}$ und $\vec{v} = \overrightarrow{CB}$:

$\vec{u} = \overrightarrow{CA} = \begin{pmatrix}4\\3\\2\end{pmatrix} - \begin{pmatrix}0\\0\\3\end{pmatrix} = \begin{pmatrix}4\\3\\-1\end{pmatrix}$ und $\vec{v} = \overrightarrow{CB} = \begin{pmatrix}-5\\3\\2\end{pmatrix} - \begin{pmatrix}0\\0\\3\end{pmatrix} = \begin{pmatrix}-5\\3\\-1\end{pmatrix}$

Für die Längen der Vektoren erhalten wir:

$|\vec{u}| = \sqrt{\vec{u} * \vec{u}} = \sqrt{4^2 + 3^2 + (-1)^2} = \sqrt{26}$ und $|\vec{v}| = \sqrt{\vec{v} * \vec{v}} = \sqrt{(-5)^2 + 3^2 + (-1)^2} = \sqrt{35}$

Wir berechnen das Skalarprodukt $\vec{u} * \vec{v} = \begin{pmatrix}4\\3\\-1\end{pmatrix} * \begin{pmatrix}-5\\3\\-1\end{pmatrix} = -10.$

196

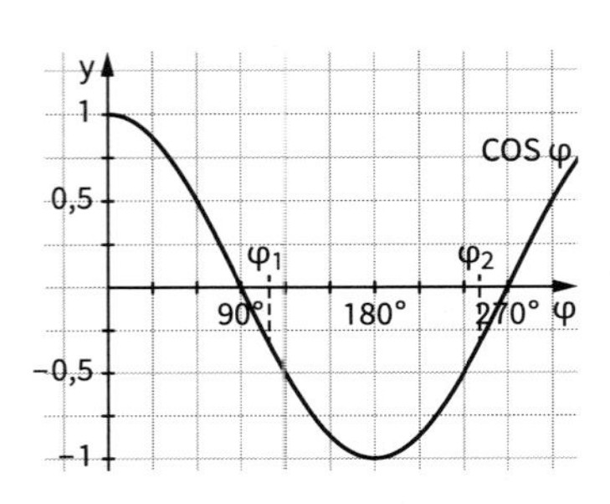

Diese Werte setzen wir in die Gleichung

$\cos(\varphi) = \frac{\vec{u} * \vec{v}}{|\vec{u}| \cdot |\vec{v}|}$ ein:

$\cos(\varphi) = \frac{-10}{\sqrt{26} \cdot \sqrt{35}} \approx -0{,}33$

Die Gleichung $\cos\varphi = -0{,}33$ hat zwischen 0° und 360° zwei Lösungen: $\varphi_1 \approx 109°$ und $\varphi_2 \approx 360° - \varphi_1 = 251°$.

Beide Winkel φ_1 und φ_2 ergänzen sich zu 360°. Es kommt am Dachvorsprung nur der kleinere Winkel, also $\varphi_1 = 109°$, infrage.

4. Der Winkel berechnet sich aus $\cos(\alpha) = \frac{\vec{u} * \vec{v}}{|\vec{u}| \cdot |\vec{v}|}$.

Das Vorzeichen von cos (α) hängt nur vom Skalarprodukt ab. Da $\cos(\alpha) > 0$ für $0° \le \alpha < 90°$ und $\cos(\alpha) < 0$ für $90° < \alpha \le 180°$ ist, ist die Aussage korrekt.

197

5. **a)** $\overrightarrow{AB} = \begin{pmatrix} -3 \\ 4 \\ 0 \end{pmatrix}$; $\overrightarrow{AC} = \begin{pmatrix} -3 \\ 0 \\ 5 \end{pmatrix}$; $\overrightarrow{BC} = \begin{pmatrix} 0 \\ -4 \\ 5 \end{pmatrix}$

Längen: $|\overrightarrow{AB}| = \sqrt{25} = 5$; $|\overrightarrow{AC}| = \sqrt{34} \approx 5{,}831$; $|\overrightarrow{BC}| = \sqrt{41} = 6{,}403$

Winkel bei A: $\alpha = 72{,}02°$; Winkel bei B: $\beta = 60{,}02°$; Winkel bei C: $\gamma = 47{,}96°$

b) $\overrightarrow{AB} = \begin{pmatrix} 1 \\ -2 \\ 4 \end{pmatrix}$; $\overrightarrow{AC} = \begin{pmatrix} 3 \\ 4 \\ 9 \end{pmatrix}$; $\overrightarrow{BC} = \begin{pmatrix} 2 \\ 6 \\ 5 \end{pmatrix}$

Längen: $|\overrightarrow{AB}| = \sqrt{21} \approx 4{,}583$; $|\overrightarrow{AC}| = \sqrt{106} \approx 10{,}296$; $|\overrightarrow{BC}| = \sqrt{65} \approx 8{,}062$

Winkel bei A: $\alpha = 48{,}925°$; Winkel bei B: $\beta = 105{,}704°$; Winkel bei C: $\gamma = 25{,}371°$

c) $\overrightarrow{AB} = \begin{pmatrix} 1 \\ 1 \\ 0 \end{pmatrix}$; $\overrightarrow{AC} = \begin{pmatrix} -3 \\ 3 \\ -2 \end{pmatrix}$; $\overrightarrow{BC} = \begin{pmatrix} -4 \\ 2 \\ -2 \end{pmatrix}$

Längen: $|\overrightarrow{AB}| = \sqrt{2} \approx 1{,}414$; $|\overrightarrow{AC}| = \sqrt{22} \approx 4{,}690$; $|\overrightarrow{BC}| = \sqrt{24} \approx 4{,}90$

Winkel bei A: $\alpha = 90°$; Winkel bei B: $\beta = 73{,}22°$, Winkel bei C: $\gamma = 16{,}78°$

6. Berechne den Winkel zwischen den Vektoren $\vec{u} = \overrightarrow{AB}$ und $\vec{v} = \overrightarrow{AC}$ mit

$\vec{u} = \begin{pmatrix} 8 \\ -8 \\ -4 \end{pmatrix}$; $\vec{v} = \begin{pmatrix} 2 \\ 10 \\ 11 \end{pmatrix}$.

$|\vec{u}| = \sqrt{\vec{u} * \vec{u}} = \sqrt{144} = 12$; $|\vec{v}| = \sqrt{\vec{v} * \vec{v}} = \sqrt{225} = 15$

$\vec{u} * \vec{v} = -108$

Winkel berechnen: $\cos(\varphi) = \frac{-108}{12 \cdot 15} = -0{,}6 \Rightarrow \varphi = 126{,}9°$

7. Koordinatenursprung z. B. links unten hinten, Achsen x_1 nach vorn, x_2 nach rechts, x_3 nach oben. Dann: P(12|2|12); Q(12|12|4); R(10|12|12)

$\overrightarrow{PQ} = \begin{pmatrix} 0 \\ 10 \\ -8 \end{pmatrix}$; $\overrightarrow{PR} = \begin{pmatrix} -2 \\ 10 \\ 0 \end{pmatrix}$; $\overrightarrow{QR} = \begin{pmatrix} -2 \\ 0 \\ 8 \end{pmatrix}$

Innenwinkel: Bei P: $\alpha = 40{,}03°$; bei Q: $\beta = 52{,}70°$; bei R: $\gamma = 87{,}27°$

197

8. a) $\overrightarrow{AB} = \overrightarrow{DC} = \begin{pmatrix} 7 \\ -4 \\ -4 \end{pmatrix}, \overrightarrow{BC} = \overrightarrow{AD} = \begin{pmatrix} 1 \\ 8 \\ 7 \end{pmatrix}$

b) $|\overrightarrow{AB}| = |\overrightarrow{DC}| = \sqrt{7^2 + (-4)^2 + (-4)^2} = 9$

$|\overrightarrow{BC}| = |\overrightarrow{AD}| = \sqrt{1^2 + 8^2 + 7^2} = \sqrt{114} \approx 10{,}68$

$\cos(\alpha) = \frac{\overrightarrow{AB} * \overrightarrow{AD}}{|\overrightarrow{AB}| \cdot |\overrightarrow{AD}|} = \frac{-53}{9 \cdot \sqrt{114}} \approx -0{,}55154; \ \alpha \approx 123°$

Somit gilt $\alpha = \gamma \approx 123°$ und $\beta = \delta \approx 57°$

9. Es gilt:

$|\overrightarrow{AC}|^2 = h^2 + |\overrightarrow{AS}|^2$ und $|\overrightarrow{AS}| = |\overrightarrow{AC}| \cdot \cos(\alpha)$

Daraus ergibt sich:

$|\overrightarrow{AC}|^2 = h^2 + |\overrightarrow{AC}|^2 \cdot (\cos(\alpha))^2$ und

somit $h^2 = |\overrightarrow{AC}|^2 - |\overrightarrow{AC}|^2 \cdot (\cos(\alpha))^2$

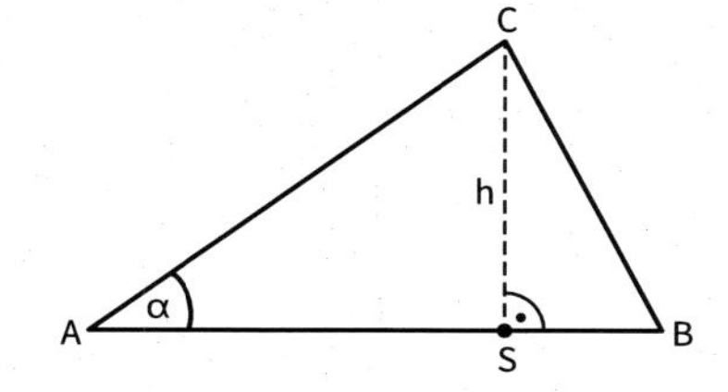

10. Ein Würfel hat vier Raumdiagonalen.
Aufgrund der Symmetrieeigenschaften eines Würfels schneiden sich jeweils zwei Raumdiagonalen unter dem gleichen Winkel. Es genügt deshalb, einen dieser Schnittwinkel zu bestimmen.
Die Diagonale AG (s. Skizze) hat z. B. $\vec{u} = \begin{pmatrix} -4 \\ 4 \\ 4 \end{pmatrix}$,

die Diagonale BH hat z. B. $\vec{v} = \begin{pmatrix} -4 \\ -4 \\ 4 \end{pmatrix}$ als Richtungsvektor.

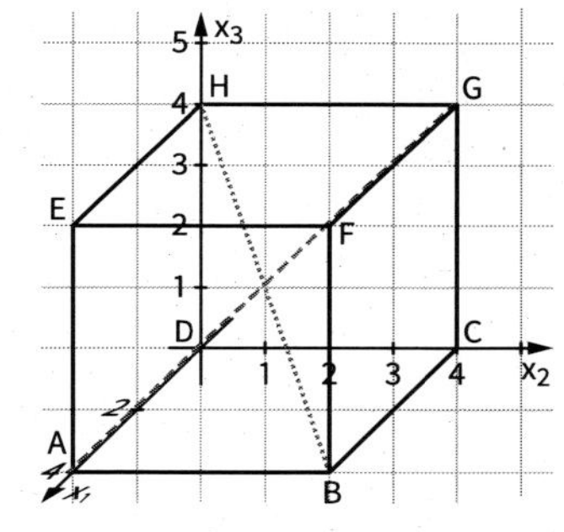

Schnittwinkel: $\cos(\alpha) = \frac{\begin{pmatrix} -4 \\ 4 \\ 4 \end{pmatrix} * \begin{pmatrix} -4 \\ -4 \\ 4 \end{pmatrix}}{\left|\begin{pmatrix} -4 \\ 4 \\ 4 \end{pmatrix}\right| \cdot \left|\begin{pmatrix} -4 \\ -4 \\ 4 \end{pmatrix}\right|} = \frac{16}{48} = \frac{1}{3}$, also $\alpha \approx 70{,}5°$

198

11. a) $\cos(\alpha) = \frac{\begin{pmatrix} -2 \\ 3 \\ 1 \end{pmatrix} * \begin{pmatrix} 1 \\ 0 \\ 4 \end{pmatrix}}{\left|\begin{pmatrix} -2 \\ 3 \\ 1 \end{pmatrix}\right| \cdot \left|\begin{pmatrix} 1 \\ 0 \\ 4 \end{pmatrix}\right|} = \frac{2}{\sqrt{14} \cdot \sqrt{17}} \approx 0{,}1296$, also $\alpha \approx 82{,}6°$

b) $\cos(\alpha) = \frac{\begin{pmatrix} 1 \\ -4 \\ 6 \end{pmatrix} * \begin{pmatrix} -5 \\ 1 \\ 7 \end{pmatrix}}{\left|\begin{pmatrix} 1 \\ -4 \\ 6 \end{pmatrix}\right| \cdot \left|\begin{pmatrix} -5 \\ 1 \\ 7 \end{pmatrix}\right|} = \frac{33}{\sqrt{53} \cdot \sqrt{75}} \approx 0{,}5234$, also $\alpha \approx 58{,}4°$

c) $\cos(\alpha) = \frac{\begin{pmatrix} -6 \\ 1 \\ -2 \end{pmatrix} * \begin{pmatrix} -1 \\ 2 \\ -3 \end{pmatrix}}{\left|\begin{pmatrix} -6 \\ 1 \\ -2 \end{pmatrix}\right| \cdot \left|\begin{pmatrix} -1 \\ 2 \\ -3 \end{pmatrix}\right|} = \frac{14}{\sqrt{41} \cdot \sqrt{14}} \approx 0{,}5843$, also $\alpha \approx 54{,}2°$

198

12. a) $|\vec{u}| = 3$ und $|\vec{v}| = 3$

$\Rightarrow$ Alle Seiten des Vierecks sind gleich lang $\Rightarrow$ Raute.

b) A(1|1|2)

$\overrightarrow{OB} = \overrightarrow{OA} + \vec{u} = \begin{pmatrix} 3 \\ 0 \\ 4 \end{pmatrix} \Rightarrow B(3|0|4)$

$\overrightarrow{OC} = \overrightarrow{OA} + \vec{v} = \begin{pmatrix} 2 \\ 3 \\ 0 \end{pmatrix} \Rightarrow C(2|3|0)$

$\overrightarrow{OD} = \overrightarrow{OA} + \vec{u} + \vec{v} = \begin{pmatrix} 4 \\ 2 \\ 2 \end{pmatrix} \Rightarrow D(4|2|2)$

$$\cos(\varphi) = \frac{\overrightarrow{AD} * \overrightarrow{BC}}{|\overrightarrow{AD}| \cdot |\overrightarrow{BC}|} = \frac{\begin{pmatrix} 3 \\ 1 \\ 0 \end{pmatrix} * \begin{pmatrix} -1 \\ 3 \\ -4 \end{pmatrix}}{\sqrt{10} \cdot \sqrt{26}} = 0 \Rightarrow \varphi = 90°$$

13. Die Gleichung $\begin{pmatrix} 6 \\ -10 \\ -3 \end{pmatrix} + r \cdot \begin{pmatrix} 2 \\ -1 \\ 3 \end{pmatrix} = \begin{pmatrix} 4 \\ -2 \\ 1 \end{pmatrix} + s \cdot \begin{pmatrix} 1 \\ 3 \\ a \end{pmatrix}$

führt auf das lineare Gleichungssystem $\begin{vmatrix} 2r - s = -2 \\ -r - 3s = 8 \\ 3r - a \cdot s = 4 \end{vmatrix}$,

das für $r = -2$, $s = -2$, $a = 5$ erfüllt ist.

Schnittpunkt S(2|−8|−9)

$$\text{Schnittwinkel: } \cos(\alpha) = \frac{\begin{pmatrix} 2 \\ -1 \\ 3 \end{pmatrix} * \begin{pmatrix} 1 \\ 3 \\ 5 \end{pmatrix}}{\left|\begin{pmatrix} 2 \\ -1 \\ 3 \end{pmatrix}\right| \cdot \left|\begin{pmatrix} 1 \\ 3 \\ 5 \end{pmatrix}\right|} = \frac{14}{\sqrt{14} \cdot \sqrt{35}} \approx 0{,}6325, \text{ also } \alpha \approx 50{,}8°$$

14. Kraft in Wegrichtung $\overrightarrow{F_S} = \vec{F} \cdot \cos(\alpha)$

$|\overrightarrow{F_S}| = 120\,\text{N} \cdot \cos(35°) = 98{,}3\,\text{N}$

physikalische Arbeit: $W = \vec{F} * \vec{s} = |\overrightarrow{F_S}| \cdot |\vec{s}|$

$W = 98{,}3\,\text{N} \cdot 300\,\text{m} = 29\,489{,}5\,\text{Nm}$

15. Die Tastatur liegt in der x_1x_2-Ebene.

Die obere linke Ecke P(−6,1|0|16,7) liegt in der x_1x_3-Ebene.

$\overrightarrow{OP} = \begin{pmatrix} -6{,}1 \\ 0 \\ 16{,}7 \end{pmatrix}$

Der Winkel, in dem das Kontrollfeld aufgeklappt wurde, entspricht dem Winkel zwischen der x_1-Achse und dem Ortsvektor $\overrightarrow{OP}$, wenn man davon ausgeht, dass die x_2-Achse zwischen der Tastatur und dem Kontrollfeld liegt.

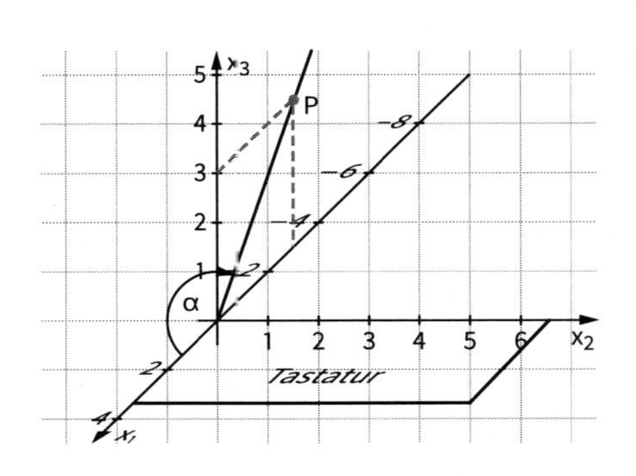

198 Somit ist der Winkel zwischen den Vektoren $\vec{v} = \begin{pmatrix} 1 \\ 0 \\ 0 \end{pmatrix}$ und $\overrightarrow{OP}$ zu bestimmen.

$$\cos(\alpha) = \frac{\begin{pmatrix} -6{,}1 \\ 0 \\ 16{,}7 \end{pmatrix} * \begin{pmatrix} 1 \\ 0 \\ 0 \end{pmatrix}}{|\overrightarrow{OP}| \cdot \left|\begin{pmatrix} 1 \\ 0 \\ 0 \end{pmatrix}\right|}$$

$|\overrightarrow{OP}| = \sqrt{(-6{,}1)^2 + 0^2 + 16{,}7^2} \approx 17{,}78$

$|\vec{v}| = 1$

$\cos(\alpha) = -\frac{6{,}1}{17{,}78}$

$\cos(\alpha) \approx -0{,}34\,308$

$\alpha \approx 110°$

Das Kontrollfeld ist unter einem Winkel von 110° aufgeklappt.

Blickpunkt: Abstand zwischen Punkten und Geraden

200

1. Für Punkte X von g ist die Entfernung $|\overrightarrow{SX}|$ am kleinsten, wenn g und $\overrightarrow{SX}$ zueinander orthogonal sind, d. h. wenn X der Fußpunkt F des Lotes von S auf g ist. $X(-2+5t\,|\,4-3t\,|\,0{,}5+0{,}3t)$ ist ein Punkt der Flugbahn.

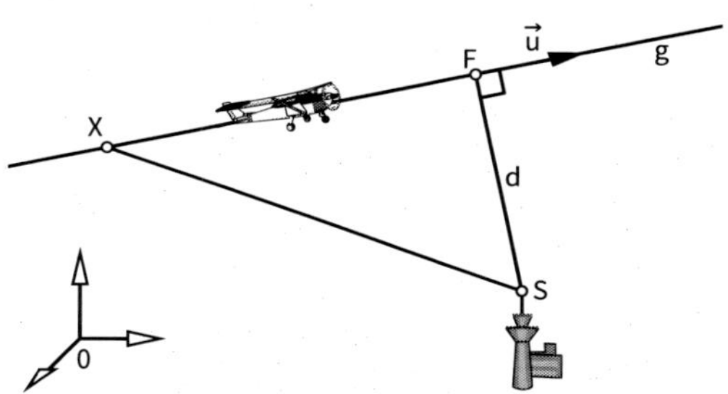

Der Vektor $\overrightarrow{SX} = \begin{pmatrix} -1 + 5t \\ 1{,}5 - 3t \\ 0{,}3 + 0{,}3t \end{pmatrix}$ stellt die Verbindung des Punktes S zu einem beliebigen Punkt X der Geraden dar, sein Betrag ist die Entfernung des Punktes S von diesem Punkt X. Das Lot ist orthogonal zu g, somit müssen auch der Vektor $\overrightarrow{SF}$ und der Richtungsvektor $\vec{u} = \begin{pmatrix} 5 \\ -3 \\ 0{,}3 \end{pmatrix}$ der Geraden g zueinander orthogonal sein, d. h. es muss gelten: $\overrightarrow{SF} * \vec{u} = 0$.

Aus $\overrightarrow{SF} * \vec{u} = \begin{pmatrix} -1 + 5t \\ 1{,}5 - 3t \\ 0{,}3 + 0{,}3t \end{pmatrix} * \begin{pmatrix} 5 \\ -3 \\ 0{,}3 \end{pmatrix} = 34{,}09 \cdot t - 9{,}41 = 0$ folgt $t \approx 0{,}276$.

Mit diesem Parameterwert erhält man als Lotfußpunkt den Punkt $F(-0{,}620\,|\,3{,}172\,|\,0{,}583)$.

Der Abstand von S zu F ergibt sich als Betrag des Vektors $\overrightarrow{SF}$: $d = |\overrightarrow{SF}| \approx \left|\begin{pmatrix} 0{,}380 \\ 0{,}672 \\ 0{,}383 \end{pmatrix}\right| \approx 0{,}862$.

Der Abstand der Turmspitze zum Flugkurs beträgt ca. 900 m.

2. a) $\text{Abst}(P; g) \approx 2{,}928$

b) $g: \vec{x} = \begin{pmatrix} 1 \\ 1 \\ 0 \end{pmatrix} + t\begin{pmatrix} 0 \\ 2 \\ 2 \end{pmatrix}$; $\text{Abst}(P; g) = 3$

201

3. a) $\text{Abst}(A; g) = 2\sqrt{5}$

b) Ebene orthogonal zu g, die A enthält: $E: 2x_1 + x_2 - x_3 - 2 = 0$
Schnittpunkt mit g: $F(2\,|\,1\,|\,3)$
$\overrightarrow{FA} = \begin{pmatrix} 2 \\ -4 \\ 0 \end{pmatrix} \Rightarrow \overrightarrow{FA'} = -\overrightarrow{FA} = \begin{pmatrix} -2 \\ 4 \\ 0 \end{pmatrix} \Rightarrow A'(0\,|\,5\,|\,3)$

201

4. a) Wenn C auf g liegt, so müsste es einen Wert für den Parameter k in der Parameterdarstellung geben, sodass gilt:

$$\overrightarrow{OC} = \begin{pmatrix} 6 \\ 2 \\ 8 \end{pmatrix} = \begin{pmatrix} 13 \\ 1 \\ -8 \end{pmatrix} + k \cdot \begin{pmatrix} 2 \\ 1 \\ -2 \end{pmatrix}$$

Dies führt auf das folgende lineare Gleichungssystem: $\begin{vmatrix} 6 = 13 + 2k \\ 2 = 1 + k \\ 8 = -8 - 2k \end{vmatrix}$

Umformen ergibt $\begin{vmatrix} k = -\frac{7}{2} \\ k = 1 \\ k = -8 \end{vmatrix}$.

Es gibt also keinen Wert für k, der alle drei Gleichungen des Gleichungssystems erfüllt. C liegt also nicht auf g.

b) Wir bestimmen zunächst den Punkt F auf g, der von C den geringsten Abstand hat. Es gilt: $F(13 + 2k \mid 1 + k \mid -8 - 2k)$

$$\overrightarrow{CF} = \begin{pmatrix} 7 + 2k \\ -1 + k \\ -16 - 2k \end{pmatrix}.$$

Weiter gilt: $\overrightarrow{CF} * \begin{pmatrix} 2 \\ 1 \\ -2 \end{pmatrix} = 0,$

$$\begin{aligned} 14 + 4k - 1 + k + 32 + 4k &= 0 \\ 9k + 45 &= 0 \\ k &= -5 \end{aligned}$$

Damit ergibt sich: $F(3 \mid -4 \mid 2)$

Im gleichschenkligen Dreieck ABC ist F der Fußpunkt der Höhe von C auf die Basis $\overline{AB}$. Die Punkte A und B haben somit den gleichen Abstand von F und sie liegen auf g. Wir wählen deshalb F als Stützvektor für die Parameterdarstellung von g:

$$g: \vec{x} = \begin{pmatrix} 3 \\ -4 \\ 2 \end{pmatrix} + k \cdot \begin{pmatrix} 2 \\ 1 \\ -2 \end{pmatrix}$$

Damit ergibt sich

$\overrightarrow{OA_k} = \begin{pmatrix} 3 \\ -4 \\ 2 \end{pmatrix} + k \cdot \begin{pmatrix} 2 \\ 1 \\ -2 \end{pmatrix}$ und $\overrightarrow{OB_k} = \begin{pmatrix} 3 \\ -4 \\ 2 \end{pmatrix} - k \cdot \begin{pmatrix} 2 \\ 1 \\ -2 \end{pmatrix}$ mit $k \in \mathbb{R}$ und $k > 0$.

Alle Punkte A_k und B_k bilden eine Basis für ein gleichschenkliges Dreieck A_kB_kC.

c) **Korrektur an 1. Auflage: Es muss heißen 54 FE (statt 94 FE)**

Die Basis $\overline{A_kB_k}$ kann durch den Vektor $\overrightarrow{A_kB_k}$ beschrieben werden.

$\overrightarrow{A_kB_k} = \begin{pmatrix} -4k \\ -2k \\ 4k \end{pmatrix}$ mit $k \in \mathbb{R}$ und $k > 0$.

$$\overline{A_kB_k} = \sqrt{16k^2 + 4k^2 + 16k^2} = 6k$$

Die Höhe des Dreiecks A_kB_kC ergibt sich aus

$$|\overrightarrow{CF}| = \left|\begin{pmatrix} 3 - 6 \\ -4 - 2 \\ 2 - 8 \end{pmatrix}\right| = \left|\begin{pmatrix} -3 \\ -6 \\ -6 \end{pmatrix}\right| = \sqrt{9 + 36 + 36} = 9.$$

Es gilt: $A_{A_kB_kC} = \frac{1}{2} \cdot 9 \cdot 6k = 27k$

$A_{A_kB_kC} = 54 = 27k$ für $k = 2$ und damit $A_k(7 \mid -2 \mid -2)$ und $B_k(-1 \mid -6 \mid 6)$.

(Lösung für $A_{A_kB_kC} = 94 = 27k$:

$k = \frac{94}{27} = 3{,}\overline{481}$ und $A_k(9{,}\overline{962} \mid -0{,}\overline{518} \mid -4{,}\overline{962})$ und $B_k(-3{,}\overline{962} \mid -7{,}\overline{481} \mid 8{,}962)$)

201

5. a) Abst(g; h) $= \sqrt{\frac{2949}{29}} \approx 10{,}08$

b) Für parallele Geraden wählt man einen beliebigen Punkt P der ersten Geraden und berechnet den Abstand zwischen P und der zweiten Geraden.

6. a) $\begin{pmatrix} 2 \\ -1 \\ 2 \end{pmatrix} = \frac{1}{2}\begin{pmatrix} 4 \\ -2 \\ 4 \end{pmatrix}$ $\Rightarrow$ Richtungsvektoren kollinear $\Rightarrow$ parallele Geraden

Abst(g; h) $= \frac{5}{3}\sqrt{26} \approx 8{,}498$

b) $\begin{pmatrix} 3 \\ -3 \\ 4 \end{pmatrix} = -\frac{1}{2}\begin{pmatrix} -6 \\ 6 \\ -8 \end{pmatrix}$ $\Rightarrow$ parallele Geraden

Abst(g; h) $\approx 10{,}326$

7. a) $\begin{pmatrix} 10 \\ -5 \\ 7{,}5 \end{pmatrix} = -2{,}5 \cdot \begin{pmatrix} -4 \\ 2 \\ -3 \end{pmatrix}$

Die beiden Geraden g_1 und g_2 sind parallel zueinander, da ihre Richtungsvektoren Vielfache voneinander sind.

Alle Punkte auf der Geraden g_2 haben den gleichen Abstand von der Geraden g_1.

Wir bestimmen deshalb den Abstand des Punktes $P(2\,|\,1\,|\,-2)$ von g_1:

$F(2-4t\,|\,-1+2t\,|\,1-3t)$

Gesucht ist t so, dass $\overrightarrow{PF} * \begin{pmatrix} -4 \\ 2 \\ -3 \end{pmatrix} = 0$, also

$\begin{pmatrix} -4t \\ 2t-2 \\ 3-3t \end{pmatrix} * \begin{pmatrix} -4 \\ 2 \\ -3 \end{pmatrix} = 16t + 2(2t-2) - 3(3-3t) = 29t - 13 = 0,$

somit $t = \frac{13}{29}$ und $\overrightarrow{PF} = \begin{pmatrix} -\frac{52}{29} \\ -\frac{32}{29} \\ \frac{48}{29} \end{pmatrix}$

Abst$(g_2; g_1) = |\overrightarrow{PF}| \approx 2{,}68$

201

b) **Korrektur an der 1. Auflage:** Es muss g_3: $\vec{x} = \begin{pmatrix} 8 \\ 0 \\ 6 \end{pmatrix} + r \cdot \begin{pmatrix} -4 \\ 2 \\ -3 \end{pmatrix}$ heißen.

g_3 ist parallel zu g_1 und g_2.
Wir berechnen den Abstand des Punktes Q (8 | 0 | 6) von diesen beiden Geraden.

$F(2 - 4t \mid -1 + 2t \mid 1 - 3t)$; $\overrightarrow{QF} = \begin{pmatrix} -4t - 6 \\ 2t - 1 \\ -3t - 5 \end{pmatrix}$

$\overrightarrow{QF} * \begin{pmatrix} -4 \\ 2 \\ -3 \end{pmatrix} = 29t + 37 = 0$, also $t = -\frac{37}{29}$

$$\text{Abs}(g_3; g_1) = \left|\overrightarrow{QF}\right| = \left\| \begin{pmatrix} -\frac{26}{29} \\ -\frac{103}{29} \\ -\frac{34}{29} \end{pmatrix} \right\| = \frac{\sqrt{12441}}{29} \approx 3{,}85$$

$G(10s + 2 \mid 1 - 5s \mid 7{,}5s - 2)$; $\overrightarrow{QG} = \begin{pmatrix} 10s - 6 \\ 1 - 5s \\ 7{,}5s - 8 \end{pmatrix}$

$\overrightarrow{QG} * \begin{pmatrix} 10 \\ -5 \\ 7{,}5 \end{pmatrix} = \frac{725}{4}s - 125$, also $s = \frac{20}{29}$

$$\text{Abst}(g_3; g_2) = \left|\overrightarrow{QG}\right| = \left\| \begin{pmatrix} \frac{26}{29} \\ -\frac{71}{29} \\ -\frac{82}{29} \end{pmatrix} \right\| = \frac{\sqrt{12441}}{29} \approx 3{,}85$$

g_3 ist von g_1 und g_2 gleichweit entfernt.

c) Die Mittelparallele von g_1 und g_2 ist ebenfalls eine Gerade, die von g_1 und g_2 gleichweit entfernt ist. Sie halbiert jede Strecke zwischen einem Punkt auf g_1 und einem Punkt auf g_2. Somit ist der Mittelpunkt $M\left(2 \mid 0 \mid -\frac{1}{2}\right)$ der Strecke zwischen den Punkten (2 | −1 | 1) und (2 | 1 | −2) ein Punkt dieser Mittelparallelen g_4.

g_4: $\vec{x} = \begin{pmatrix} 2 \\ 0 \\ -\frac{1}{2} \end{pmatrix} + k \cdot \begin{pmatrix} -4 \\ 2 \\ -3 \end{pmatrix}$

8. **a)** Q_t ist zunächst ein beliebiger Punkt auf der Geraden g. Benutzt man die Formel für den Abstand der zwei Punkte P und Q_t voneinander, so enthält diese noch den Parameter t.
Der Parameter t wird nun so bestimmt, dass $\left|\overrightarrow{Q_tP}\right| = d(t)$ minimal wird:

$$d(t) = \sqrt{(-2 + 2t + 5)^2 + (3 - t - 20)^2 + (1 + 2t + 1)^2}$$
$$= \sqrt{(2t + 3)^2 + (-t - 17)^2 + (2t + 2)^2}$$
$$= \sqrt{9t^2 + 54t + 302}$$

Überlegung:
d (t) wird minimal, wenn der Wert unter der Wurzel minimal wird. D. h. es genügt, das Minimum der Funktion f mit $f(t) = 9t^2 + 54t + 302$ zu bestimmen.

$f'(t) = 18t + 54 = 0 \Rightarrow t = -3$

Damit ergibt sich: $d(-3) = \sqrt{9 \cdot (-3)^2 + 54 \cdot (-3) + 302} = \sqrt{221} \approx 14{,}8$
als Abstand des Punktes P von der Geraden g.

b) P liegt auf der Geraden g.

4.4 Ebenen im Raum

4.4.1 Parameterdarstellung einer Ebene

202

Einstiegsaufgabe ohne Lösung

- Grafik siehe rechts
- $\overrightarrow{OB} = \overrightarrow{OA} + 6 \cdot \vec{u} + \vec{v}$

  $= \begin{pmatrix} 0 \\ 0 \\ 4 \end{pmatrix} + 6 \cdot \begin{pmatrix} 0 \\ 0,5 \\ 0 \end{pmatrix} + \begin{pmatrix} -0,8 \\ 0 \\ 0,6 \end{pmatrix} = \begin{pmatrix} -0,8 \\ 3 \\ 4,6 \end{pmatrix}$

  B(−0,8 | 3 | 4,6)

  z. B. $\overrightarrow{OC} = \overrightarrow{OA} + 4 \cdot \vec{u} + 2 \cdot \vec{v}$

  $= \begin{pmatrix} 0 \\ 0 \\ 4 \end{pmatrix} + 4 \cdot \begin{pmatrix} 0 \\ 0,5 \\ 0 \end{pmatrix} + 2 \cdot \begin{pmatrix} -0,8 \\ 0 \\ 0,6 \end{pmatrix}$

  $= \begin{pmatrix} -1,6 \\ 2 \\ 5,2 \end{pmatrix}$;

  C(−1,6 | 2 | 5,2)

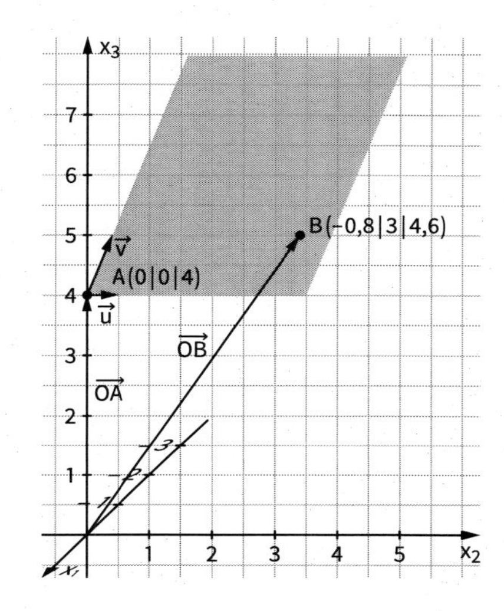

- $g: \vec{x} = \begin{pmatrix} 0 \\ 0 \\ 4 \end{pmatrix} + r \cdot \begin{pmatrix} 0 \\ 0,5 \\ 0 \end{pmatrix}$; $h: \vec{x} = \begin{pmatrix} 0 \\ 0 \\ 4 \end{pmatrix} + s \cdot \begin{pmatrix} -0,8 \\ 0 \\ 0,6 \end{pmatrix}$
- Wir können einen beliebigen Punkt X der Solaranlage erreichen, indem wir vom Punkt A aus zuerst ein Vielfaches des Vektors $\vec{u}$, also $r \cdot \vec{u}$, zurücklegen und anschließend ein Vielfaches des Vektors $\vec{v}$, also $s \cdot \vec{v}$. Damit gilt $\overrightarrow{OX} = \overrightarrow{OA} + r \cdot \vec{u} + s \cdot \vec{v}$

204

1. Maren: Stützvektor: $\overrightarrow{OA}$; Richtungsvektoren: $\overrightarrow{AB}$ und $\overrightarrow{AC}$
Janik: Stützvektor: $\overrightarrow{OB}$; Richtungsvektoren: $-\frac{1}{2}\overrightarrow{AB}$ und $\overrightarrow{BC}$

weitere Beispiele: $E: \vec{x} = \begin{pmatrix} 7 \\ 0 \\ -7 \end{pmatrix} + s\begin{pmatrix} -5 \\ 3 \\ 5 \end{pmatrix} + t\begin{pmatrix} 2 \\ -1 \\ -4 \end{pmatrix}$; $E: \vec{x} = \begin{pmatrix} 2 \\ 3 \\ -2 \end{pmatrix} + s\begin{pmatrix} -9 \\ 5 \\ 13 \end{pmatrix} + t\begin{pmatrix} -8 \\ 4 \\ 16 \end{pmatrix}$

205

2. (1) E ist festgelegt durch zwei zueinander parallele Geraden.
$g: \vec{x} = \vec{a} + k \cdot \vec{u}$ und $h: \vec{x} = \vec{b} + r \cdot \vec{v}$; mit $\vec{u} = s \cdot \vec{v}$; $s \in \mathbb{R}$; $E: \vec{x} = \vec{a} + k \cdot \vec{u} + l \cdot (\vec{b} - \vec{a})$

(2) E ist festgelegt durch zwei sich in einem Punkt S schneidende Geraden: $g: \vec{x} = \vec{a} + k \cdot \vec{u}$ und $h: \vec{x} = \vec{b} + r \cdot \vec{v}$
$E: \vec{x} = \overrightarrow{OS} + k \cdot \vec{u} + r \cdot \vec{v}$

(3) E ist festgelegt durch eine Gerade g und einen Punkt P, der nicht auf g liegt:
$g: \vec{x} = \vec{a} + k \cdot \vec{u}$; $E: \vec{x} = \vec{a} + k \cdot \vec{u} + l \cdot (\vec{P} - \vec{a})$

(4) E ist festgelegt durch drei Punkte P, Q und R, die nicht auf einer Geraden liegen.
$E: \vec{x} = \vec{p} + k \cdot (\vec{Q} - \vec{P}) + l \cdot (\vec{R} - \vec{P})$

3. **a)** (1) $\begin{pmatrix} 10 \\ 5,5 \\ 50 \end{pmatrix}$ (2) $\begin{pmatrix} 43 \\ -35 \\ 146 \end{pmatrix}$ (3) $\begin{pmatrix} -4,8 \\ -0,2 \\ 17,6 \end{pmatrix}$ (4) $\begin{pmatrix} 1,675 \\ -3,6125 \\ 5,9 \end{pmatrix}$

b) (1) $\begin{pmatrix} 2 \\ 1 \\ 12 \end{pmatrix} = \begin{pmatrix} 3 \\ -5 \\ 10 \end{pmatrix} + r \cdot \begin{pmatrix} -1 \\ 6 \\ 2 \end{pmatrix} + s \cdot \begin{pmatrix} 3 \\ -0,5 \\ 12 \end{pmatrix}$ führt auf das LGS $\begin{vmatrix} -r + 3s = -1 \\ 6r - 0,5s = 6 \\ 2r + 12s = 2 \end{vmatrix}$,

das die Lösung $r = 1$; $s = 0$ hat. A liegt in der Ebene.

205

(2) $\begin{pmatrix} -3 \\ 5 \\ -10 \end{pmatrix} = \begin{pmatrix} 3 \\ -5 \\ 10 \end{pmatrix} + r \cdot \begin{pmatrix} -1 \\ 6 \\ 2 \end{pmatrix} + s \cdot \begin{pmatrix} 3 \\ -0{,}5 \\ 12 \end{pmatrix}$

führt auf das Gleichungssystem $\begin{vmatrix} -r + 3s = -6 \\ 6r - 0{,}5s = 10 \\ 2r + 12s = -20 \end{vmatrix}$, das keine Lösung hat.

B liegt nicht in E.

(3) $\begin{pmatrix} 8 \\ 0 \\ 35 \end{pmatrix} = \begin{pmatrix} 3 \\ -5 \\ 10 \end{pmatrix} + r \cdot \begin{pmatrix} -1 \\ 6 \\ 2 \end{pmatrix} + s \cdot \begin{pmatrix} 3 \\ -0{,}5 \\ 12 \end{pmatrix}$

führt auf das Gleichungssystem $\begin{vmatrix} -r + 3s = 5 \\ 6r - 0{,}5s = 5 \\ 2r + 12s = 25 \end{vmatrix}$,

das keine Lösung hat. C liegt nicht in E.

(4) $\begin{pmatrix} -4 \\ 2 \\ -12 \end{pmatrix} = \begin{pmatrix} 3 \\ -5 \\ 10 \end{pmatrix} + r \cdot \begin{pmatrix} -1 \\ 6 \\ 2 \end{pmatrix} + s \cdot \begin{pmatrix} 3 \\ -0{,}5 \\ 12 \end{pmatrix}$

führt auf das Gleichungssystem $\begin{vmatrix} -r + 3s = -7 \\ 6r - 0{,}5s = 7 \\ 2r + 12s = -22 \end{vmatrix}$,

mit der Lösung $r = 1;\ s = -2$. D liegt in E.

4. Er hat nicht überprüft, ob Lösungen für s und t, die er aus den ersten beiden Gleichungen erhalten hat, auch die dritte Gleichung erfüllen. Dies ist nämlich nicht der Fall. Das Gleichungssystem hat keine Lösung, also liegt F nicht in der Ebene.

5. Beispiele:

a) $E: \vec{x} = \overrightarrow{OP} + \lambda \overrightarrow{PQ} + \mu \overrightarrow{PR} = \begin{pmatrix} 0 \\ 1 \\ 2 \end{pmatrix} + \lambda \cdot \begin{pmatrix} 2 \\ -1 \\ 2 \end{pmatrix} + \mu \cdot \begin{pmatrix} 4 \\ 7 \\ -2 \end{pmatrix};\ \lambda, \mu \in \mathbb{R}$

b) $E: \vec{x} = \begin{pmatrix} 1 \\ 1 \\ 1 \end{pmatrix} + \lambda \cdot \begin{pmatrix} 1 \\ 1 \\ 2 \end{pmatrix} + \mu \cdot \begin{pmatrix} 9 \\ 3 \\ 5 \end{pmatrix};\ \lambda, \mu \in \mathbb{R}$

c) $E: \vec{x} = \begin{pmatrix} 1 \\ -2 \\ 3 \end{pmatrix} + s \cdot \begin{pmatrix} 2 \\ 6 \\ -5 \end{pmatrix} + t \cdot \begin{pmatrix} 2 \\ 6 \\ 2 \end{pmatrix};\ s, t \in \mathbb{R}$

d) $E: \vec{x} = \begin{pmatrix} 0 \\ 7 \\ 2 \end{pmatrix} + s \cdot \begin{pmatrix} -10 \\ -7 \\ -8 \end{pmatrix} + t \cdot \begin{pmatrix} -4 \\ -11 \\ -2 \end{pmatrix};\ s, t \in \mathbb{R}$

6. Sie hat nicht überprüft, ob die 3 Punkte auf einer Geraden liegen. Da A, B, C auf einer Geraden liegen, sind die Richtungsvektoren $\begin{pmatrix} 3 \\ 3 \\ -2 \end{pmatrix}$ und $\begin{pmatrix} 9 \\ 9 \\ -6 \end{pmatrix}$ linear abhängig und es wird keine Ebene, sondern eine Gerade beschrieben.

7. Geprüft wird, ob P_4 in der Ebene E liegt, die von P_1, P_2, P_3 bestimmt ist.

a) $\begin{pmatrix} 3 \\ 2 \\ 1 \end{pmatrix} = \begin{pmatrix} 7 \\ 2 \\ -1 \end{pmatrix} + s \cdot \begin{pmatrix} -8 \\ 0 \\ 4 \end{pmatrix} + t \cdot \begin{pmatrix} -7 \\ -4 \\ 3 \end{pmatrix} \Leftrightarrow \begin{vmatrix} s = \frac{1}{2} \\ t = 0 \\ s = \frac{1}{2} \end{vmatrix}$, d.h. $P_4 \in E$

b) $\begin{pmatrix} -2 \\ -1 \\ 5 \end{pmatrix} = \begin{pmatrix} 2 \\ 1 \\ 3 \end{pmatrix} + s \cdot \begin{pmatrix} -4 \\ 1 \\ -2 \end{pmatrix} + t \cdot \begin{pmatrix} -2 \\ -1 \\ 1 \end{pmatrix} \Leftrightarrow \begin{vmatrix} s = 0 \\ t = 2 \\ s = 0 \end{vmatrix}$, d.h. $P_4 \in E$

c) $\begin{pmatrix} 7 \\ 0 \\ -1 \end{pmatrix} = \begin{pmatrix} 5 \\ -1 \\ 5 \end{pmatrix} + s \cdot \begin{pmatrix} -4 \\ 2 \\ -6 \end{pmatrix} + t \cdot \begin{pmatrix} -2 \\ 3 \\ -10 \end{pmatrix} \Leftrightarrow \begin{vmatrix} s = -1 \\ t = 1 \\ -1 = 1 \end{vmatrix}$, d.h. $P_4 \notin E$

206

8. Zum Beispiel:
P_1: $s=0,\ t=0$: $P_1(-2|0|1)$;
P_2: $s=1,\ t=2$: $P_2(-3|5|2)$;
P_3: $s=-1,\ t=1$: $P_3(-4|1|0)$

$$E: \vec{x} = \begin{pmatrix} -2 \\ 0 \\ 1 \end{pmatrix} + s \cdot \begin{pmatrix} -1 \\ 5 \\ 1 \end{pmatrix} + t \cdot \begin{pmatrix} -2 \\ 1 \\ -1 \end{pmatrix};\ s, t \in \mathbb{R}$$

9. $$E: \vec{x} = \begin{pmatrix} 4 \\ 3 \\ 1 \end{pmatrix} + r \cdot \begin{pmatrix} -1 \\ -1 \\ 1 \end{pmatrix} + s \cdot \begin{pmatrix} 1 \\ -2 \\ 3 \end{pmatrix}$$

10. mögliche Richtungsvektoren:

$$\overrightarrow{AB} = \begin{pmatrix} -4 \\ 2 \\ 8 \end{pmatrix};\ \overrightarrow{BC} = \begin{pmatrix} 9 \\ -5 \\ -13 \end{pmatrix};\ \overrightarrow{AC} = \begin{pmatrix} 5 \\ -3 \\ -5 \end{pmatrix} \text{ oder: } \overrightarrow{BA} = \begin{pmatrix} 4 \\ -2 \\ -8 \end{pmatrix};\ \overrightarrow{CB} = \begin{pmatrix} -9 \\ 5 \\ 13 \end{pmatrix};\ \overrightarrow{CA} = \begin{pmatrix} -5 \\ 3 \\ 5 \end{pmatrix}$$

$$\text{oder: } 3\overrightarrow{CA} = \begin{pmatrix} -15 \\ 9 \\ 15 \end{pmatrix};\ \overrightarrow{AB} + \overrightarrow{AC} = \begin{pmatrix} 1 \\ -1 \\ 3 \end{pmatrix};\ 2\overrightarrow{BA} - \overrightarrow{AC} = \begin{pmatrix} 8-5 \\ -4+3 \\ -16+5 \end{pmatrix} = \begin{pmatrix} 3 \\ -1 \\ -11 \end{pmatrix}$$

mögliche Parameterdarstellung:

$$E: \vec{x} = \begin{pmatrix} 2 \\ 3 \\ -2 \end{pmatrix} + r \cdot \begin{pmatrix} -4 \\ 2 \\ 8 \end{pmatrix} + s \cdot \begin{pmatrix} 5 \\ -3 \\ -5 \end{pmatrix}$$

$$E: \vec{x} = \begin{pmatrix} -2 \\ 5 \\ 6 \end{pmatrix} + k \cdot \begin{pmatrix} 4 \\ -2 \\ -8 \end{pmatrix} + l \cdot \begin{pmatrix} 9 \\ -5 \\ -13 \end{pmatrix}$$

$$E: \vec{x} = \begin{pmatrix} 7 \\ 0 \\ -7 \end{pmatrix} + m \cdot \begin{pmatrix} -15 \\ 9 \\ 15 \end{pmatrix} + n \cdot \begin{pmatrix} -9 \\ 5 \\ 13 \end{pmatrix}$$

$$E: \vec{x} = \begin{pmatrix} 2 \\ 3 \\ -2 \end{pmatrix} + u \cdot \begin{pmatrix} 1 \\ -1 \\ 3 \end{pmatrix} + v \cdot \begin{pmatrix} 3 \\ -1 \\ -11 \end{pmatrix}$$

11. Zunächst Probe, dass P nicht auf g liegt (Punktprobe).

a) $$E: \vec{x} = \begin{pmatrix} 4 \\ 0 \\ 2 \end{pmatrix} + s \cdot \begin{pmatrix} 3 \\ -1 \\ -3 \end{pmatrix} + t \cdot \begin{pmatrix} 1-4 \\ 4-0 \\ -1-2 \end{pmatrix} = \begin{pmatrix} 4 \\ 0 \\ 2 \end{pmatrix} + s \cdot \begin{pmatrix} 3 \\ -1 \\ -3 \end{pmatrix} + t \cdot \begin{pmatrix} -3 \\ 4 \\ -3 \end{pmatrix};\ s, t \in \mathbb{R}$$

b) $$E: \vec{x} = \begin{pmatrix} 1 \\ 0 \\ 0 \end{pmatrix} + s \cdot \begin{pmatrix} 5 \\ 2 \\ -3 \end{pmatrix} + t \cdot \begin{pmatrix} 1 \\ 4 \\ -3 \end{pmatrix};\ s, t \in \mathbb{R}$$

c) $$E: \vec{x} = \begin{pmatrix} -200 \\ 150 \\ 30 \end{pmatrix} + t \cdot \begin{pmatrix} 10 \\ -10 \\ 5 \end{pmatrix} + s \cdot \begin{pmatrix} 200 \\ -150 \\ -30 \end{pmatrix};\ s, t \in \mathbb{R}$$

12. Gleichsetzen ergibt das Gleichungssystem $\left| \begin{array}{l} -s-2t=1 \\ 2s-t=-2 \\ s+t=-1 \end{array} \right|$,
welches die eindeutige Lösung $s=-1;\ t=0$ besitzt.
Schnittpunkt: $S(-2|0|-2)$

$$E: \vec{x} = \begin{pmatrix} -2 \\ 0 \\ -2 \end{pmatrix} + s \cdot \begin{pmatrix} -1 \\ 2 \\ 1 \end{pmatrix} + t \cdot \begin{pmatrix} 2 \\ 1 \\ -1 \end{pmatrix};\ s, t \in \mathbb{R}$$

13. a) Die Gleichung $\begin{pmatrix} 0 \\ -1 \\ -1 \end{pmatrix} = \begin{pmatrix} 5 \\ 0 \\ 2 \end{pmatrix} + s \cdot \begin{pmatrix} 3 \\ -1 \\ 4 \end{pmatrix}$ hat keine Lösung und die Richtungsvektoren der beiden Geraden sind Vielfache voneinander.
Die beiden Geraden sind parallel zueinander, aber nicht identisch.

$$E: \vec{x} = \begin{pmatrix} 5 \\ 0 \\ 2 \end{pmatrix} + s \cdot \begin{pmatrix} 3 \\ -1 \\ 4 \end{pmatrix} + t \cdot \left[\begin{pmatrix} 5 \\ 0 \\ 2 \end{pmatrix} - \begin{pmatrix} 0 \\ -1 \\ -1 \end{pmatrix} \right]$$

$$\vec{x} = \begin{pmatrix} 5 \\ 0 \\ 2 \end{pmatrix} + s \cdot \begin{pmatrix} 3 \\ -1 \\ 4 \end{pmatrix} + t \cdot \begin{pmatrix} 5 \\ 1 \\ 3 \end{pmatrix}$$

206

b) Es gilt: $\begin{pmatrix} -3 \\ -3 \\ 6 \end{pmatrix} = -3 \cdot \begin{pmatrix} 1 \\ 1 \\ -2 \end{pmatrix}$

Die beiden Richtungsvektoren sind Vielfache voneinander, die beiden Geraden somit parallel zueinander.

$\begin{pmatrix} 3 \\ -4 \\ 1 \end{pmatrix} - \begin{pmatrix} 2 \\ 1 \\ 3 \end{pmatrix} = \begin{pmatrix} 1 \\ -5 \\ -2 \end{pmatrix}$; kein Vielfaches zu $\begin{pmatrix} 1 \\ 1 \\ -2 \end{pmatrix}$

Die beiden Geraden sind nicht identisch.

$E: \vec{x} = \begin{pmatrix} 2 \\ 1 \\ 3 \end{pmatrix} + s \cdot \begin{pmatrix} 1 \\ 1 \\ -2 \end{pmatrix} + t \cdot \begin{pmatrix} 1 \\ -5 \\ -2 \end{pmatrix}$

c) $\begin{pmatrix} -0{,}5 \\ 2{,}5 \\ -3 \end{pmatrix} = -\frac{1}{2} \cdot \begin{pmatrix} 1 \\ -5 \\ 6 \end{pmatrix}$

Die beiden Richtungsvektoren sind Vielfache voneinander, die beiden Geraden sind somit parallel zueinander.

$\begin{pmatrix} 3 \\ -1 \\ 2 \end{pmatrix} - \begin{pmatrix} 0 \\ 4 \\ 0 \end{pmatrix} = \begin{pmatrix} 3 \\ -5 \\ 2 \end{pmatrix}$; kein Vielfaches zu $\begin{pmatrix} 1 \\ -5 \\ 6 \end{pmatrix}$

Die beiden Geraden sind nicht identisch.

$E: \vec{x} = \begin{pmatrix} 0 \\ 4 \\ 0 \end{pmatrix} + s \cdot \begin{pmatrix} 1 \\ -5 \\ 6 \end{pmatrix} + t \cdot \begin{pmatrix} 3 \\ -5 \\ 2 \end{pmatrix}$

207

14. $g: \vec{x} = \begin{pmatrix} 2 \\ 1 \\ 3 \end{pmatrix} + r \cdot \begin{pmatrix} 1 \\ 0 \\ 2 \end{pmatrix}$ und $h: \vec{x} = \begin{pmatrix} 2 \\ 2 \\ 1 \end{pmatrix} + s \cdot \begin{pmatrix} 1 \\ 1 \\ 2 \end{pmatrix}$ sind windschief zueinander.

Ist E eine Ebene, die die Gerade g enthält, so gibt es zwei Möglichkeiten:

(1) h ist parallel zu E und liegt nicht in E.

(2) h schneidet E und hat mit E nur einen Punkt gemeinsam.

Es gibt also keine Ebene, die beide Geraden enthält.

15. a) Überprüfe, ob P, Q und R *nicht* auf einer Geraden liegen.

(1) $\overrightarrow{PQ} = \overrightarrow{QR}$ (d. h. die Punkte liegen auf einer Geraden)

(2) $\overrightarrow{PR} = 2 \cdot \overrightarrow{PQ}$ (d. h. die Punkte liegen auf einer Geraden)

b) Überprüfe, ob P *nicht* auf g liegt.

(1) Ja, denn P liegt nicht auf g.

(2) Für $s = 10$ ergibt sich $\vec{x} = \overrightarrow{OP}$. P liegt auf g.

c) Überprüfe, ob die Geraden **nicht** windschief zueinander oder identisch sind.

(1) $\begin{pmatrix} 2 \\ 1 \\ 4 \end{pmatrix} + s \cdot \begin{pmatrix} 3 \\ 0 \\ 1 \end{pmatrix} = \begin{pmatrix} 1 \\ 2 \\ 3 \end{pmatrix} + t \cdot \begin{pmatrix} -1 \\ 2 \\ 1 \end{pmatrix} \Leftrightarrow \left| \begin{array}{l} 3s + t = -1 \\ -2t = +1 \\ s - t = -1 \end{array} \right| \Leftrightarrow \left| \begin{array}{l} s = -\frac{1}{6} \\ t = -0{,}5 \\ s = -0{,}5 \end{array} \right|$

Die Geraden sind windschief zueinander.

(2) $\begin{pmatrix} 1 \\ 1 \\ 0 \end{pmatrix} + s \cdot \begin{pmatrix} -1 \\ 1 \\ 2 \end{pmatrix} = \begin{pmatrix} 2 \\ 1 \\ 1 \end{pmatrix} + t \cdot \begin{pmatrix} 0 \\ 1 \\ 1 \end{pmatrix} \Leftrightarrow \left| \begin{array}{l} -s = 1 \\ s - t = 0 \\ 2s - t = 1 \end{array} \right| \Leftrightarrow \left| \begin{array}{l} s = -1 \\ t = -1 \\ t = -3 \end{array} \right|$

Die Geraden sind windschief zueinander.

(3) $\begin{pmatrix} 5 \\ 0 \\ 2 \end{pmatrix} + s \cdot \begin{pmatrix} 3 \\ -1 \\ 4 \end{pmatrix} = \begin{pmatrix} -1 \\ 2 \\ -6 \end{pmatrix} + t \cdot \begin{pmatrix} 6 \\ -2 \\ 8 \end{pmatrix} \Leftrightarrow \left| \begin{array}{l} 3s - 6t = -6 \\ s + 2t = 2 \\ 4s - 8t = -8 \end{array} \right| \Leftrightarrow$ t beliebig und $s = 2t - 2$

Die beiden Geraden sind identisch.

(4) Da $\begin{pmatrix} 2 \\ -1 \\ 3 \end{pmatrix} \cdot 2 = \begin{pmatrix} 4 \\ -2 \\ 0 \end{pmatrix}$ und $\begin{pmatrix} 2 \\ 3 \\ 1 \end{pmatrix} \notin g_1$ sind die Geraden parallel und nicht identisch.

(5) $\begin{pmatrix} 7 \\ -14 \\ 0 \end{pmatrix} = -7 \cdot \begin{pmatrix} -1 \\ 2 \\ 0 \end{pmatrix}$; $\begin{pmatrix} 1 \\ 3 \\ 1 \end{pmatrix} - \begin{pmatrix} 2 \\ 1 \\ 1 \end{pmatrix} = \begin{pmatrix} -1 \\ 2 \\ 0 \end{pmatrix}$, also sind die beiden Geraden identisch.

207

16. a) (1) Eine Ebene kann festgelegt werden durch drei Punkte, die nicht auf einer Geraden liegen.

z. B.: A(2 | −1 | 3), B(3 | −1 | 1), C(−4 | 4 | 12); $E: \vec{x} = \begin{pmatrix} 2 \\ -1 \\ 3 \end{pmatrix} + r \cdot \begin{pmatrix} 1 \\ 0 \\ -2 \end{pmatrix} + s \cdot \begin{pmatrix} -6 \\ 5 \\ 9 \end{pmatrix}$

(2) Eine Ebene kann festgelegt werden durch eine Gerade und einen Punkt, der nicht auf der Geraden liegt.

z. B.: $g: \vec{x} = \begin{pmatrix} 2 \\ -3 \\ 1 \end{pmatrix} + r \cdot \begin{pmatrix} 1 \\ 4 \\ 0 \end{pmatrix}$; P(5 | −2 | 2); $E: \vec{x} = \begin{pmatrix} 2 \\ -3 \\ 1 \end{pmatrix} + r \cdot \begin{pmatrix} 1 \\ 4 \\ 0 \end{pmatrix} + s \cdot \begin{pmatrix} 3 \\ 1 \\ 1 \end{pmatrix}$

(3) Eine Ebene kann festgelegt werden durch zwei Geraden, die parallel zueinander, aber nicht identisch sind.

z. B.: $g: \vec{x} = \begin{pmatrix} 2 \\ 1 \\ 3 \end{pmatrix} + r \cdot \begin{pmatrix} 1 \\ -1 \\ 1 \end{pmatrix}$; $h: \vec{x} = \begin{pmatrix} 4 \\ 3 \\ -1 \end{pmatrix} + s \cdot \begin{pmatrix} -2 \\ 2 \\ -2 \end{pmatrix}$: $E: \vec{x} = \begin{pmatrix} 2 \\ 1 \\ 3 \end{pmatrix} + r \cdot \begin{pmatrix} 1 \\ -1 \\ 1 \end{pmatrix} + s \cdot \begin{pmatrix} 2 \\ 2 \\ -4 \end{pmatrix}$

(4) Eine Ebene kann festgelegt werden durch zwei Geraden, die sich schneiden.

z. B.: $g: \vec{x} = \begin{pmatrix} 3 \\ 1 \\ 0 \end{pmatrix} + r \cdot \begin{pmatrix} 5 \\ 1 \\ 1 \end{pmatrix}$; $h: \vec{x} = \begin{pmatrix} -7 \\ -1 \\ -2 \end{pmatrix} + s \cdot \begin{pmatrix} -2 \\ 1 \\ 3 \end{pmatrix}$;

S(−7 | −1 | −2) $E: \vec{x} = \begin{pmatrix} -7 \\ -1 \\ -2 \end{pmatrix} + r \cdot \begin{pmatrix} 5 \\ 1 \\ 1 \end{pmatrix} + t \cdot \begin{pmatrix} -2 \\ 1 \\ 3 \end{pmatrix}$

b) $E: \vec{x} = \begin{pmatrix} -1 \\ 2 \\ 1 \end{pmatrix} + r \cdot \begin{pmatrix} 3 \\ -1 \\ 1 \end{pmatrix} + s \cdot \begin{pmatrix} -2 \\ 0 \\ 3 \end{pmatrix}$

(1) Punkte bestimmen, die in der Ebene liegen:
Man wählt für die Parameter r und s jeweils einen Wert und erhält den Ortsvektor zu einem Punkt, der in E liegt.

z. B.: r = 1, s = 0 P_1(2 | 1 | 2)
r = 1, s = −1 P_2(4 | 1 | −1)
r = 5, s = −7 P_3(28 | −3 | −15)

(2) Sucht man einen Punkt, der nicht in E liegt, kann man vorgehen wie unter (1). Man bestimmt einen Punkt, der in E liegt und ändert z. B. eine Koordinate ab.
z. B. Q_1(2 | −1 | 2), Q_2(0 | 1 | −1) und Q_3(17 | −3 | −15) liegen nicht in E.

17. a) $E: \vec{x} = \begin{pmatrix} 6 \\ 5 \\ 0 \end{pmatrix} + \lambda \cdot \begin{pmatrix} 0 \\ -5 \\ 2 \end{pmatrix} + \mu \cdot \begin{pmatrix} -6 \\ -4 \\ 3 \end{pmatrix}$ **b)** $E: \vec{x} = \begin{pmatrix} 0 \\ 3 \\ 3 \end{pmatrix} + \lambda \cdot \begin{pmatrix} 6 \\ -1 \\ -1 \end{pmatrix} + \mu \cdot \begin{pmatrix} 1 \\ 3 \\ -2 \end{pmatrix}$

18. Aufgrund der selbstständigen Wahl des Koordinatensystems gibt es unendlich viele Lösungsmöglichkeiten. Beispiel: Wahl des Ursprungs in dem Mittelpunkt der Grundfläche.
Koordinatensystem: Standard-Rechtssystem

Grundfläche: $E_G: \vec{x} = \begin{pmatrix} 0 \\ 0 \\ 0 \end{pmatrix} + s \cdot \begin{pmatrix} 1 \\ 0 \\ 0 \end{pmatrix} + t \cdot \begin{pmatrix} 0 \\ 1 \\ 0 \end{pmatrix}$; s, t ∈ ℝ

Seitenflächen: $E_{S_1}: \vec{x} = \begin{pmatrix} 0 \\ 0 \\ 12 \end{pmatrix} + s \cdot \begin{pmatrix} 1 \\ 0 \\ 0 \end{pmatrix} + t \cdot \begin{pmatrix} 0 \\ 2{,}5 \\ 12 \end{pmatrix}$; s, t ∈ ℝ

$E_{S_2}: \vec{x} = \begin{pmatrix} 0 \\ 0 \\ 12 \end{pmatrix} + s \cdot \begin{pmatrix} 0 \\ 1 \\ 0 \end{pmatrix} + t \cdot \begin{pmatrix} 2{,}5 \\ 0 \\ 12 \end{pmatrix}$; s, t ∈ ℝ

$E_{S_3}: \vec{x} = \begin{pmatrix} 0 \\ 0 \\ 12 \end{pmatrix} + s \cdot \begin{pmatrix} -1 \\ 0 \\ 0 \end{pmatrix} + t \cdot \begin{pmatrix} 0 \\ -2{,}5 \\ 12 \end{pmatrix}$; s, t ∈ ℝ

$E_{S_4}: \vec{x} = \begin{pmatrix} 0 \\ 0 \\ 12 \end{pmatrix} + s \cdot \begin{pmatrix} 0 \\ -1 \\ 0 \end{pmatrix} + t \cdot \begin{pmatrix} -2{,}5 \\ 0 \\ 12 \end{pmatrix}$; s, t ∈ ℝ

208

19. a) $E: \vec{x} = \begin{pmatrix} 4 \\ 4 \\ 2 \end{pmatrix} + \lambda \cdot \begin{pmatrix} 0 \\ -2 \\ 2 \end{pmatrix} + \mu \cdot \begin{pmatrix} -4 \\ 0 \\ 2 \end{pmatrix}$

b) Es muss gelten: $\lambda, \mu \geq 0$ und $\lambda + \mu \leq 1$.

20. a) $E: \vec{x} = \begin{pmatrix} 0 \\ 9 \\ 4 \end{pmatrix} + r \cdot \begin{pmatrix} 0 \\ -2 \\ 0 \end{pmatrix} + s \cdot \begin{pmatrix} -2 \\ 0 \\ 2 \end{pmatrix}$

b) $\left|\begin{pmatrix} 0 \\ -2 \\ 0 \end{pmatrix}\right| = 2; \quad \left|\begin{pmatrix} -2 \\ 0 \\ 2 \end{pmatrix}\right| = \sqrt{8}$

Für die Parameter gilt: $0 \leq r \leq 4{,}5$

$0 \leq s \leq \frac{7}{\sqrt{8}} \approx 2{,}47$

Die Punkte der Dachfläche können beschrieben werden durch die Parameterdarstellung $\vec{x} = \begin{pmatrix} 0 \\ 9 \\ 4 \end{pmatrix} + r \cdot \begin{pmatrix} 0 \\ -2 \\ 0 \end{pmatrix} + s \cdot \begin{pmatrix} -2 \\ 0 \\ 2 \end{pmatrix}$; $0 \leq r \leq 4{,}5$; $0 \leq s \leq \frac{7}{\sqrt{8}}$.

c) $\overrightarrow{OB} = \begin{pmatrix} 0 \\ 9 \\ 4 \end{pmatrix} + 0 \cdot \begin{pmatrix} 0 \\ -2 \\ 0 \end{pmatrix} + \frac{7}{\sqrt{8}} \cdot \begin{pmatrix} -2 \\ 0 \\ 2 \end{pmatrix} \approx \begin{pmatrix} -4{,}95 \\ 9 \\ 8{,}95 \end{pmatrix}$ also $B(-4{,}95\,|\,9\,|\,8{,}95)$

$\overrightarrow{OC} = \begin{pmatrix} 0 \\ 9 \\ 4 \end{pmatrix} + 4{,}5 \cdot \begin{pmatrix} 0 \\ -2 \\ 0 \end{pmatrix} + \frac{7}{\sqrt{8}} \cdot \begin{pmatrix} -2 \\ 0 \\ 2 \end{pmatrix} \approx \begin{pmatrix} -4{,}95 \\ 0 \\ 8{,}95 \end{pmatrix}$ also $C(-4{,}95\,|\,0\,|\,8{,}95)$

$\overrightarrow{OD} = \begin{pmatrix} 0 \\ 9 \\ 4 \end{pmatrix} + 4{,}5 \cdot \begin{pmatrix} 0 \\ -2 \\ 0 \end{pmatrix} + 0 \cdot \begin{pmatrix} -2 \\ 0 \\ 2 \end{pmatrix} = \begin{pmatrix} 0 \\ 0 \\ 4 \end{pmatrix}$ also $D(0\,|\,0\,|\,4)$

Punkte, die außerhalb der Dachfläche liegen:

z. B.: $r = 5,\ s = 4$ $\quad P_1(-8\,|\,-1\,|\,12)$

$r = -1,\ s = -1$ $\quad P_2(2\,|\,11\,|\,2)$

$r = -1,\ s = 0$ $\quad P_3(0\,|\,11\,|\,4)$

21. a) $\vec{x} = s \cdot \begin{pmatrix} 1 \\ 0 \\ 0 \end{pmatrix} + t \cdot \begin{pmatrix} 0 \\ 1 \\ 0 \end{pmatrix}$

b) $\vec{x} = s \cdot \begin{pmatrix} 0 \\ 1 \\ 0 \end{pmatrix} + t \cdot \begin{pmatrix} 0 \\ 1 \\ 0 \end{pmatrix}$

c) $\vec{x} = \begin{pmatrix} 3 \\ 1 \\ -2 \end{pmatrix} + s \cdot \begin{pmatrix} 1 \\ 0 \\ 0 \end{pmatrix} + t \cdot \begin{pmatrix} 0 \\ 0 \\ 1 \end{pmatrix}$

d) $\vec{x} = \begin{pmatrix} 0 \\ 0 \\ 2 \end{pmatrix} + s \cdot \begin{pmatrix} 1 \\ 0 \\ 0 \end{pmatrix} + t \cdot \begin{pmatrix} 0 \\ 1 \\ 0 \end{pmatrix}$

e) $\vec{x} = \begin{pmatrix} 3 \\ 0 \\ 0 \end{pmatrix} + s \cdot \begin{pmatrix} -3 \\ 1 \\ 0 \end{pmatrix} + t \cdot \begin{pmatrix} -3 \\ 0 \\ -1 \end{pmatrix}$

f) $\vec{x} = \begin{pmatrix} 0 \\ 0 \\ 4 \end{pmatrix} + s \cdot \begin{pmatrix} 3 \\ 0 \\ -4 \end{pmatrix} + t \cdot \begin{pmatrix} 0 \\ -2 \\ -4 \end{pmatrix}$

g) $\vec{x} = s \cdot \begin{pmatrix} 1 \\ 2 \\ 0 \end{pmatrix} + t \cdot \begin{pmatrix} 0 \\ 0 \\ 1 \end{pmatrix}$

22. a) Die Ebene E und die beiden Geraden g_1 und g_2 haben den Punkt $A(3\,|\,1\,|\,4)$ gemeinsam. Die Richtungsvektoren der beiden Geraden sind auch die Richtungsvektoren der Ebene.

Somit liegen g_1 und g_2 in E.

b) Die Ebene und die vier Geraden haben den Punkt A gemeinsam.

(1); (2) Der Richtungsvektor von g ist ein Richtungsvektor von E.

(3) Der Vektor $\vec{a} + \vec{u}$ ist der Ortsvektor eines Punktes, der in E liegt. Der Richtungsvektor von g ist auch Richtungsvektor von E.

(4) Der Vektor $\vec{a} + 3 \cdot \vec{v}$ ist der Ortsvektor eines Punktes, der in E liegt. Der Richtungsvektor von g ist auch Richtungsvektor von E.

c) $E: \vec{x} = \begin{pmatrix} 0 \\ 0 \\ 5 \end{pmatrix} + r \cdot \begin{pmatrix} 1 \\ 0 \\ 0 \end{pmatrix} + s \cdot \begin{pmatrix} 0 \\ 1 \\ 0 \end{pmatrix}$

$g_1: \vec{x} = \begin{pmatrix} 0 \\ 0 \\ 5 \end{pmatrix} + k \cdot \begin{pmatrix} 1 \\ 0 \\ 0 \end{pmatrix}$ $\quad g_2: \vec{x} = \begin{pmatrix} 1 \\ 2 \\ 5 \end{pmatrix} + r \cdot \begin{pmatrix} 1 \\ 1 \\ 0 \end{pmatrix}$ $\quad g_3: \vec{x} = \begin{pmatrix} -2 \\ 7 \\ 5 \end{pmatrix} + s \cdot \begin{pmatrix} -2 \\ 1 \\ 0 \end{pmatrix}$

4.4.2 Ebenen zeichnen – Spurpunkte und Spurgeraden

211

1. **a)** $S_1(4|0|0)$
   S_2: $x_1 = 0$ und $x_3 = 0$ für $r = 1$; $t = 0$,
   also $S_2(0|3|0)$
   S_3: $x_1 = 0$ und $x_2 = 0$ für $r = 0$; $t = 2$,
   also $S_3(0|0|6)$

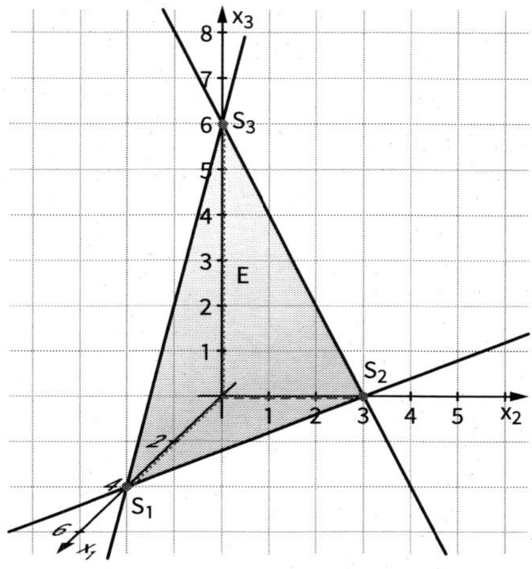

   b) S_1: $x_2 = 0$ und $x_3 = 0$ für $r = 0$; $t = 3$,
   also $S_1(6|0|0)$;
   $S_2(0|3|0)$
   S_3: $x_1 = 0$ und $x_2 = 0$ für $r = -1$; $t = 0$,
   also $S_3(0|0|-4)$

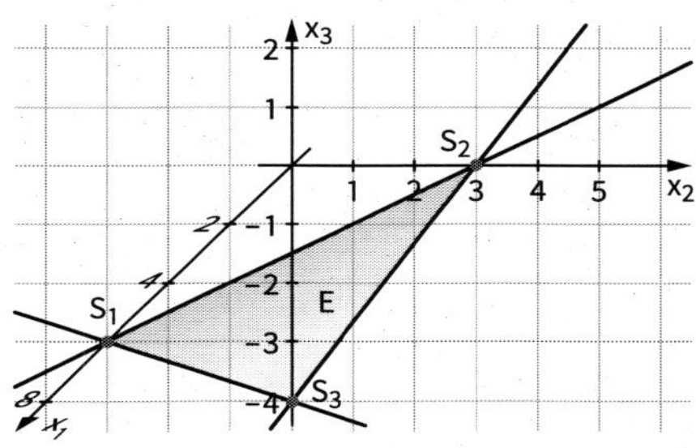

   c) S_1: $x_2 = 0$ und $x_3 = 0$ für $r = 2$; $t = 0$,
   also $S_1(4|0|0)$
   S_2: $x_1 = 0$ und $x_3 = 0$ für $r = 0$; $t = 4$,
   also $S_2(0|12|0)$;
   $S_3(0|0|-4)$

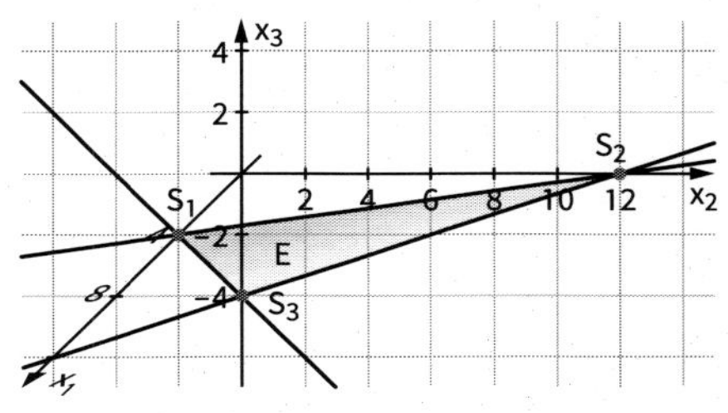

   d) S_1: $x_2 = x_3 = 0$ für $r = 0$; $t = -1$,
   also $S_1(2|0|0)$
   S_2: $x_1 = x_3 = 0$ für $r = 1$; $t = -1$,
   also $S_2(0|3|0)$
   S_3: $x_1 = x_2 = 0$ für $r = 0$; $t = -3$,
   also $S_3(0|0|-2)$

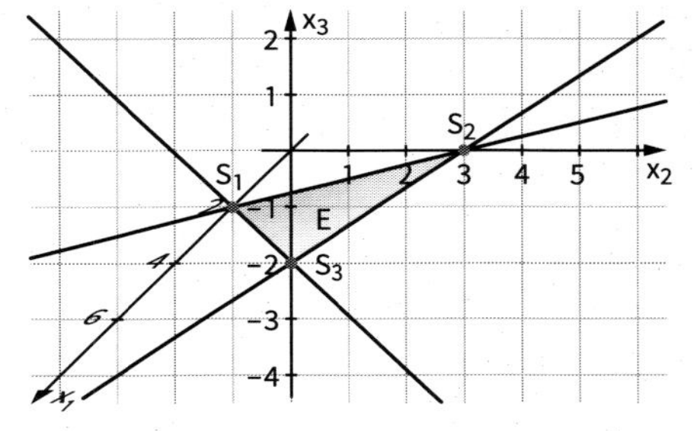

211

2. a) $S_1(3|0|0)$; $S_2(0|2|0)$; $S_3(0|0|1)$

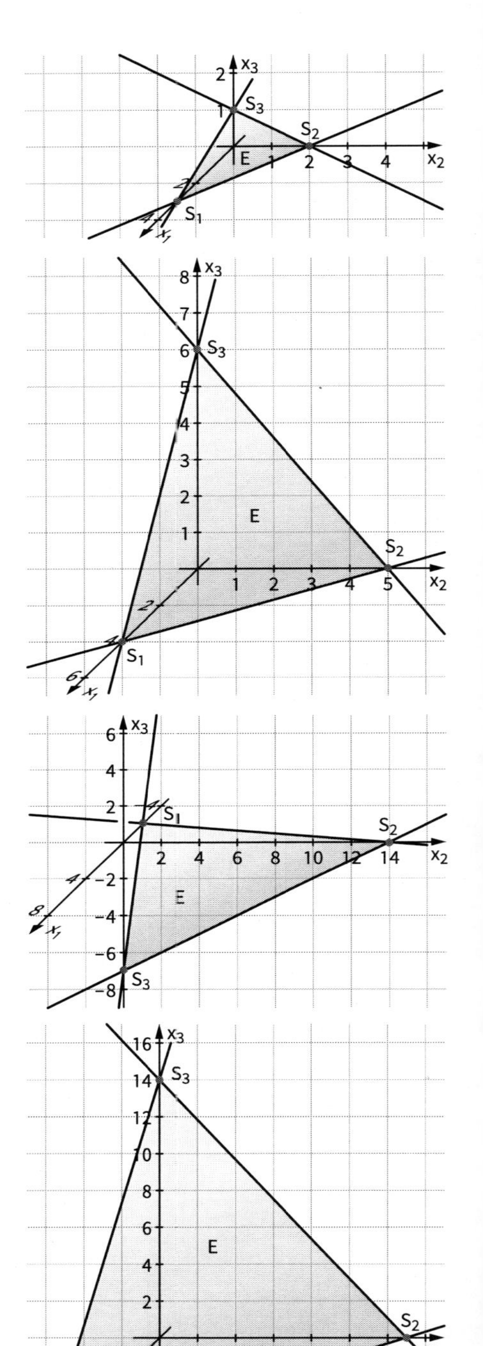

b) $S_1(4|0|0)$; $S_2(0|5|0)$; $S_3(0|0|6)$

c) $S_1(-2|0|0)$; $S_2(0|14|0)$; $S_3(0|0|-7)$

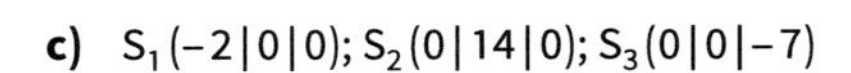

d) $S_1(12|0|0)$; $S_2(0|13|0)$; $S_3(0|0|14)$

211

3. a) $S_1(2|0|0)$; $S_2(0|3|0)$; $S_3(0|0|4)$ $\quad$ E: $\vec{x} = \begin{pmatrix} 2 \\ 0 \\ 0 \end{pmatrix} + r \cdot \begin{pmatrix} -2 \\ 3 \\ 0 \end{pmatrix} + s \cdot \begin{pmatrix} -2 \\ 0 \\ 4 \end{pmatrix}$

b) $S_1(1|0|0)$; $S_2(0|3|0)$; $S_3(0|0|-4)$ $\quad$ E: $\vec{x} = \begin{pmatrix} 1 \\ 0 \\ 0 \end{pmatrix} + r \cdot \begin{pmatrix} -1 \\ 3 \\ 0 \end{pmatrix} + s \cdot \begin{pmatrix} -1 \\ 0 \\ -4 \end{pmatrix}$

c) $S_1(-2|0|0)$; $S_2(0|5|0)$; $S_3(0|0|2)$ $\quad$ E: $\vec{x} = \begin{pmatrix} -2 \\ 0 \\ 0 \end{pmatrix} + r \cdot \begin{pmatrix} 2 \\ 5 \\ 0 \end{pmatrix} + s \cdot \begin{pmatrix} 2 \\ 0 \\ 2 \end{pmatrix}$

4. a) E hat keinen Spurpunkt mit der x_3-Achse.

b) $S_1(4|0|0)$; $S_2(0|6|0)$

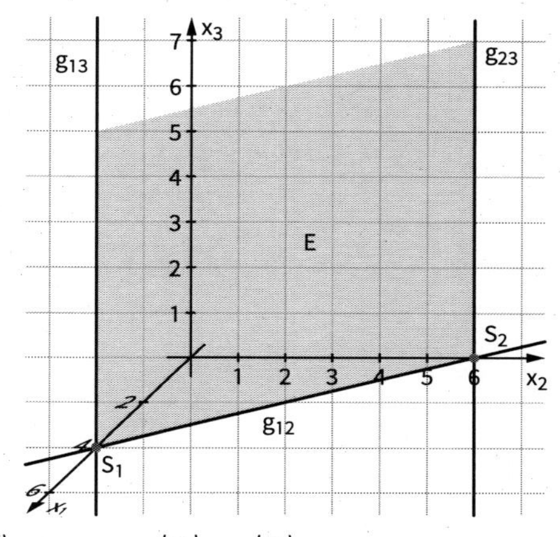

c) $g_{12}: \vec{x} = \begin{pmatrix} 4 \\ 0 \\ 0 \end{pmatrix} + k \cdot \begin{pmatrix} -4 \\ 6 \\ 0 \end{pmatrix}$ $\quad g_{13}: \vec{x} = \begin{pmatrix} 4 \\ 0 \\ 0 \end{pmatrix} + r \cdot \begin{pmatrix} 0 \\ 0 \\ 1 \end{pmatrix}$ $\quad g_{23}: \vec{x} = \begin{pmatrix} 0 \\ 6 \\ 0 \end{pmatrix} + s \cdot \begin{pmatrix} 0 \\ 0 \\ 1 \end{pmatrix}$

E verläuft parallel zur x_3-Achse.

d) Eine Ebene, die nur zwei Spurpunkte hat, verläuft parallel zu derjenigen Koordinatenachse, mit der sie keinen Spurpunkt hat.

5. a) E hat keinen Spurpunkt mit der x_3-Achse, ist also parallel zu dieser Achse.

$g_{12}: \vec{x} = \begin{pmatrix} 3 \\ 0 \\ 0 \end{pmatrix} + k \cdot \begin{pmatrix} -3 \\ 2 \\ 0 \end{pmatrix}$ $\quad g_{13}: \vec{x} = \begin{pmatrix} 3 \\ 0 \\ 0 \end{pmatrix} + r \cdot \begin{pmatrix} 0 \\ 0 \\ 1 \end{pmatrix}$ $\quad g_{23}: \vec{x} = \begin{pmatrix} 0 \\ 2 \\ 0 \end{pmatrix} + s \cdot \begin{pmatrix} 0 \\ 0 \\ 1 \end{pmatrix}$

b) E: $\vec{x} = \begin{pmatrix} 3 \\ 0 \\ 0 \end{pmatrix} + t \cdot \begin{pmatrix} -3 \\ 2 \\ 0 \end{pmatrix} + u \cdot \begin{pmatrix} 0 \\ 0 \\ 1 \end{pmatrix}$

c) Da S_1 im Koordinatenursprung liegt, ist $S(0|0|0)$ der einzige Spurpunkt von E'.
Die x_3-Achse ist die Spurgerade sowohl mit der x_1x_3-Ebene als auch mit der x_2x_3-Ebene.
Spurgerade mit der x_1x_2-Ebene: $g_{12}: \vec{x} = k \cdot \begin{pmatrix} -3 \\ 2 \\ 0 \end{pmatrix}$

212

6. a) Spurpunkte:
$S_1(8|0|0)$; $S_2(0|5|0)$; kein Spurpunkt mit der x_3-Achse
Spurgeraden:

$g_{12}: \vec{x} = \begin{pmatrix} 8 \\ 0 \\ 0 \end{pmatrix} + k \cdot \begin{pmatrix} -8 \\ 5 \\ 0 \end{pmatrix}$ $\quad g_{13}: \vec{x} = \begin{pmatrix} 8 \\ 0 \\ 0 \end{pmatrix} + r \cdot \begin{pmatrix} 0 \\ 0 \\ 1 \end{pmatrix}$ $\quad g_{23}: \vec{x} = \begin{pmatrix} 0 \\ 5 \\ 0 \end{pmatrix} + s \cdot \begin{pmatrix} 0 \\ 0 \\ 1 \end{pmatrix}$

E verläuft parallel zu x_3-Achse.

b) Spurpunkte: $S_1(7|0|0)$; $S_3(0|0|5)$; kein Spurpunkt mit der x_2-Achse
Spurgeraden:

$g_{12}: \vec{x} = \begin{pmatrix} 7 \\ 0 \\ 0 \end{pmatrix} + k \cdot \begin{pmatrix} 0 \\ 1 \\ 0 \end{pmatrix}$ $\quad g_{13}: \vec{x} = \begin{pmatrix} 7 \\ 0 \\ 0 \end{pmatrix} + r \cdot \begin{pmatrix} -7 \\ 0 \\ 5 \end{pmatrix}$ $\quad g_{23}: \vec{x} = \begin{pmatrix} 0 \\ 0 \\ 5 \end{pmatrix} + s \cdot \begin{pmatrix} 0 \\ 1 \\ 0 \end{pmatrix}$

E verläuft parallel zur x_2-Achse.

212

c) Spurpunkte: $S_1(-2|0|0)$; $S_3(0|0|10)$; kein Spurpunkt mit der x_2-Achse
Spurgeraden:

$g_{12}: \vec{x} = \begin{pmatrix} -2 \\ 0 \\ 0 \end{pmatrix} + k \cdot \begin{pmatrix} 0 \\ 1 \\ 0 \end{pmatrix}$ $g_{13}: \vec{x} = \begin{pmatrix} -2 \\ 0 \\ 0 \end{pmatrix} + r \cdot \begin{pmatrix} 2 \\ 0 \\ 10 \end{pmatrix}$ $g_{23}: \vec{x} = \begin{pmatrix} 0 \\ 0 \\ 10 \end{pmatrix} + s \cdot \begin{pmatrix} 0 \\ 1 \\ 0 \end{pmatrix}$

E verläuft parallel zur x_2-Achse.

d) Spurpunkte: $S_2(0|-8|0)$; $S_3(0|0|8)$; kein Spurpunkt mit der x_1-Achse
Spurgeraden:

$g_{12}: \vec{x} = \begin{pmatrix} 0 \\ -8 \\ 0 \end{pmatrix} + k \cdot \begin{pmatrix} 1 \\ 0 \\ 0 \end{pmatrix}$ $g_{13}: \vec{x} = \begin{pmatrix} 0 \\ 0 \\ 8 \end{pmatrix} + r \cdot \begin{pmatrix} 1 \\ 0 \\ 0 \end{pmatrix}$ $g_{23}: \vec{x} = \begin{pmatrix} 0 \\ 0 \\ 8 \end{pmatrix} + s \cdot \begin{pmatrix} 0 \\ 8 \\ 8 \end{pmatrix}$

E verläuft parallel zur x_1-Achse.

7. a) Spurpunkte: $S_2(0|3|0)$; $S_3(0|0|4)$
Spurgeraden:

$g_{12}: \vec{x} = \begin{pmatrix} 0 \\ 3 \\ 0 \end{pmatrix} + k \cdot \begin{pmatrix} 1 \\ 0 \\ 0 \end{pmatrix}$ $g_{13}: \vec{x} = \begin{pmatrix} 0 \\ 0 \\ 4 \end{pmatrix} + r \cdot \begin{pmatrix} 1 \\ 0 \\ 0 \end{pmatrix}$ $g_{23}: \vec{x} = \begin{pmatrix} 0 \\ 0 \\ 4 \end{pmatrix} + s \cdot \begin{pmatrix} 0 \\ -3 \\ 4 \end{pmatrix}$

$E: \vec{x} = \begin{pmatrix} 0 \\ 0 \\ 4 \end{pmatrix} + r \cdot \begin{pmatrix} 1 \\ 0 \\ 0 \end{pmatrix} + s \cdot \begin{pmatrix} 0 \\ -3 \\ 4 \end{pmatrix}$

b) E ist parallel zur x_2x_3-Ebene, d. h. es existiert nur der Spurpunkt $S_1(3|0|0)$
Spurgeraden:

$g_{12}: \vec{x} = \begin{pmatrix} 3 \\ 0 \\ 0 \end{pmatrix} + k \cdot \begin{pmatrix} 0 \\ 1 \\ 0 \end{pmatrix}$ $g_{13}: \vec{x} = \begin{pmatrix} 3 \\ 0 \\ 0 \end{pmatrix} + r \cdot \begin{pmatrix} 0 \\ 0 \\ 1 \end{pmatrix}$

$E: \vec{x} = \begin{pmatrix} 3 \\ 0 \\ 0 \end{pmatrix} + r \cdot \begin{pmatrix} 0 \\ 1 \\ 0 \end{pmatrix} + s \cdot \begin{pmatrix} 0 \\ 0 \\ 1 \end{pmatrix}$

c) E verläuft parallel zur x_3-Achse. Spurpunkte: $S_1(1|0|0)$; $S_2(0|3|0)$
Spurgeraden:

$g_{12}: \vec{x} = \begin{pmatrix} 1 \\ 0 \\ 0 \end{pmatrix} + k \cdot \begin{pmatrix} -1 \\ 3 \\ 0 \end{pmatrix}$ $g_{13}: \vec{x} = \begin{pmatrix} 1 \\ 0 \\ 0 \end{pmatrix} + r \cdot \begin{pmatrix} 0 \\ 0 \\ 1 \end{pmatrix}$ $g_{23}: \vec{x} = \begin{pmatrix} 0 \\ 3 \\ 0 \end{pmatrix} + s \cdot \begin{pmatrix} 0 \\ 0 \\ 1 \end{pmatrix}$

$E: \vec{x} = \begin{pmatrix} 1 \\ 0 \\ 0 \end{pmatrix} + r \cdot \begin{pmatrix} -1 \\ 3 \\ 0 \end{pmatrix} + s \cdot \begin{pmatrix} 0 \\ 0 \\ 1 \end{pmatrix}$

d) E verläuft parallel zur x_2-Achse. Spurpunkte: $S_1(2|0|0)$; $S_3(0|0|4)$
Spurgeraden:

$g_{12}: \vec{x} = \begin{pmatrix} 2 \\ 0 \\ 0 \end{pmatrix} + k \cdot \begin{pmatrix} 0 \\ 1 \\ 0 \end{pmatrix}$ $g_{13}: \vec{x} = \begin{pmatrix} 2 \\ 0 \\ 0 \end{pmatrix} + r \cdot \begin{pmatrix} -2 \\ 0 \\ 4 \end{pmatrix}$ $g_{23}: \vec{x} = \begin{pmatrix} 0 \\ 0 \\ 4 \end{pmatrix} + s \cdot \begin{pmatrix} 0 \\ 1 \\ 0 \end{pmatrix}$

$E: \vec{x} = \begin{pmatrix} 2 \\ 0 \\ 0 \end{pmatrix} + r \cdot \begin{pmatrix} 0 \\ 1 \\ 0 \end{pmatrix} + s \cdot \begin{pmatrix} -1 \\ 0 \\ 2 \end{pmatrix}$

213

8. a) $E: \vec{x} = \begin{pmatrix} 5 \\ 0 \\ 0 \end{pmatrix} + r \cdot \begin{pmatrix} 5 \\ 0 \\ 4 \end{pmatrix} + s \cdot \begin{pmatrix} 0 \\ 1 \\ 0 \end{pmatrix}$ oder $\vec{x} = \begin{pmatrix} 0 \\ 0 \\ -4 \end{pmatrix} + k \cdot \begin{pmatrix} -5 \\ 0 \\ -4 \end{pmatrix} + l \cdot \begin{pmatrix} 0 \\ 1 \\ 0 \end{pmatrix}$

b) $E: \vec{x} = \begin{pmatrix} 0 \\ -3 \\ 0 \end{pmatrix} + r \cdot \begin{pmatrix} 1 \\ 0 \\ 0 \end{pmatrix} + s \cdot \begin{pmatrix} 0 \\ 3 \\ 6 \end{pmatrix}$ oder $\vec{x} = \begin{pmatrix} 0 \\ 0 \\ 6 \end{pmatrix} + k \cdot \begin{pmatrix} 1 \\ 0 \\ 0 \end{pmatrix} + l \cdot \begin{pmatrix} 0 \\ 1 \\ 2 \end{pmatrix}$

c) $E: \vec{x} = \begin{pmatrix} 11 \\ 0 \\ 0 \end{pmatrix} + r \cdot \begin{pmatrix} 0 \\ 0 \\ 1 \end{pmatrix} + s \cdot \begin{pmatrix} 11 \\ 7 \\ 0 \end{pmatrix}$ oder $\vec{x} = \begin{pmatrix} 0 \\ -7 \\ 0 \end{pmatrix} + k \cdot \begin{pmatrix} 0 \\ 0 \\ 1 \end{pmatrix} + l \cdot \begin{pmatrix} -11 \\ -7 \\ 0 \end{pmatrix}$

213

9. a) Die Gleichungssysteme

$\left|\begin{matrix} s = 2r & & + 6 \\ 0 = & 5t - 10 \\ 0 = & & 3 \end{matrix}\right|$ und $\left|\begin{matrix} 0 = 2r & & + 6 \\ s = & 5t - 10 \\ 0 = & & 3 \end{matrix}\right|$

besitzen keine Lösung.
Es gibt somit keine Spurpunkte mit der x_1- und mit der x_2-Achse.

$\left|\begin{matrix} 0 = 2r & & + 6 \\ 0 = & 5t - 10 \\ s = & & 3 \end{matrix}\right|$

hat die Lösung $r = -3;\ t = 2;\ s = 3$
Spurpunkt mit der x_3-Achse: $S_3(0|0|3)$

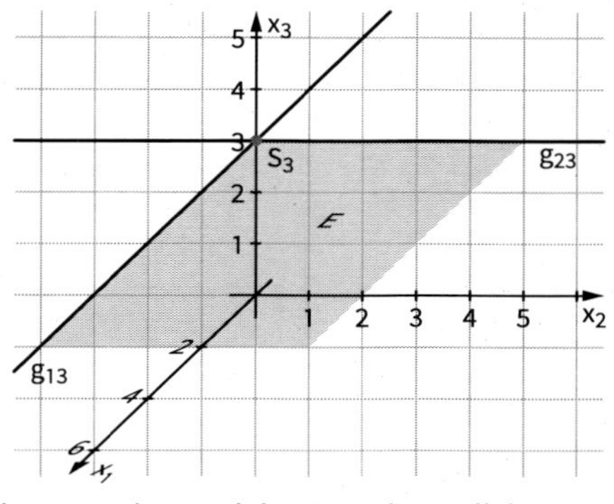

E verläuft parallel zur x_1-Achse und parallel zur x_2-Achse und damit auch parallel zur x_1x_2-Ebene.

b) Eine Ebene, die nur einen Spurpunkt hat, verläuft parallel zu den beiden Koordinatenachsen, mit denen sie keinen Spurpunkt hat. Damit ist sie auch parallel zu der Koordinatenebene, die von diesen beiden Koordinatenachsen aufgespannt wird.

10. a) E ist parallel zur x_1x_3-Koordinatenebene.

b) E hat nur einen Spurpunkt mit der x_1-Achse. Da alle Punkte in E die gleiche x_1-Koordinate haben, ist $S_1(6|0|0)$.

c) – (individuelle Lösungen)

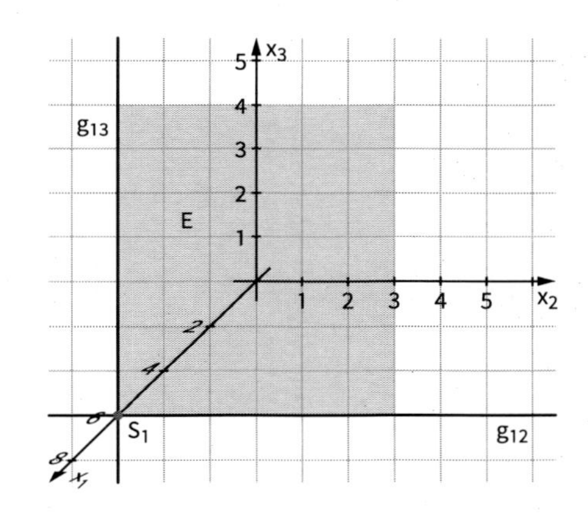

11. a) E ist parallel zur x_1x_3-Koordinatenebene und hat den Spurpunkt $S_2(0|3|0)$.
Spurgeraden:

$g_{12}: \vec{x} = \begin{pmatrix} 0 \\ 3 \\ 0 \end{pmatrix} + k \cdot \begin{pmatrix} 1 \\ 0 \\ 0 \end{pmatrix}$ $\quad g_{23}: \vec{x} = \begin{pmatrix} 0 \\ 3 \\ 0 \end{pmatrix} + r \cdot \begin{pmatrix} 0 \\ 0 \\ 1 \end{pmatrix}$ $\quad E: \vec{x} = \begin{pmatrix} 0 \\ 3 \\ 0 \end{pmatrix} + s \cdot \begin{pmatrix} 1 \\ 0 \\ 0 \end{pmatrix} + t \cdot \begin{pmatrix} 0 \\ 0 \\ 1 \end{pmatrix}$

b) E ist parallel zur x_1x_2-Ebene und hat den Spurpunkt $S_3(0|0|5)$.
Spurgeraden:

$g_{13}: \vec{x} = \begin{pmatrix} 0 \\ 0 \\ 5 \end{pmatrix} + k \cdot \begin{pmatrix} 1 \\ 0 \\ 0 \end{pmatrix}$ $\quad g_{23}: \vec{x} = \begin{pmatrix} 0 \\ 0 \\ 5 \end{pmatrix} + r \cdot \begin{pmatrix} 0 \\ 1 \\ 0 \end{pmatrix}$ $\quad E: \vec{x} = \begin{pmatrix} 0 \\ 0 \\ 5 \end{pmatrix} + s \cdot \begin{pmatrix} 1 \\ 0 \\ 0 \end{pmatrix} + t \cdot \begin{pmatrix} 0 \\ 1 \\ 0 \end{pmatrix}$

c) E ist parallel zur x_2x_3-Ebene und hat den Spurpunkt $S_1(-4|0|0)$.
Spurgeraden:

$g_{12}: \vec{x} = \begin{pmatrix} -4 \\ 0 \\ 0 \end{pmatrix} + k \cdot \begin{pmatrix} 0 \\ 1 \\ 0 \end{pmatrix}$ $\quad g_{13}: \vec{x} = \begin{pmatrix} -4 \\ 0 \\ 0 \end{pmatrix} + r \cdot \begin{pmatrix} 0 \\ 0 \\ 1 \end{pmatrix}$ $\quad E: \vec{x} = \begin{pmatrix} -4 \\ 0 \\ 0 \end{pmatrix} + s \cdot \begin{pmatrix} 0 \\ 1 \\ 0 \end{pmatrix} + t \cdot \begin{pmatrix} 0 \\ 0 \\ 1 \end{pmatrix}$

213

12. Maria hat aus den beiden letzten Gleichungssystemen als Spurpunkte mit der x_2- bzw. x_3-Achse $S_2(0|0|0)$ und $S_3(0|0|0)$ erhalten. Also schneidet E auch die x_1-Achse im Ursprung.
Die Lösung des ersten Gleichungssystems bedeutet, dass es unendlich viele Punkte der Form $(s|0|0)$ gibt, die in der Ebene liegen $(s = 2 - 4c_1,\ r = -2c_1 - 1;\ t = c_1)$.
Dies bedeutet, dass die x_1-Achse in E liegt, die x_1-Achse somit die Spurgerade mit der x_1x_2-Ebene und mit der x_1x_3-Ebene ist.
Die Spurgerade mit der x_2x_3-Ebene ist eine Ursprungsgerade. Wir bestimmen einen beliebigen Punkt von E, der in der x_2x_3-Ebene liegt, mit der Gleichung $x_1 = 5 + 3r + 2t = 0$.
z. B. für $r = -3,\ t = 2$ erhalten wir $P(0|8|6)$.
Damit ist $g_{23}: \vec{x} = k \cdot \begin{pmatrix} 0 \\ 4 \\ 3 \end{pmatrix}$ eine Gleichung dieser Spurgeraden.

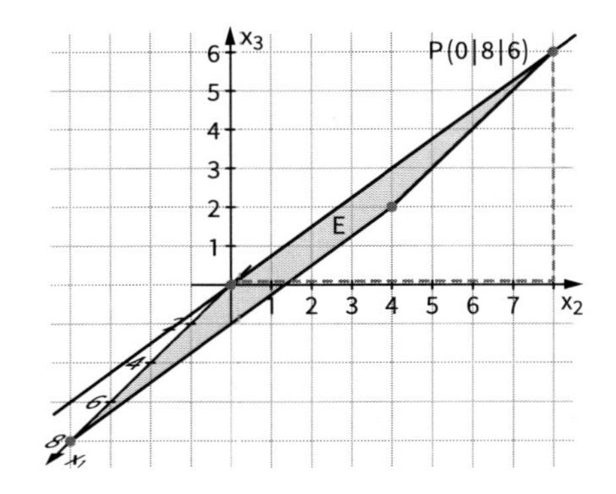

13. a) Liegt der Ursprung in einer Ebene, so ist er der Schnittpunkt der Ebene mit allen drei Koordinatenachsen. Somit kann es keine anderen Spurpunkte geben.

b) Auf der Spurgeraden mit der x_1x_2-Ebene liegen alle Punkte mit $x_3 = r + t = 0$.
Für $t = -r$ erhalten wir $g_{12}: \vec{x} = k \cdot \begin{pmatrix} 1 \\ -1 \\ 0 \end{pmatrix}$.

Spurgerade mit der x_1x_3-Ebene: $x_2 = t = 0$, also $g_{13}: \vec{x} = r \cdot \begin{pmatrix} 1 \\ 0 \\ 1 \end{pmatrix}$

Spurgerade mit der x_2x_3-Ebene: $x_1 = r = 0$, also $g_{23}: \vec{x} = t \cdot \begin{pmatrix} 0 \\ 1 \\ -1 \end{pmatrix}$

c) z. B. $E_1: \vec{x} = r \cdot \begin{pmatrix} 2 \\ -2 \\ 2 \end{pmatrix} + s \cdot \begin{pmatrix} 1 \\ 5 \\ 4 \end{pmatrix}$ $\quad$ $E_2: \vec{x} = \begin{pmatrix} 2 \\ 4 \\ 2 \end{pmatrix} + r \cdot \begin{pmatrix} 2 \\ 9 \\ 5 \end{pmatrix} + s \cdot \begin{pmatrix} -2 \\ 1 \\ 1 \end{pmatrix}$

4.4.3 Lagebeziehungen zwischen Gerade und Ebene

214

Einstiegsaufgabe ohne Lösung

- Geraden, auf denen die beiden Laserstrahlen verlaufen.
  $g: \vec{x} = \begin{pmatrix} 5 \\ 6 \\ 1 \end{pmatrix} + k \cdot \begin{pmatrix} -1 \\ -2 \\ 3 \end{pmatrix}$; $h: \vec{x} = \begin{pmatrix} 0 \\ 7 \\ 10 \end{pmatrix} + t \cdot \begin{pmatrix} 0 \\ 0 \\ 1 \end{pmatrix}$
- Überprüfen, ob eine Gerade mit der Ebene gemeinsame Punkte hat.
  (1) Für einen gemeinsamen Punkt von g und E gilt
  S liegt auf g: $\overrightarrow{OS} = \begin{pmatrix} 5 \\ 6 \\ 1 \end{pmatrix} + k \cdot \begin{pmatrix} -1 \\ -2 \\ 3 \end{pmatrix}$
  S liegt auf E: $\overrightarrow{OS} = \begin{pmatrix} 1 \\ 0 \\ 0 \end{pmatrix} + r \cdot \begin{pmatrix} -1 \\ 6 \\ 0 \end{pmatrix} + s \cdot \begin{pmatrix} 0 \\ 0 \\ 20 \end{pmatrix}$
  Wir erhalten die Vektorgleichung $\begin{pmatrix} 5 \\ 6 \\ 1 \end{pmatrix} + k \cdot \begin{pmatrix} -1 \\ -2 \\ 3 \end{pmatrix} = \begin{pmatrix} 1 \\ 0 \\ 0 \end{pmatrix} + r \cdot \begin{pmatrix} -1 \\ 6 \\ 0 \end{pmatrix} + s \cdot \begin{pmatrix} 0 \\ 0 \\ 20 \end{pmatrix}$,
  die auf das lineare Gleichungssystem $\left| \begin{array}{l} r - k = -4 \\ -6r - 2k = -6 \\ -20s + 3k = -1 \end{array} \right|$
  mit der Lösung $r = -\frac{1}{4}$; $s = \frac{49}{80}$; $k = \frac{15}{4}$ führt.
  Die Gerade g und die Ebene E haben den Punkt $S\left(\frac{5}{4} \middle| -\frac{3}{2} \middle| \frac{49}{4}\right)$ als gemeinsamen Punkt. Sie schneiden sich also im Punkt S.
  (2) Entsprechend geht man bei der Untersuchung eines gemeinsamen Punktes von h und E vor. Wir erhalten das Gleichungssystem $\left| \begin{array}{l} -r = -1 \\ 6r = 7 \\ 20s - t = 10 \end{array} \right|$, das keine Lösung besitzt.
  h und E haben keinen gemeinsamen Punkt. h verläuft parallel zu E.

215

1. a) Siehe hierzu Seite 214 f. im Schülerband.

b) Wir prüfen, ob die Gerade g und die Ebene E gemeinsame Punkte haben. Wenn die Gerade und die Ebene gemeinsame Punkte haben, so gibt es Werte r, s und t, die die Vektorgleichung $\begin{pmatrix} 1 \\ -1 \\ 4 \end{pmatrix} + t \cdot \begin{pmatrix} 2 \\ 1 \\ -6 \end{pmatrix} = \begin{pmatrix} 1 \\ 2 \\ 1 \end{pmatrix} + r \cdot \begin{pmatrix} 1 \\ 2 \\ -4 \end{pmatrix} + s \cdot \begin{pmatrix} 0 \\ -3 \\ 2 \end{pmatrix}$ erfüllen, andernfalls nicht.

Durch Umformen ergibt sich $r \cdot \begin{pmatrix} 1 \\ 2 \\ -4 \end{pmatrix} + s \cdot \begin{pmatrix} 0 \\ -3 \\ 2 \end{pmatrix} - t \cdot \begin{pmatrix} 2 \\ 1 \\ -6 \end{pmatrix} = \begin{pmatrix} 1 \\ -1 \\ 4 \end{pmatrix} - \begin{pmatrix} 1 \\ 2 \\ 1 \end{pmatrix} = \begin{pmatrix} 0 \\ -3 \\ 3 \end{pmatrix}$.

Umgeschrieben erhält man ein Gleichungssystem für r, s und t

$$\left| \begin{array}{l} r - 2t = 0 \\ 2r - 3s - t = -3 \\ -4r + 2s + 6t = 3 \end{array} \right| \Rightarrow \left| \begin{array}{l} r - 2t = 0 \\ s - t = 1 \\ 0 = 1 \end{array} \right|$$

Das Gleichungssystem besitzt keine Lösung, da die letzte Zeile eine falsche Aussage ist. Die Gerade und die Ebene haben also keinen Punkt gemeinsam. Die Gerade und die Ebene sind parallel zueinander.

215

c) (1) Gleichsetzen führt auf Gleichungssystem:

$$\left|\begin{array}{l} r - t = 1 \\ 2r - 3s + 4t = -1 \\ -4r + 2s = -2 \end{array}\right| \Rightarrow \left|\begin{array}{l} r + t = 1 \\ 6t - 3s = -3 \\ 0 = 0 \end{array}\right|$$

Das Gleichungssystem hat einen freien Parameter und somit unendlich viele Lösungen $\Rightarrow$ g liegt in E.

(2) Richtungsvektor von g liegt in E

(Linearkombination der Richtungsvektoren von E): $\begin{pmatrix} 1 \\ -4 \\ 0 \end{pmatrix} = \begin{pmatrix} 1 \\ 2 \\ -4 \end{pmatrix} + 2 \cdot \begin{pmatrix} 0 \\ -3 \\ 2 \end{pmatrix}$.

Punkt $A(2|1|-1)$ des Stützvektors $\overrightarrow{OA}$ von g liegt in E für $r = 1;\ s = 1$.

d) Beispiele:

$g_1: \vec{x} = \begin{pmatrix} 1 \\ 2 \\ 1 \end{pmatrix} + t \cdot \begin{pmatrix} 1 \\ 2 \\ -4 \end{pmatrix}$ mit $t \in \mathbb{R}$

$g_2: \vec{x} = \begin{pmatrix} 1 \\ 2 \\ 1 \end{pmatrix} + t \cdot \begin{pmatrix} 0 \\ -3 \\ 2 \end{pmatrix}$ mit $t \in \mathbb{R}$

$g_3: \vec{x} = \begin{pmatrix} 2 \\ 4 \\ -3 \end{pmatrix} + t \cdot \begin{pmatrix} 1 \\ -1 \\ -2 \end{pmatrix}$ mit $t \in \mathbb{R}$

216

2. **a)** (1) $S(-3|8|1)$
(2) keine Lösung, $g \parallel E$
(3) keine Lösung, $g \parallel E$
(4) g liegt in E

b) g und E haben den gleichen Stützvektor.
Richtungsvektor von g ist auch Richtungsvektor von E.

3. Ebene $P_1P_2P_3$: $\overrightarrow{OX} = \overrightarrow{OP_1} + \lambda \overrightarrow{P_1P_2} + \mu \overrightarrow{P_1P_3}$

Gerade AB: $\overrightarrow{OX} = \overrightarrow{OA} + \varphi \cdot \overrightarrow{AB}$

$\lambda \overrightarrow{P_1P_2} + \mu \overrightarrow{P_1P_3} - \varphi \overrightarrow{AB} = \overrightarrow{OA} - \overrightarrow{OP_1}$

Für einen Schnittpunkt müssen wir Parameter λ, μ und φ finden.

$\lambda \cdot \begin{pmatrix} -7 \\ 5 \\ -3 \end{pmatrix} + \mu \cdot \begin{pmatrix} 14 \\ -10 \\ -2 \end{pmatrix} - \varphi \cdot \begin{pmatrix} -3 \\ 3 \\ 15 \end{pmatrix} = \begin{pmatrix} 2 \\ -2 \\ -14 \end{pmatrix}$

$\lambda = 1,\ \varphi = \frac{2}{3}$ und $\mu = \frac{1}{2}$.

$S(-1|3|1)$

4. Das Tauchboot taucht auf im Punkt $(13|0|0)$.

5. Der Parameter in der Gleichung der Geraden muss mit einem anderen Buchstaben benannt werden, da bereits ein Parameter in der Ebenengleichung mit dem Buchstaben r benannt ist.

z. B. g: $\vec{x} = \begin{pmatrix} -1 \\ -1 \\ 4 \end{pmatrix} + t \cdot \begin{pmatrix} 2 \\ 3 \\ -3 \end{pmatrix}$

Die führt auf das Gleichungssystem $\left|\begin{array}{l} -r + 2s - 2t = -1 \\ r - s - 3t = -17 \\ -2r + 3t = 5 \end{array}\right|$ mit der Lösung $r = 5;\ s = 7;\ t = 5$.

Zufälligerweise ergibt sich als Schnittpunkt $S(9|14|-11)$, der auch im falschen Ansatz als Lösung gefunden wurde.

6. Für $a = -1$ sind die 3 Richtungsvektoren linear abhängig und somit Ebene und Gerade parallel. Der Stützvektor der Geraden liegt nicht in der Ebene.

217

7. **a)** Z. B.: g: $\vec{x} = \begin{pmatrix} -1 \\ 2 \\ 3 \end{pmatrix} + t \cdot \begin{pmatrix} 12 \\ 13 \\ 2 \end{pmatrix}$; $t \in \mathbb{R}$

b) Z. B.: g: $\vec{x} = \begin{pmatrix} -1 \\ 2 \\ 3 \end{pmatrix} + t \cdot \begin{pmatrix} 3 \\ -2 \\ 1 \end{pmatrix}$; $t \in \mathbb{R}$ oder g: $\vec{x} = \begin{pmatrix} -1 \\ 2 \\ 3 \end{pmatrix} + t \cdot \begin{pmatrix} 2 \\ -2 \\ 5 \end{pmatrix}$; $t \in \mathbb{R}$

c) Z. B.: g: $\vec{x} = \begin{pmatrix} 3 \\ -2 \\ 5 \end{pmatrix} + t \cdot \begin{pmatrix} 2 \\ -2 \\ 5 \end{pmatrix}$; $t \in \mathbb{R}$ oder g: $\vec{x} = \begin{pmatrix} 3 \\ -2 \\ 5 \end{pmatrix} + t \cdot \begin{pmatrix} 3 \\ -2 \\ 1 \end{pmatrix}$; $t \in \mathbb{R}$

8. **a)** Die Ebene und die beiden Geraden haben den Punkt A(3 | 1 | 2) gemeinsam.
Der Richtungsvektor von g_1 stimmt mit dem ersten Richtungsvektor von E überein.
Der Richtungsvektor von g_2 ist ein Vielfaches des zweiten Richtungsvektors von E.

b) z. B. P(5 | 1 | −6)
Wir wählen als Richtungsvektoren der neuen Ebene die Richtungsvektoren von E.

E_1^*: $\vec{x} = \begin{pmatrix} 5 \\ 1 \\ -6 \end{pmatrix} + k \cdot \begin{pmatrix} 1 \\ -1 \\ 2 \end{pmatrix} + l \cdot \begin{pmatrix} 2 \\ 1 \\ 4 \end{pmatrix}$

c) Als Aufpunkt der Ebene E_2 wählen wir den Punkt A(3 | 1 | 2), als ersten Richtungsvektor den Richtungsvektor von g_1. Der zweite Richtungsvektor ist der Vektor $\overrightarrow{AP} = \begin{pmatrix} 2 \\ 0 \\ -8 \end{pmatrix}$

E_2: $\vec{x} = \begin{pmatrix} 3 \\ 1 \\ 2 \end{pmatrix} + r \cdot \begin{pmatrix} 1 \\ -1 \\ 2 \end{pmatrix} + s \cdot \begin{pmatrix} 2 \\ 0 \\ -8 \end{pmatrix}$

Skizze

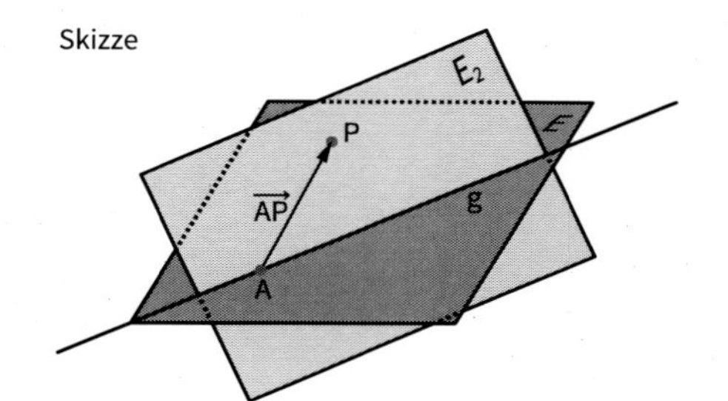

9. **a)** Z.B.: E: $\vec{x} = \begin{pmatrix} 0 \\ 2 \\ 0 \end{pmatrix} + r \cdot \begin{pmatrix} 0 \\ 0 \\ 1 \end{pmatrix} + s \cdot \begin{pmatrix} 1 \\ 0 \\ 0 \end{pmatrix}$ **b)** Z.B.: E: $\vec{x} = \begin{pmatrix} 1 \\ 0 \\ 0 \end{pmatrix} + r \cdot \begin{pmatrix} 0 \\ 1 \\ 0 \end{pmatrix} + s \cdot \begin{pmatrix} 0 \\ 0 \\ 1 \end{pmatrix}$

10. Punkt C erhalten wir aus $\overrightarrow{OC} = \overrightarrow{OA} + \overrightarrow{AB} + \overrightarrow{AD} = \begin{pmatrix} 1 \\ 2 \\ 0 \end{pmatrix} + \begin{pmatrix} 2 \\ 3 \\ 0 \end{pmatrix} + \begin{pmatrix} 0 \\ 2 \\ 6 \end{pmatrix} = \begin{pmatrix} 3 \\ 7 \\ 6 \end{pmatrix}$, also C(3 | 7 | 6) oder

$\overrightarrow{OC} = \overrightarrow{OD} + \overrightarrow{AB} = \begin{pmatrix} 1 \\ 4 \\ 6 \end{pmatrix} + \begin{pmatrix} 2 \\ 3 \\ 0 \end{pmatrix} = \begin{pmatrix} 3 \\ 7 \\ 6 \end{pmatrix}$, also C(3 | 7 | 6).

Ebene, in der das Parallelogramm liegt: E: $\vec{x} = \begin{pmatrix} 1 \\ 2 \\ 0 \end{pmatrix} + r \cdot \begin{pmatrix} 2 \\ 3 \\ 0 \end{pmatrix} + s \cdot \begin{pmatrix} 0 \\ 2 \\ 6 \end{pmatrix}$

Für die Punkte des Parallelogramms gilt die Einschränkung $0 \le r \le 1$ und $0 \le s \le 1$.
Schnittpunkt von g und E:

Das Gleichungssystem $\begin{vmatrix} 2r - \quad\; 4t = 1 \\ 3r + 2s - \;\; t = -5 \\ \quad\;\; 6s + 3t = 5 \end{vmatrix}$ hat die Lösung $r = -\frac{20}{9}$; $s = \frac{109}{72}$; $t = -\frac{49}{36}$

Der Schnittpunkt $S\left(-\frac{31}{9} \middle| -\frac{59}{36} \middle| \frac{109}{12}\right)$ von g und E trifft nicht das Parallelogramm.

11. Beispiel:

E_1: $\vec{x} = \begin{pmatrix} 3 \\ 1 \\ -2 \end{pmatrix} + s \cdot \begin{pmatrix} -1 \\ 1 \\ 2 \end{pmatrix} + t \cdot \begin{pmatrix} 1 \\ 0 \\ 0 \end{pmatrix}$ E_2: $\vec{x} = \begin{pmatrix} 1 \\ 1 \\ 3 \end{pmatrix} + s \cdot \begin{pmatrix} 1 \\ 0 \\ 0 \end{pmatrix} + t \cdot \begin{pmatrix} -1 \\ 1 \\ 2 \end{pmatrix}$ E_3: $\vec{x} = \begin{pmatrix} 1 \\ 1 \\ 3 \end{pmatrix} + s \cdot \begin{pmatrix} -1 \\ 1 \\ 2 \end{pmatrix} + t \cdot \begin{pmatrix} 2 \\ 0 \\ -5 \end{pmatrix}$

217

12. $E_1: \vec{x} = \begin{pmatrix} 0 \\ 4 \\ 7 \end{pmatrix} + \lambda \cdot \begin{pmatrix} 0 \\ 4 \\ -3 \end{pmatrix} + \mu \cdot \begin{pmatrix} -9 \\ 0 \\ 0 \end{pmatrix}$

$E_1: \begin{pmatrix} 0 \\ 3 \\ 4 \end{pmatrix} * \vec{x} = 40$

$E_2: \vec{x} = \begin{pmatrix} -3 \\ 11 \\ 4 \end{pmatrix} + \lambda \cdot \begin{pmatrix} -3 \\ 0 \\ 2 \end{pmatrix} + \mu \cdot \begin{pmatrix} 0 \\ -3 \\ 0 \end{pmatrix}$

$E_2: \begin{pmatrix} 2 \\ 0 \\ 3 \end{pmatrix} * \vec{x} = 6$

Ermitteln Durchstoßpunkt S:

$E_1: 3x_2 + 4x_3 = 40$

Einsetzen von $x_1 = -2;\ x_2 = 6 \Rightarrow x_3 = 5{,}5$

$S = (-2|6|5{,}5)$

13. a) $B(4|4|0);\ C(-4|4|0);\ D(-4|-4|0);\ E(0|0|16);\ P(2|-2|8)$

b) $S(-0{,}857|-0{,}857|12{,}571)$

c) Man benötigt lediglich Richtungsvektoren

$\overrightarrow{BE} = \begin{pmatrix} -4 \\ -4 \\ 16 \end{pmatrix};\ \overrightarrow{QR} = \begin{pmatrix} 4 \\ 2 \\ -8 \end{pmatrix}$

$\cos(\varphi) = \frac{\overrightarrow{BE} * \overrightarrow{QR}}{|\overrightarrow{BE}| \cdot |\overrightarrow{QR}|} = \frac{-152}{24\sqrt{42}} \Rightarrow \varphi \approx 167{,}76°$

5 Wahrscheinlichkeitsverteilungen

223

Anmerkungen zu den Fragestellungen auf der Kapiteleinstiegsseite

Die Fragestellung bereitet auf eine Modellierung mithilfe eines Binomialansatzes vor:

(1) Wenn man annimmt, dass der Zeitpunkt des Erscheinens der Wahlberechtigten im Wahllokal zufällig ist und unabhängig voneinander, dann gilt für jede der 600 Minuten (10 Stunden je 60 Minuten) der Öffnungszeit des Wahllokals, dass dies mit derselben Wahrscheinlichkeit von $p = \frac{1}{600}$ erfolgt.

(2) Wenn man annimmt, dass die 400 Wahlberechtigten unabhängig voneinander zur Wahl kommen und deren Erscheinen zufällig über die Öffnungszeit des Wahllokals verteilt ist (also für jeden Wahlberechtigten die Wahrscheinlichkeit mit $p = \frac{1}{600}$ angesetzt werden kann), dann sind die Voraussetzungen erfüllt, den Vorgang als 400-stufige Bernoulli-Kette mit $p = \frac{1}{600}$ aufzufassen.

(3)

Wahrscheinlichkeiten
$P(X=0) \approx 0{,}513$
$P(X \leq 1) \approx 0{,}856$
$P(X \leq 2) \approx 0{,}970$
$P(X > 2) \approx 0{,}030$

Häufigkeitsinterpretation:
Im Laufe des Wahltages wird es ungefähr $600 \cdot 0{,}513 \approx 308$ Minuten geben, in denen keine der beiden Kabinen benutzt wird, in ca. 513 Minuten höchstens eine, in ca. 582 Minuten maximal beide, d. h. nur während ca. 18 Minuten wird der Andrang höher sein.

Daher wird es nur mit einer Wahrscheinlichkeit von ca. 3 % vorkommen, dass Wähler/innen vor den Wahlkabinen warten müssen, weil beide Kabinen besetzt sind. Dies erscheint zumutbar. Eine weitere Wahlkabine muss nicht eingerichtet werden.

(4) Kritik an der Modellierung: Erfahrungsgemäß kommen die Wähler/innen nicht zufällig über den Tag verstreut zur Wahl, vielmehr gibt es Zeitpunkte, zu denen sehr viele Wähler/innen zur Wahl kommen, beispielsweise nach dem Ende von Gottesdiensten. Auch ist die Annahme, dass Wähler/innen unabhängig voneinander zur Wahl gehen, nicht realistisch. Oft gehen (Ehe-) Partner gemeinsam zur Wahl, manchmal auch Eltern zusammen mit ihren Kindern, wenn diese zum ersten Mal zur Wahl gehen.

5.1 Lage- und Streumaße von Stichproben

5.1.1 Häufigkeitsverteilungen – Mittelwert einer Häufigkeitsverteilung

224

Einstiegsaufgabe ohne Lösung

Anzahl x der Eier im Nest	Anzahl H (x) der Nester mit x Eiern	Eier insgesamt
1	4	4
2	7	14
3	21	63
4	32	128
5	58	290
6	88	528
7	66	462
8	9	72
gesamt	**285**	**1561**
	Mittelwert	**5,48**

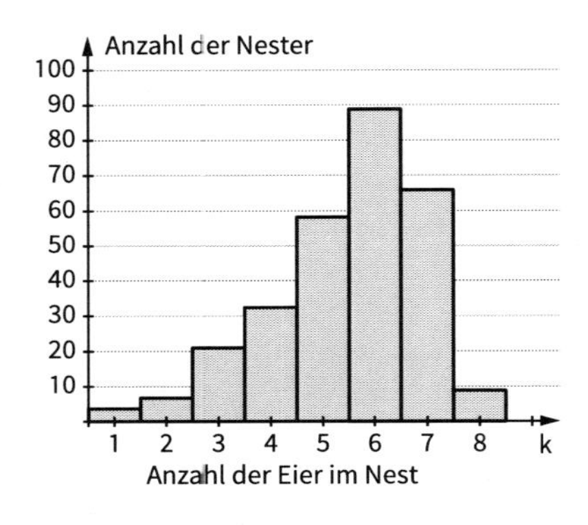

Anzahl x der Eier im Nest	Anzahl H (x) der Nester mit x Eiern	relative Häufigkeit	gewichtete Werte
1	4	0,0140	0,0140
2	7	0,0246	0,0492
3	21	0,0737	0,2211
4	32	0,1123	0,4492
5	58	0,2035	1,0175
6	88	0,3088	1,8528
7	66	0,2316	1,6212
8	9	0,0316	0,2528
gesamt	**285**	**1,0000**	**5,4778**

Im Mittel sind ca. 5,5 Eier im Nest.

226

1. a)

Anzahl x der Tore	Anzahl H (x) der Spiele mit x Toren	Tore insgesamt
0	13	0
1	34	34
2	72	144
3	67	201
4	56	224
5	35	175
6	18	108
7	6	42
8	5	40
gesamt	**306**	**968**
	Mittelwert	**3,163**

226

b)

Anzahl x der Tore	Anzahl H (x) der Spiele mit x Toren	relative Häufigkeit	gewichteter Wert
0	13	0,042	0
1	34	0,111	0,111
2	72	0,235	0,470
3	67	0,219	0,657
4	56	0,183	0,732
5	35	0,114	0,570
6	18	0,059	0,354
7	6	0,020	0,140
8	5	0,016	0,128
gesamt	**306**	**1,000**	**3,162**

227

2.

Augenzahl	abs. Häufigkeit	rel. Häufigkeit	gewichteter Wert
1	115	0,115	0,115
2	135	0,135	0,270
3	120	0,120	0,360
4	123	0,123	0,492
5	144	0,144	0,720
6	189	0,189	1,134
7	174	0,174	1,218
gesamt	**1000**	**1**	**4,309**

Der Mittelwert der Augenzahlen beträgt ungefähr 4,3.

3. Häufigkeitsverteilung eingeben

	A anzahl_eier	B anteil_nester	C	D
=				
1	1	0.009		
2	2	0.019		
3	3	0.035		
4	4	0.054		
5	5	0.082		

Im Diagramm darstellen

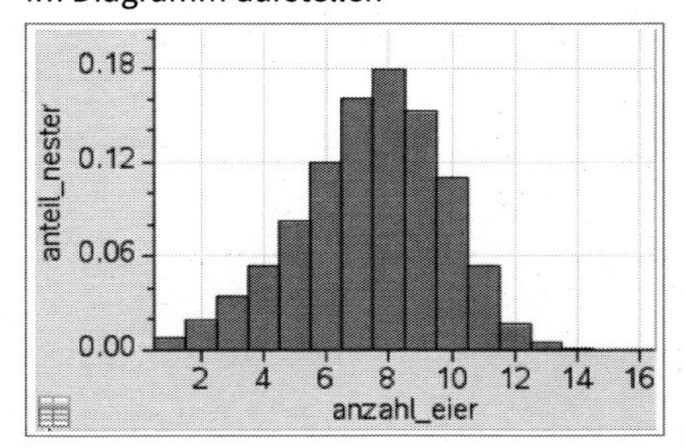

227

Mittelwert gemäß Definition berechnen

	A n...	B ante...	C gewichteter_wert	D
=			=anzahl_eier*anteil_nester	
1	1	0.009	0.009	
2	2	0.019	0.038	
3	3	0.035	0.105	
4	4	0.054	0.216	
5	5	0.082	0.41	

C gewichteter_wert =anzahl_eier · antei▸

	C gewichteter_wert	D	E
=	=anzahl_eier*anteil_nester		
1	0.009	7.411	
2	0.038		
3	0.105		
4	0.216		
5	0.41		

D1 =sum(gewichteter_wert)

alternativ: Mittelwert mithilfe der 1-Variablen-Statistik berechnen

	D	E	F	G	H
=			=OneVar(		
1	7.411	Titel	Statistik ...		
2		x̄	7.41842		
3		Σx	7.411		
4		Σx²	60.395		
5		sx := sn-...	#UNDEF..		

F =OneVar('anzahl_eier,'anteil_nester): ▸

Im Mittel sind 7,411 Eier in den Gelegen vorhanden.

4.

Anzahl x der Haustiere	0	1	2	3	4	5	6	7	8	gesamt	Mittelwert
Anzahl H(x) der Haushalte mit x Haustieren	41	32	14	6	3	1	2	0	1	**100**	
Haustiere insgesamt	0	32	28	18	12	5	12	0	8	**115**	**1,15**

Im Mittel sind 1,15 Haustiere in den Haushalten der Stadt.

5. a)

Anzahl x der Personen	Anteil h(x) der Fahrzeuge mit x Personen	gewichteter Wert
1	0,55	0,55
2	0,32	0,64
3	0,08	0,24
4	0,04	0,16
5	0,01	0,05
gesamt	**1**	**1,64**

Im Mittel saßen 1,64 Personen im Fahrzeug.

b) In der Einstiegsaufgabe ergab sich ein Mittelwert von 1,9 Personen pro Fahrzeug. In dem in Teilaufgabe a) betrachteten Zeitraum waren also die Fahrzeuge weniger stark besetzt.

228

6. Neuzüchtung

Anzahl x der Erbsen	Anzahl H (x) der Hülsen mit x Erbsen	Erbsen insgesamt
1	4	4
2	25	50
3	36	108
4	44	176
5	47	235
6	29	174
7	21	147
8	4	32
9	2	18
gesamt	**212**	**944**
	Mittelwert	**4,45**

bisherige Sorte

Anzahl x der Erbsen	Anteil h (x) der Hülsen mit x Erbsen	gewichteter Wert
1	0,06	0,06
2	0,14	0,28
3	0,2	0,6
4	0,21	0,84
5	0,17	0,85
6	0,12	0,72
7	0,07	0,49
8	0,02	0,16
9	0,01	0,09
gesamt	**1**	**4,09**

Die Neuzüchtung war erfolgreicher: Die mittlere Anzahl der Erbsen pro Hülse stieg von 4,09 Erbsen auf 4,45.

7. Aus der Mindest-Angabe ergibt sich der Anteil der Haushalte ohne Pkw bzw. ohne Fahrrad: 23 % bzw. 20 %. Durch Variation geschätzter relativer Häufigkeiten erhält man beispielsweise folgende Häufigkeitsverteilungen:

(1)

Anzahl x der Pkw	Anteil h (x) der Haushalte mit x Pkw	gewichteter Wert
0	0,23	0
1	0,55	0,55
2	0,17	0,34
3	0,04	0,12
4	0,01	0,04
gesamt	**1**	**1,05**

(2)

Anzahl x der Fahrräder	Anteil h (x) der Haushalte mit x Fahrrädern	gewichteter Wert
0	0,2	0
1	0,18	0,18
2	0,36	0,72
3	0,24	0,72
4	0,04	0,16
gesamt	**1,02**	**1,78**

228

8. Die Merkmalsausprägung „5 Personen und mehr“ weist darauf hin, dass es auch Haushalte mit mehr als 5 Personen gab. Diese fehlende Information führt bei der Mittelwertberechnung für das Jahr 1900 zu einer erheblichen Abweichung, was darauf hindeutet, dass der Anteil der Haushalte mit 6, 7, ... Personen beachtlich gewesen sein muss.
Verändert man die Angabe auf „5 Personen“, dann ergeben sich die folgenden Mittelwerte:

Anzahl x der Personen	Jahr 1900		Jahr 2010	
	Anteil h (x) der Haushalte mit x Personen	gewichteter Wert	Anteil h (x) der Haushalte mit x Personen	gewichteter Wert
1	0,07	0,07	0,40	0,40
2	0,15	0,30	0,34	0,68
3	0,17	0,51	0,13	0,39
4	0,17	0,68	0,10	0,40
5	0,44	2,20	0,03	0,15
gesamt	**1,00**	**3,76**	**1,27**	**2,02**

9. Da keine konkreten Anteile für Frauen mit 5, 6, ... Kindern angegeben sind, kann nur ausgesagt werden, dass die mittlere Kinderzahl pro Frau größer ist als die im Folgenden berechneten Mittelwerte:

Anzahl x der Kinder	Jahrgänge 1963 bis 1967		Jahrgänge 1937 bis 1942	
	Anteil h (x) der Frauen mit x Kindern	gewichteter Wert	Anteil h (x) der Frauen mit x Kindern	gewichteter Wert
0	0,200	0,000	0,114	0,000
1	0,250	0,250	0,231	0,231
2	0,381	0,762	0,375	0,750
3	0,123	0,369	0,176	0,528
4	0,045	0,180	0,103	0,412
gesamt	**0,999**	**1,561**	**0,999**	**1,921**

10. a); b) Da keine konkreten Anteile für die Haushalte mit 5, 6, ... Kinder angegeben sind, kann nur eine Abschätzung des Mittelwerts nach unten erfolgen. Dieser Wert ist etwas höher als die im Zeitungsartikel angegebene Anzahl von 0,9 Kinder.

Anzahl k der Kinder	Anteil h (k) der Haushalte mit k Kindern	gewichteter Wert
0	0,483	0,000
1	0,211	0,211
2	0,213	0,426
3	0,069	0,207
4	0,024	0,096
gesamt	**1,000**	**0,940**

5.1.2 Streuung um den Mittelwert einer Stichprobe – die empirische Standardabweichung

231

1. Bei „Klasse b“ beträgt die mittlere Abweichung 3,899 und bei „Klasse a“ 5,833.
Bei „Klasse b“ kann man also von einer Leistung der ganzen Klasse und bei „Klasse a“ von stärkerem individuellen Einsatz sprechen.

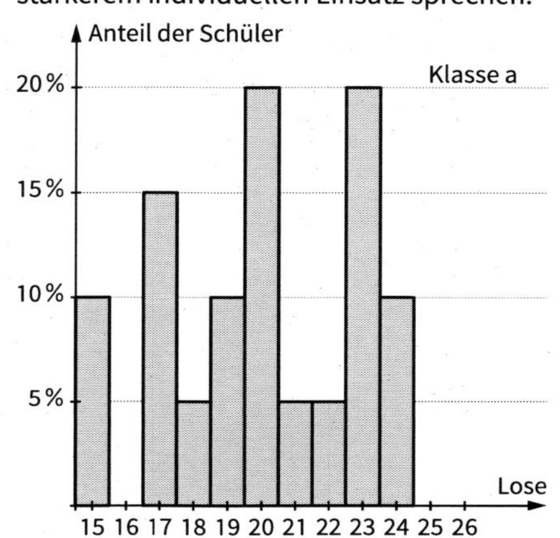

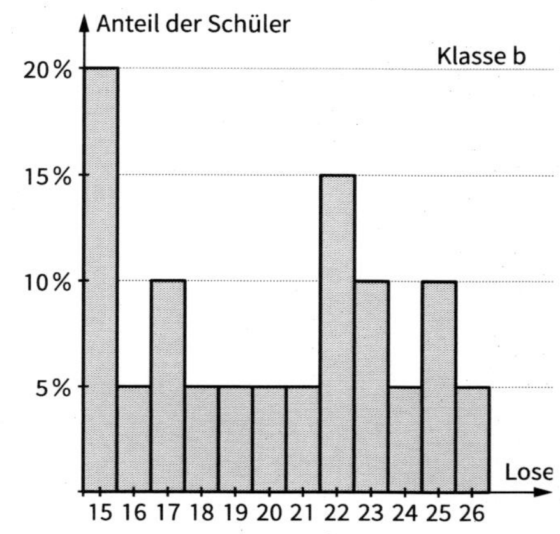

2. (1)

	Mittelwert	empirische Standard-abweichung
Will Claye	8,012 m	0,071 m
Michel Tornéus	7,943 m	0,173 m
Sebastian Bayer	7,974 m	0,074 m

(2)

	Mittelwert	empirische Standard-abweichung
Robert Harting	67,372 m	0,621 m
Ehsan Hadadi	66,633 m	1,533 m
Gerd Kanter	66,310 m	0,952 m

Der Bronzemedaille-Gewinner Will Claye und der Goldmedaillen-Gewinner Robert Harting hatten jeweils auch den höchsten Mittelwert und die geringsten Leistungsschwankungen.

232

3.

Mannschaft	Empirische Standardabweichung	
	Anzahl Punkte	Anzahl Tore
Bayern München	9,49	12,09
Borussia Dortmund	13,06	13,14
FC Schalke 04	8,18	5,07
Bayer 04 Leverkusen	5,46	14,76
Werder Bremen	12,68	9,25
VfB Stuttgart	10,81	9,28
Hamburger SV	11,08	13,46
VfL Wolfsburg	10,40	6,18
Hannover 96	6,89	7,00

In den letzten 10 Jahren hatte Bayer 04 Leverkusen die geringsten Leistungsschwankungen hinsichtlich der Punktzahl (aber die größten hinsichtlich der Anzahl der geschossenen Tore) und der FC Schalke 04 hinsichtlich der Anzahl der geschossenen Tore.

232

4. (1) In beiden Orten ergibt sich als Summe der Absolutbeträge der Veränderungen der Wert 29, d. h. im Mittel veränderten sich die Preise um ca. 2,07 Eurocent.

(2) Als mittlere quadratische Abweichung der Preisveränderungen ergibt sich für die Tankstelle in

A-Dorf: $\frac{(3-2{,}07)^2 + (2-2{,}07)^2 + \ldots + (2-2{,}07)^2}{14} \approx 0{,}923$

B-Stadt: $\frac{(4-2{,}07)^2 + (2-2{,}07)^2 + \ldots + (4-2{,}07)^2}{14} \approx 2{,}066$

also für die empirische Standardabweichung 0,96 bzw. 1,44.

Hinweis: Betrachtet man einen festen Ausgangspreis, z. B. 120 Eurocent pro Liter vor dem ersten Tag, dann ergibt sich am Ende des Zeitraums für beide Tankstellen ein Preis von 127 Eurocent pro Liter, aber für A-Dorf ein mittlerer Diesel-Preis von ca. 121,8 Eurocent für den 14-Tages-Zeitraum. Für B-Stadt dagegen von 127,2 Eurocent, d. h. die Preise in A-Dorf waren im Mittel erheblich niedriger als in B-Stadt. Im Vergleich zu diesen Mittelwerten beträgt die empirische Standardabweichung der Liter-Preise jedoch 2,54 Eurocent bzw. 2,34 Eurocent, d. h. im Vergleich zu den mittleren Preisen gab es in A-Dorf im Mittel etwas größere Abweichungen als in B-Stadt.

5. **a)** Im Mittel benötigte man bei dieser Serie 14 Würfe bis zum Vorliegen einer vollständigen Serie. Der Median der Versuchsreihe betrug 13 Würfe.
Die Anzahl der Würfe schwankt sehr stark; die empirische Standardabweichung für die hier betrachtete Versuchsreihe betrug ca. 5,3 Würfe.

b) eigene Versuchsreihe (Hinweis: Beim Warten auf eine vollständige Serie ist der Median in der Regel kleiner als das arithmetische Mittel.)

Blickpunkt: Vergleich von Häufigkeitsverteilungen mithilfe von Boxplots

233

1. **a)**

	kleinster Wert	unteres Quartil	Median	oberes Quartil	größter Wert
Gruppe A	4	7	14	17	18
Gruppe B	4	7	10	12	15
Gruppe C	3	8	13	16	20

b) (1) 75 % der Teilnehmer erreichten die Punktzahl des unteren Quartils (also 7 bzw. 7 bzw. 8 Punkte) oder mehr.

(2) 50 % der Teilnehmer erreichten höchstens die Punktzahl des Medians (also 14 bzw. 10 bzw. 13 Punkte).

(3) 25 % der Teilnehmer erreichten mindestens die Punktzahl des oberen Quartils (also 17 bzw. 12 bzw. 16 Punkte).

234

2. (1) Eine Zuordnung ist u. a. mithilfe des größten Werts möglich: Das 1. Histogramm gehört zum 3. Boxplot, da nur hier der Ausreißer Augensumme 34 auftritt.
Das 4. Histogramm kann dem 1. Boxplot zugeordnet werden, da die größte Augensumme 30 beträgt, weiter das 2. Histogramm dem 4. Boxplot (größte Augensumme 32) sowie das 3. Histogramm dem 2. Boxplot (größte Augensumme 33).

(2) Eine Zuordnung ist mithilfe des Medians möglich, der beim 1. Boxplot bei Augenzahl 10 liegt, beim 2. Boxplot bei Augenzahl 11, beim 3. Boxplot bei Augenzahl 9, beim 4. Boxplot bei Augenzahl 12. Mithilfe des Histogramms kann man dann „abzählen", welche Augenzahl im geordneten Protokoll des Ikosaeders an 50. bzw. 51. Stelle steht. Durch Addition der Augenzahlen findet man heraus, dass der Median des 1. Histogramms bei 11 liegt:

Augenzahl	1	2	3	4	5	6	7	8	9	10	11	12	13	14
Häufigkeit	5	2	4	4	5	4	7	6	6	3	5	1	2	...
kumuliert	5	7	11	15	20	24	31	37	43	46	51	52	54	...

Analog findet man heraus: Der Median des 2. Histogramms liegt bei 12, des 3. Histogramms bei 9 und des 4. Histogramms bei 10.

3. Der schnellste Proband benötigte 0,23 Zeiteinheiten, der langsamste 0,39 Zeiteinheiten. 25 % der Probanden benötigten höchstens 0,28 Zeiteinheiten, und die langsamsten 25 % mindestens 0,34 Zeiteinheiten. 50 % der Probanden benötigten mindestens 0,28 und höchstens 0,34 Zeiteneinheiten.

4. **a)** In den Rechtecken sind zusätzliche Unterteilungen vorgenommen, aus denen zusätzlich zu den Punktzahlen der Quartile und des Medians (= 2. Quartil) die Punktzahl der schwächsten und stärksten 5 % der Probanden abgelesen werden kann, außerdem die schwächsten und stärksten 10 %.

b) Bemerkenswert ist vor allem, dass die Leistungsstreuung bei den finnischen Schülerinnen und Schülern deutlich geringer ist als bei den deutschen, wie man an der Breite der Perzentilbänder ablesen kann. Außerdem sieht man, dass beispielsweise die leistungsstärksten 5 % in Finnland besser abgeschnitten haben als alle deutschen Testteilnehmer, oder auch, dass der Median in Deutschland ungefähr beim unteren Quartil in Finnland liegt, u. a. m.

Noch fit ... in Wahrscheinlichkeitsrechnung?

235

1. a)

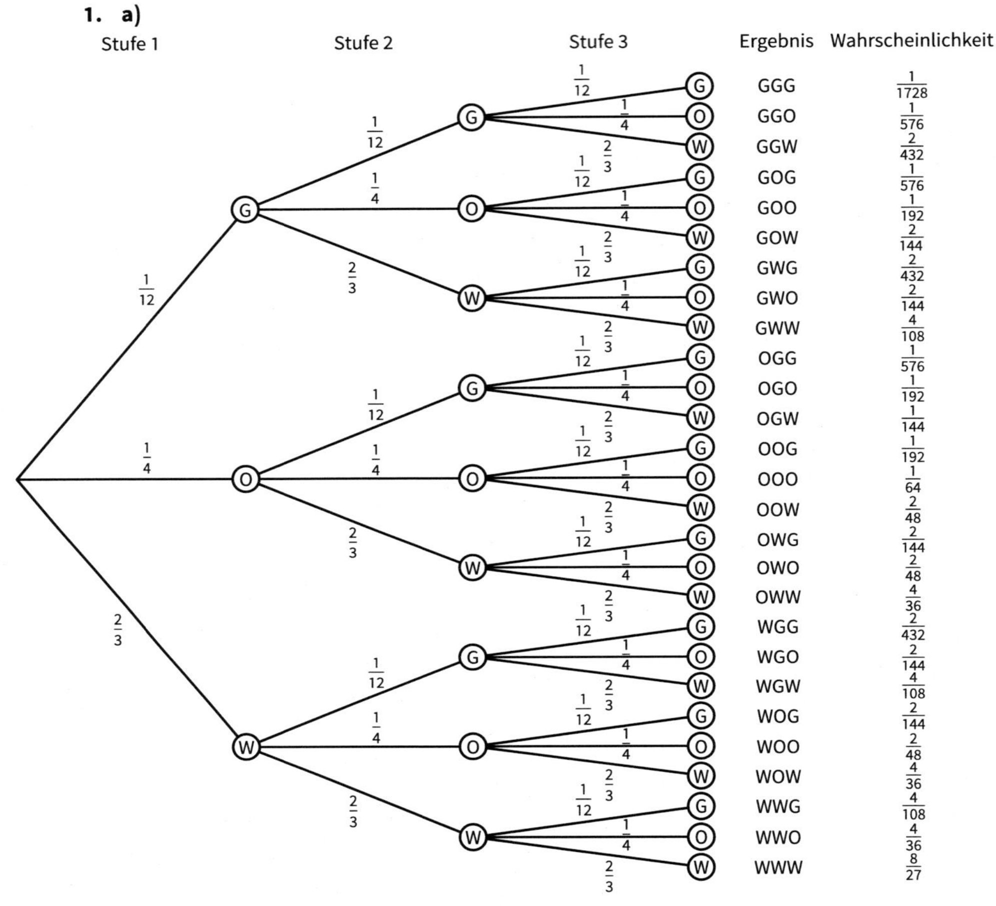

b) $P(\text{www}) = \left(\frac{2}{3}\right)^3 = \frac{8}{27} \approx 29{,}6\,\%$

c) $P(\text{mind. ein Hauptpreis}) = 1 - P(\text{kein Hauptpreis}) = 1 - \left(\frac{11}{12}\right)^3 \approx 23{,}0\,\%$

d) $P(\text{1. Runde Niete, 2. Runde ein Preis}) = \frac{2}{3} \cdot \frac{1}{3} = \frac{2}{9} \approx 22{,}2\,\%$

2. a) $P(\text{gg, oo}) = \frac{3}{10} \cdot \frac{2}{9} + \frac{7}{10} \cdot \frac{6}{9} = \frac{48}{90} \approx 53{,}3\,\%$

b) $P(\text{go, og}) = \frac{3}{10} \cdot \frac{7}{9} + \frac{7}{10} \cdot \frac{3}{9} = \frac{42}{90} \approx 46{,}7\,\% = 1 - P(\text{gg, oo})$

c) $P(\text{mind. eine grüne Kugel})$
$= 1 - P(\text{keine grüne Kugel}) = 1 - P(\text{oo}) = 1 - \frac{7}{10} \cdot \frac{6}{9} = \frac{48}{90} \approx 53{,}3\,\%$

237

3. **a)** (1) $\left(\frac{1}{2}\right)^3 = \frac{1}{8} = 12{,}5\,\%$

(2) $P(14, 23, 32, 41) = \frac{4}{36} = \frac{1}{9} \approx 11{,}1\,\%$

(3) $P(566, 656, 665) = 3 \cdot \frac{1}{216} = \frac{1}{72} \approx 1{,}4\,\%$

(4) $1 - \left(\frac{5}{6}\right)^3 = \frac{91}{216} \approx 42{,}1\,\%$

(5) $\left(\frac{5}{6}\right)^3 = \frac{125}{216} \approx 57{,}9\,\%$

(6) $P(\text{gug, ugu}) = 2 \cdot \left(\frac{1}{2}\right)^3 = \frac{1}{4} = 25\,\%$

(7) $\frac{6 \cdot 5 \cdot 4}{6^3} = \frac{5}{9} \approx 55{,}6\,\%$

(8) $\frac{(4+3+2+1)+(3+2+1)+(2+1)+1}{216} = \frac{20}{216} \approx 9{,}3\,\%$

b) $P(\text{Augensumme } 10) = P(\text{Augensumme } 11) = \frac{27}{216} = \frac{1}{8} = 12{,}5\,\%$

4. **a)**

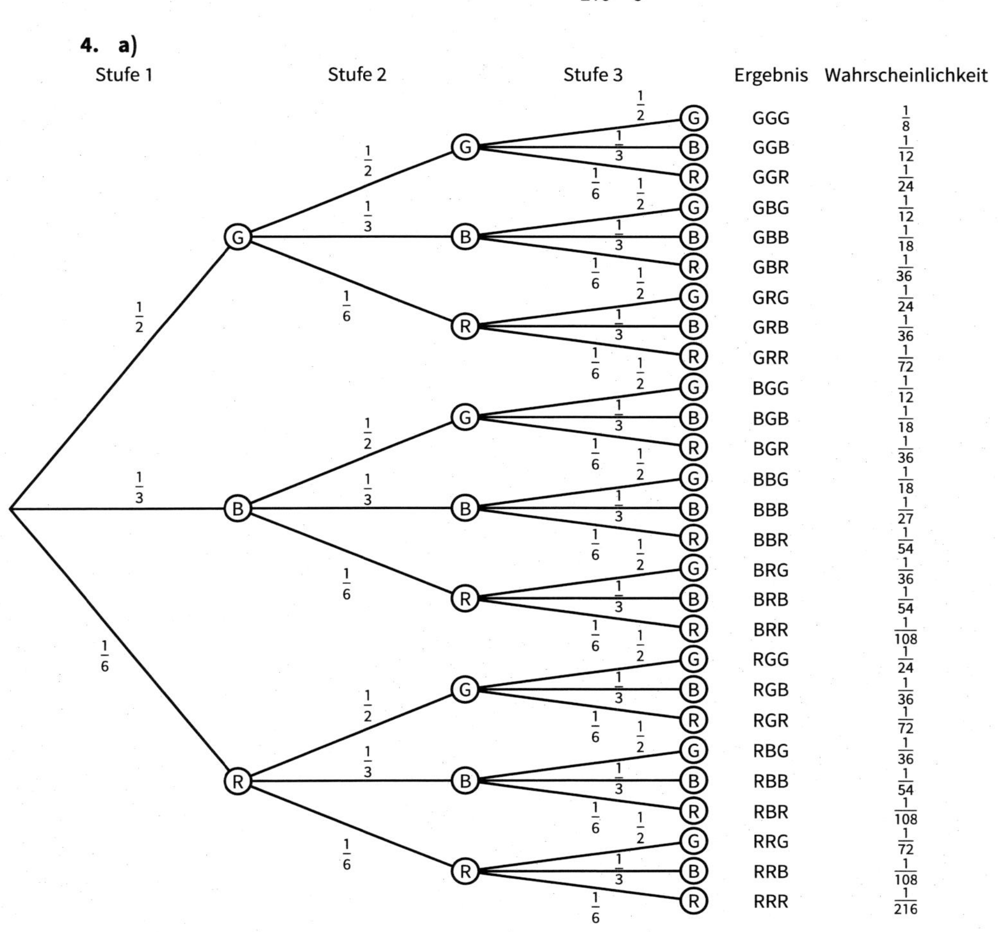

237

b) (1) $\frac{6}{12}\cdot\frac{6}{12}\cdot\frac{6}{12}=\frac{1}{8}$

(2) $\frac{2}{12}\cdot\frac{2}{12}\cdot\frac{2}{12}=\frac{1}{216}$

(3) $P(\text{bbg, bgb, gbb}) = 3\cdot\frac{4}{12}\cdot\frac{4}{12}\cdot\frac{6}{12}=\frac{1}{6}$

(4) $\frac{2}{12}=\frac{1}{6}$

(5) $6\cdot\frac{2}{12}\cdot\frac{4}{12}\cdot\frac{6}{12}=\frac{1}{6}$

(6) $P(\text{mind. eine blau}) = 1 - P(\text{keine Kugel blau}) = 1-\frac{8}{12}\cdot\frac{8}{12}\cdot\frac{8}{12}=1-\frac{8}{27}=\frac{19}{27}\approx 70{,}4\,\%$

(7) $P(\text{keine rot}) + P(\text{genau eine rot}) = \frac{10}{12}\cdot\frac{10}{12}\cdot\frac{10}{12}+3\cdot\frac{2}{12}\cdot\frac{10}{12}\cdot\frac{10}{12}=\frac{200}{216}=\frac{25}{27}\approx 92{,}6\,\%$

(8) $P(\text{ggg}) + P(\text{ggx, gxg, xgg}) + P(\text{grb, gbr, rgb, rbg, brg, bgr})$
$=\frac{6}{12}\cdot\frac{6}{12}\cdot\frac{6}{12}+3\cdot\frac{6}{12}\cdot\frac{6}{12}\cdot\frac{6}{12}+6\cdot\frac{6}{12}\cdot\frac{4}{12}\cdot\frac{2}{12}=\frac{2}{3}$

(9) $P(\text{bbb, bbg, bgb, bgg}) + P(\text{rbb, rbg, rgx}) + P(\text{gbb, gbg, ggx, grx})$
$=\left(\frac{4}{12}\cdot\frac{4}{12}\cdot\frac{4}{12}+2\cdot\frac{4}{12}\cdot\frac{4}{12}\cdot\frac{6}{12}+\frac{4}{12}\cdot\frac{6}{12}\cdot\frac{6}{12}\right)+\left(\frac{2}{12}\cdot\frac{4}{12}\cdot\frac{4}{12}+\frac{2}{12}\cdot\frac{4}{12}\cdot\frac{6}{12}+\frac{2}{12}\cdot\frac{4}{12}\cdot\frac{12}{12}\right)$
$+\left(\frac{6}{12}\cdot\frac{4}{12}\cdot\frac{4}{12}+\frac{6}{12}\cdot\frac{4}{12}\cdot\frac{6}{12}+\frac{6}{12}\cdot\frac{6}{12}\cdot\frac{12}{12}+\frac{6}{12}\cdot\frac{2}{12}\cdot\frac{12}{12}\right)$
$=\frac{29}{36}\approx 80{,}6\,\%$

c) Durch das Ziehen ohne Zurücklegen verändern sich Zähler und Nenner.

(1) $\frac{6}{12}\cdot\frac{5}{11}\cdot\frac{4}{10}=\frac{1}{11}\approx 9{,}1\,\%$

(2) nicht möglich: $P(\text{rrr}) = 0$

(3) $3\cdot\frac{4}{12}\cdot\frac{3}{11}\cdot\frac{6}{10}=\frac{9}{55}\approx 16{,}4\,\%$

(4) $P(\text{rr, br, gr}) = \frac{2}{12}\cdot\frac{1}{11}+\frac{4}{12}\cdot\frac{2}{11}+\frac{6}{12}\cdot\frac{2}{11}=\frac{1}{6}$

(5) $6\cdot\frac{2}{12}\cdot\frac{4}{11}\cdot\frac{6}{10}=\frac{12}{55}\approx 21{,}8\,\%$

(6) $1-\frac{8}{12}\cdot\frac{7}{11}\cdot\frac{6}{10}=1-\frac{14}{55}=\frac{41}{55}\approx 74{,}5\,\%$

(7) $\frac{10}{12}\cdot\frac{9}{11}\cdot\frac{8}{10}+3\cdot\frac{2}{12}\cdot\frac{10}{11}\cdot\frac{9}{10}=\frac{21}{22}\approx 95{,}5\,\%$

(8) $\frac{6}{12}\cdot\frac{5}{11}\cdot\frac{4}{10}+3\cdot\frac{6}{12}\cdot\frac{5}{11}\cdot\frac{6}{10}+6\cdot\frac{6}{12}\cdot\frac{4}{11}\cdot\frac{2}{10}=\frac{79}{110}\approx 71{,}8\,\%$

(9) $\left(\frac{4}{12}\cdot\frac{3}{11}\cdot\frac{2}{10}+2\cdot\frac{4}{12}\cdot\frac{3}{11}\cdot\frac{6}{10}+\frac{4}{12}\cdot\frac{6}{11}\cdot\frac{5}{10}\right)+\left(\frac{2}{12}\cdot\frac{4}{11}\cdot\frac{3}{10}+\frac{2}{12}\cdot\frac{4}{11}\cdot\frac{6}{10}+\frac{2}{12}\cdot\frac{4}{11}\cdot\frac{10}{10}\right)$
$+\left(\frac{6}{12}\cdot\frac{4}{11}\cdot\frac{3}{10}+\frac{6}{12}\cdot\frac{4}{11}\cdot\frac{5}{10}+\frac{6}{12}\cdot\frac{5}{11}\cdot\frac{10}{10}+\frac{6}{12}\cdot\frac{2}{11}\cdot\frac{10}{10}\right)$
$\approx 79{,}7\,\%$

237 **5.**

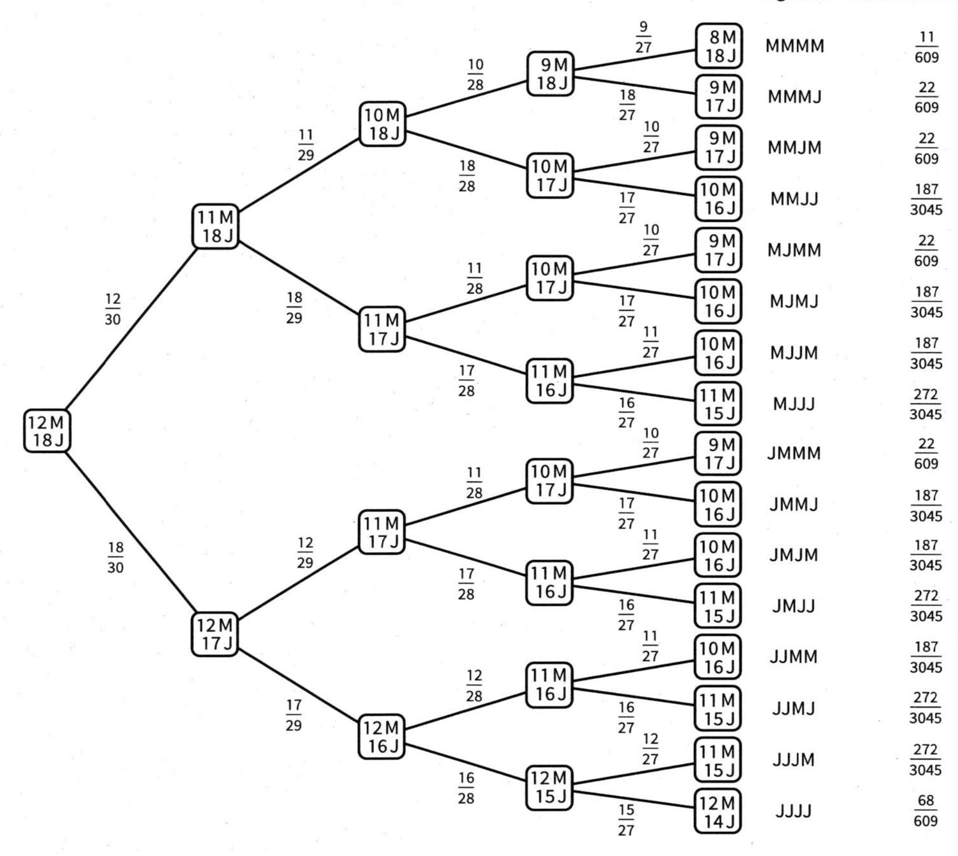

a) $6 \cdot \frac{18}{30} \cdot \frac{17}{29} \cdot \frac{12}{28} \cdot \frac{11}{27} \approx 36{,}8\,\%$

b) P(kein Junge) + P(genau ein Junge) $= \frac{12}{30} \cdot \frac{11}{29} \cdot \frac{10}{28} \cdot \frac{9}{27} + 4 \cdot \frac{18}{30} \cdot \frac{12}{29} \cdot \frac{11}{28} \cdot \frac{10}{27} \approx 16{,}3\,\%$

c) P(mind. ein Mädchen) = 1 − P(kein Mädchen) $= 1 - \frac{18}{30} \cdot \frac{17}{29} \cdot \frac{16}{28} \cdot \frac{15}{27} \approx 88{,}8\,\%$

6. **a)** Siehe 2. Spalte der Tabelle.

Qualität	Wahrscheinlichkeit	erwartete Häufigkeit	Gewinn (in €) pro Gefäß	Gewinn (in €) insgesamt
1. Wahl	$0{,}9 \cdot 0{,}8 \cdot 0{,}75 = 0{,}54$	540	3,00	1620,00
2. Wahl	$0{,}9 \cdot 0{,}8 \cdot 0{,}25 + 0{,}9 \cdot 0{,}2 \cdot 0{,}75 + 0{,}1 \cdot 0{,}8 \cdot 0{,}75 = 0{,}375$	375	1,00	375,00
3. Wahl	$0{,}9 \cdot 0{,}2 \cdot 0{,}25 + 0{,}1 \cdot 0{,}8 \cdot 0{,}25 + 0{,}1 \cdot 0{,}2 \cdot 0{,}75 = 0{,}08$	80	0,00	0,00
Ausschuss	$0{,}1 \cdot 0{,}2 \cdot 0{,}25 = 0{,}005$	5	−1,50	−7,50
			Summe	1987,50

b) Der zu erwartende Gewinn beträgt 1 987,50 €.

5.2 Zufallsgröße – Erwartungswert einer Zufallsgröße

238

Einstiegsaufgabe ohne Lösung

Auszahlungsbetrag (in €)	erwartete relative Häufigkeit	gewichteter Auszahlungsbetrag (in €)
0	0,25	0,00
0,50	0,40	0,20
1,00	0,23	0,23
2,00	0,10	0,20
5,00	0,02	0,10
Summe	1	0,73

Auf lange Sicht ist ein Auszahlungsbetrag von 0,73 € pro Spiel zu erwarten, d. h. pro Spiel beträgt der mittlere Verlust 0,27 €.

241

1. a) Da es sich um konkrete Realisationen von Zufallsversuchen handelt, weichen die relativen Häufigkeiten teilweise erheblich von den berechneten Wahrscheinlichkeiten ab. Man hat den Eindruck, dass die ermittelte Dreiecksform des Histogramms der Wahrscheinlichkeitsverteilung erst bei großer Versuchszahl zu erkennen ist.

b) –

2. a) Kombinationstabelle

	1	2	3	4	5	6
1	2	3	4	5	6	7
2	3	4	5	6	7	8
3	4	5	6	7	8	9
4	5	6	7	8	9	10
5	6	7	8	9	10	11
6	7	8	9	10	11	12

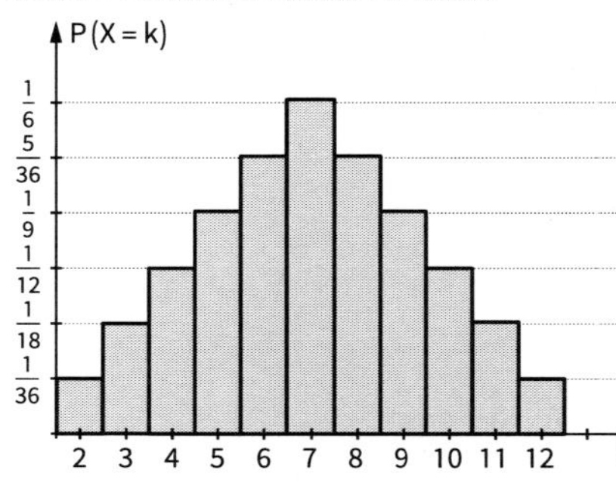

Wahrscheinlichkeitsverteilung

Augensumme	Wahrscheinlichkeit
2	$\frac{1}{36} \approx 2{,}8\,\%$
3	$\frac{2}{36} \approx 5{,}6\,\%$
4	$\frac{3}{36} \approx 8{,}3\,\%$
5	$\frac{4}{36} \approx 11{,}1\,\%$
6	$\frac{5}{36} \approx 13{,}9\,\%$
7	$\frac{6}{36} \approx 16{,}7\,\%$
8	$\frac{5}{36} \approx 13{,}9\,\%$
9	$\frac{4}{36} \approx 11{,}1\,\%$
10	$\frac{3}{36} \approx 8{,}3\,\%$
11	$\frac{2}{36} \approx 5{,}6\,\%$
12	$\frac{1}{36} \approx 2{,}8\,\%$

241

b) Kombinationstabelle

	1	2	3	4
1	1	2	3	4
2	2	4	6	8
3	3	6	9	12
4	4	8	12	16

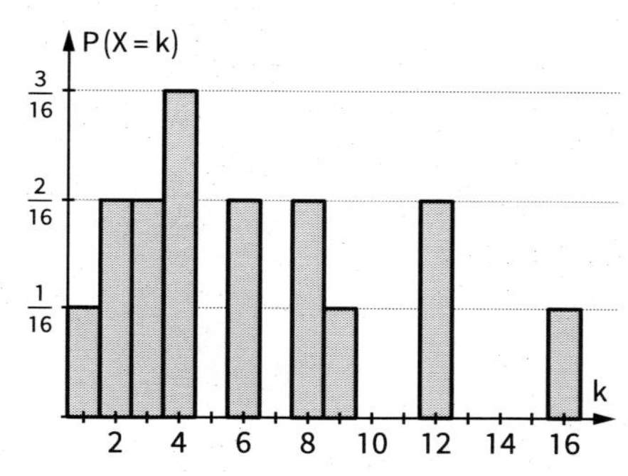

Wahrscheinlichkeitsverteilung

Augenprodukt	1	2	3	4	6	8	9	12	16
Wahrscheinlichkeit	$\frac{1}{16}$	$\frac{2}{16}$	$\frac{2}{16}$	$\frac{3}{16}$	$\frac{2}{16}$	$\frac{2}{16}$	$\frac{1}{16}$	$\frac{2}{16}$	$\frac{1}{16}$

c) Wahrscheinlichkeitsverteilung

Augensumme	3	4	5	6	7	8	9	10	11	12
Wahrscheinlichkeit	$\frac{1}{64}$	$\frac{3}{64}$	$\frac{6}{64}$	$\frac{10}{64}$	$\frac{12}{64}$	$\frac{12}{64}$	$\frac{10}{64}$	$\frac{6}{64}$	$\frac{3}{64}$	$\frac{1}{64}$

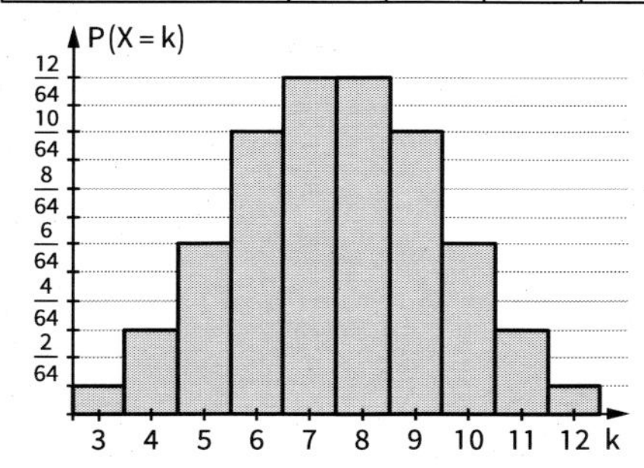

d) Wahrscheinlichkeitsverteilung

Augensumme	3	4	5	6	7	8	9	10
Wahrscheinlichkeit	$\frac{1}{216}$	$\frac{3}{216}$	$\frac{6}{216}$	$\frac{10}{216}$	$\frac{15}{216}$	$\frac{21}{216}$	$\frac{25}{216}$	$\frac{27}{216}$

Augensumme	11	12	13	14	15	16	17	18
Wahrscheinlichkeit	$\frac{27}{216}$	$\frac{25}{216}$	$\frac{21}{216}$	$\frac{15}{216}$	$\frac{10}{216}$	$\frac{6}{216}$	$\frac{3}{216}$	$\frac{1}{216}$

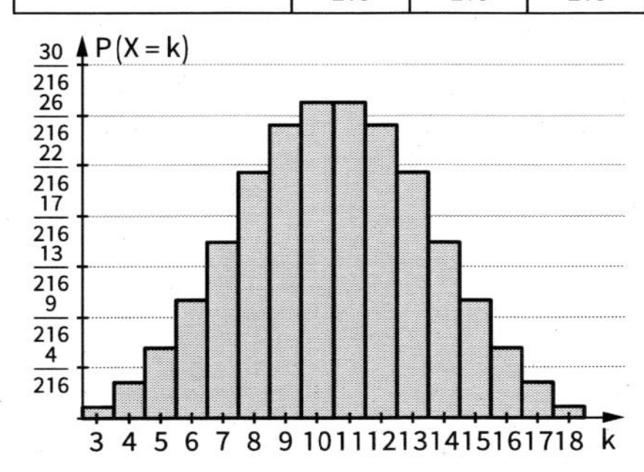

241

e) Kombinationstabelle

	1	2	3	4	5	6
1	1	2	3	4	5	6
2	2	4	6	8	10	12
3	3	6	9	12	15	18
4	4	8	12	16	20	24
5	5	10	15	20	25	30
6	6	12	18	24	30	36

Hier wurden für eine bessere Übersicht Balken zu Werten mit Wahrscheinlichkeit $P(X = k) = 0$ weggelassen.

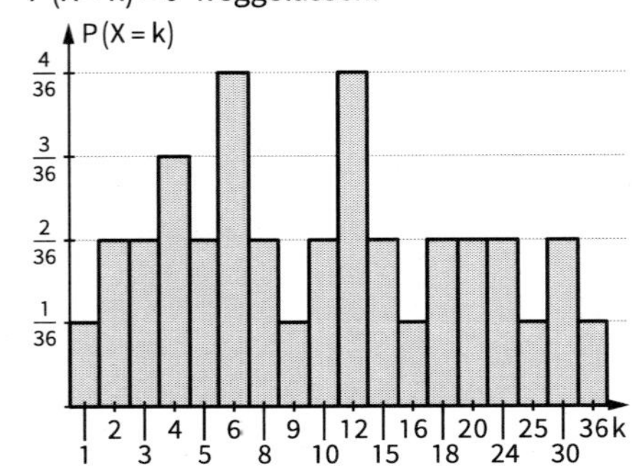

Wahrscheinlichkeitsverteilung

Augenprodukt	1	2	3	4	5	6	8	9	10
Wahrscheinlichkeit	$\frac{1}{36}$	$\frac{2}{36}$	$\frac{2}{36}$	$\frac{3}{36}$	$\frac{2}{36}$	$\frac{4}{36}$	$\frac{2}{36}$	$\frac{1}{36}$	$\frac{2}{36}$

Augenprodukt	12	15	16	18	20	24	25	30	36
Wahrscheinlichkeit	$\frac{4}{36}$	$\frac{2}{36}$	$\frac{1}{36}$	$\frac{2}{36}$	$\frac{2}{36}$	$\frac{2}{36}$	$\frac{1}{36}$	$\frac{2}{36}$	$\frac{1}{36}$

3. Aufstellen einer Kombinationstabelle

	1	3	3	5	5	7
1	2	4	4	6	6	8
2	3	5	5	7	7	9
2	3	5	5	7	7	9
3	4	6	6	8	8	10

Hier ergibt sich durch Abzählen der Häufigkeit der möglichen Augensummen die gleiche Wahrscheinlichkeitsverteilung wie bei Tetraeder und Hexaeder mit üblicher Beschriftung:

Augensumme	2	3	4	5	6	7	8	9	10
Wahrscheinlichkeit	$\frac{1}{24}$	$\frac{2}{24}$	$\frac{3}{24}$	$\frac{4}{24}$	$\frac{5}{24}$	$\frac{4}{24}$	$\frac{3}{24}$	$\frac{2}{24}$	$\frac{1}{24}$

4. Die Wahrscheinlichkeiten können der Verteilung aus Aufgabe 2 a) entnommen werden:

a) $P(X \leq 5) = \frac{1}{36} + \frac{2}{36} + \frac{3}{36} + \frac{4}{36} = \frac{10}{36} \approx 27{,}8\,\%$

b) (1) $P(X > 5)$

$= P(X = 6) + P(X = 7) + P(X = 8) + P(X = 9) + P(X = 10) + P(X = 11) + P(X = 12)$

$= 1 - P(X \leq 5) = \frac{26}{36} \approx 72{,}2\,\%$

(2) $P(4 \leq X \leq 7)$

$= P(X = 4) + P(X = 5) + P(X = 6) + P(X = 7)$

$= \frac{3}{36} + \frac{4}{36} + \frac{5}{36} + \frac{6}{36} = \frac{1}{2}$

(3) $P(X < 6)$

$= P(X \leq 5) = 1 - P(x > 5) = \frac{10}{36} \approx 27{,}8\,\%$

242

5. Fehler in der 1. Auflage: Bei (6) muss es „oder" statt „und" heißen.

(1) $P(X \leq 9) = \frac{30}{36}$ (4) $P(6 \leq X \leq 10) = \frac{23}{36}$

(2) $P(X < 10) = \frac{30}{36}$ (5) $P(X > 9 \text{ oder } X < 5) = \frac{12}{36}$

(3) $P(X \geq 5) = \frac{30}{36}$ (6) $P(X < 10 \text{ oder } X > 11) = \frac{31}{36}$

6. a) Die Wurfkombinationen {1; 4; 6}; {2; 3; 6}; {2; 4; 6} treten jeweils 6-mal, die Kombinationen {1; 5; 5}; {3; 3; 5}; {3; 4; 4} treten jeweils 3-mal auf. Damit führen 27 Ergebnisse der möglichen 216 auf die Augensumme 11.

Die Wurfkombinationen {1; 5; 6}; {2; 4; 6}; {3; 4; 5} treten jeweils 6-mal, die Kombinationen {3; 3; 6} und {2; 5; 5} treten jeweils 3-mal auf und die Kombination {4; 4; 4} nur einmal auf. Damit führen 25 Ergebnisse der möglichen 216 auf die Augensumme 12.

b)

k	P(X = k)	k	P(X = k)	k	P(X = k)	k	P(X = k)
3	$\frac{1}{216}$	7	$\frac{15}{216}$	11	$\frac{27}{216}$	15	$\frac{10}{216}$
4	$\frac{3}{216}$	8	$\frac{21}{216}$	12	$\frac{25}{216}$	16	$\frac{6}{216}$
5	$\frac{6}{216}$	9	$\frac{25}{216}$	13	$\frac{21}{216}$	17	$\frac{3}{216}$
6	$\frac{10}{216}$	10	$\frac{27}{216}$	14	$\frac{15}{216}$	18	$\frac{1}{216}$

7. Die Zufallsgröße X gebe die Summe der Bahnnummern an.

a) Man kann die Wahrscheinlichkeiten auf die folgende Weise ermitteln:
Ein Vertreter der ersten Mannschaft zieht drei Lose ohne Zurücklegen.
Da für die Summe die Reihenfolge nicht beachtet wird, gibt es $\binom{6}{3} = 20$ verschiedene Loskombinationen. Da alle Kombinationen gleich wahrscheinlich sind, tritt jede Kombination mit der Wahrscheinlichkeit $\frac{1}{20}$ auf.
Diese Anzahl von Kombinationen kann auch ohne Kombinatorikkenntnisse durch Aufschreiben aller Möglichkeiten ermittelt werden.

X	Loskombination	Wahrscheinlichkeit
9	(2, 3, 4)	$\frac{1}{20}$
10	(2, 3, 5)	$\frac{1}{20}$
11	(2, 3, 6), (2, 3, 5)	$\frac{2}{20}$
12	(2, 3, 7), (2, 4, 6), (3, 4, 5)	$\frac{3}{20}$
13	(2, 4, 7), (2, 5, 6), (3, 4, 6)	$\frac{3}{20}$
14	(2, 5, 7), (3, 4, 7), (3, 5, 6)	$\frac{3}{20}$
15	(2, 6, 7), (3, 5, 7), (4, 5, 6)	$\frac{3}{20}$
16	(3, 6, 7), (4, 5, 7)	$\frac{2}{20}$
17	(4, 6, 7)	$\frac{1}{20}$
18	(5, 6, 7)	$\frac{1}{20}$

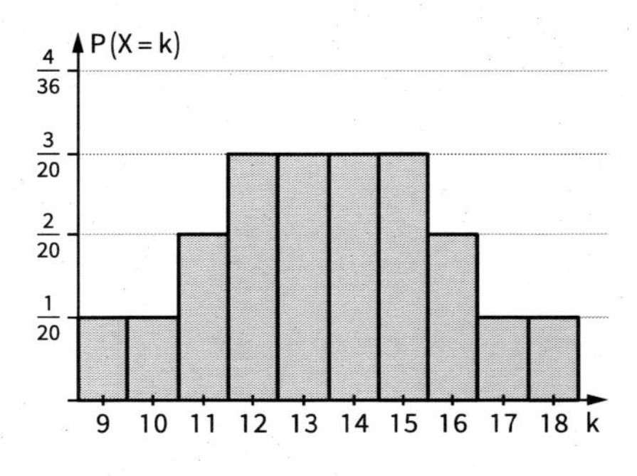

242

b) (1) $P(X < 12) = \frac{1}{20} + \frac{1}{20} + \frac{2}{20} = \frac{1}{5}$

(2) $P(X > 7) = 1$

(3) $P(X \geq 14) = \frac{3}{20} + \frac{3}{20} + \frac{2}{20} + \frac{1}{20} + \frac{1}{20} = \frac{1}{2}$

8. a)

k	2 Hexaeder P(X = k)	Tetraeder und Oktaeder P(X = k)
2	$\frac{1}{36} = \frac{8}{288}$	$\frac{1}{32} = \frac{9}{288}$
3	$\frac{2}{36} = \frac{16}{288}$	$\frac{2}{32} = \frac{18}{288}$
4	$\frac{3}{36} = \frac{24}{288}$	$\frac{3}{32} = \frac{27}{288}$
5	$\frac{4}{36} = \frac{32}{288}$	$\frac{4}{32} = \frac{36}{288}$
6	$\frac{5}{36} = \frac{40}{288}$	$\frac{4}{32} = \frac{36}{288}$
7	$\frac{6}{36} = \frac{48}{288}$	$\frac{4}{32} = \frac{36}{288}$
8	$\frac{5}{36} = \frac{40}{288}$	$\frac{4}{32} = \frac{36}{288}$
9	$\frac{4}{36} = \frac{32}{288}$	$\frac{4}{32} = \frac{36}{288}$
10	$\frac{3}{36} = \frac{24}{288}$	$\frac{3}{32} = \frac{27}{288}$
11	$\frac{2}{36} = \frac{16}{288}$	$\frac{2}{32} = \frac{18}{288}$
12	$\frac{1}{36} = \frac{8}{288}$	$\frac{1}{32} = \frac{9}{288}$

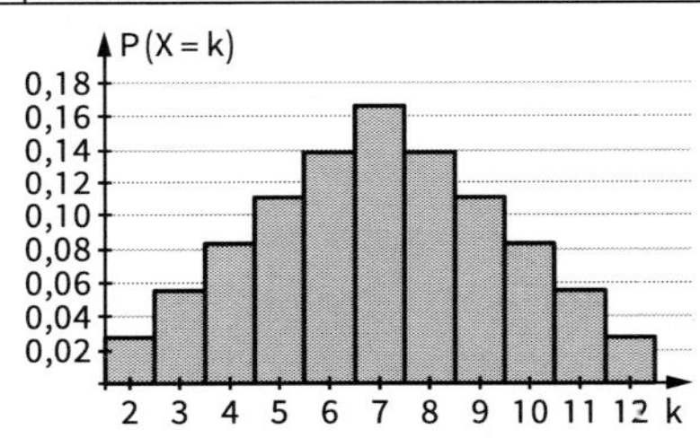

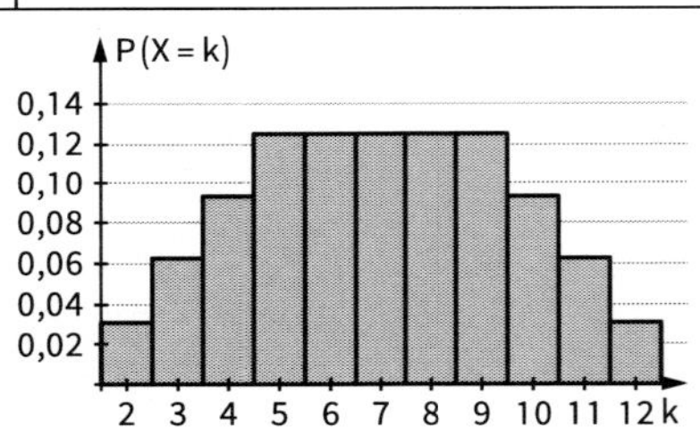

Die Wahrscheinlichkeitverteilungen stimmen nicht überein. Das Histogramm für die Augensumme zweier Hexaeder hat die typische Dreiecksgestalt, für die Augensumme von Tetraeder und Oktaeder eine Trapezform.

b)

	2 Hexaeder	Tetraeder und Oktaeder
(1) P(X = 4)	$\frac{24}{288}$	$\frac{27}{288}$
(2) P(X = 7)	$\frac{48}{288}$	$\frac{36}{288}$
(3) P(X < 7)	$\frac{120}{288}$	$\frac{126}{288}$
(4) P(X gerade)	$\frac{1}{2}$	$\frac{1}{2}$

242

c)

k	2	3	4	5	6	7	8	9
P (X = k)	$\frac{1}{64}$	$\frac{2}{64}$	$\frac{3}{64}$	$\frac{4}{64}$	$\frac{5}{64}$	$\frac{6}{64}$	$\frac{7}{64}$	$\frac{8}{64}$

k	10	11	12	13	14	15	16
P (X = k)	$\frac{7}{64}$	$\frac{6}{64}$	$\frac{5}{64}$	$\frac{4}{64}$	$\frac{3}{64}$	$\frac{2}{64}$	$\frac{1}{64}$

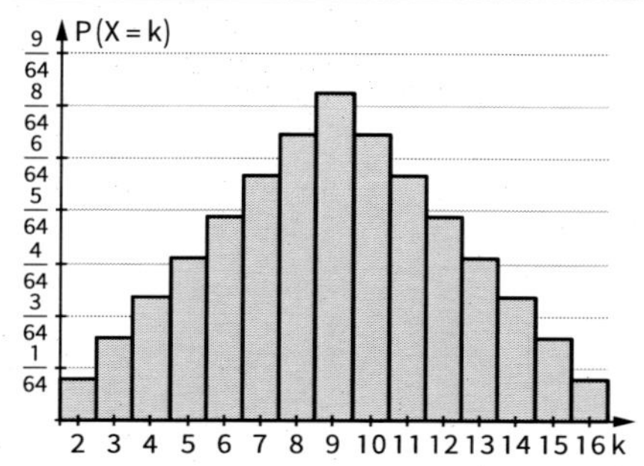

d)

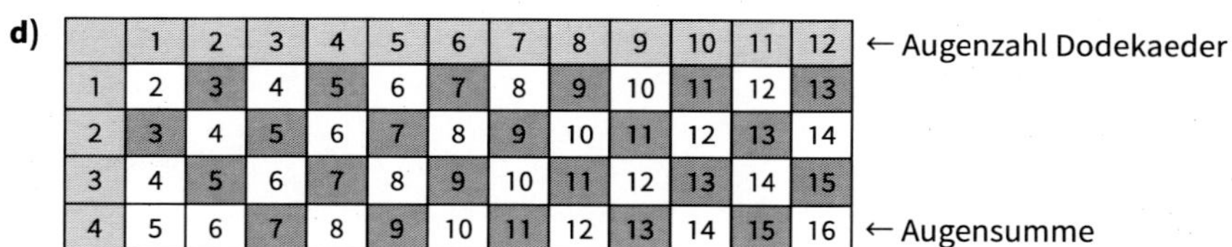

	1	2	3	4	5	6	7	8	9	10	11	12
1	2	3	4	5	6	7	8	9	10	11	12	13
2	3	4	5	6	7	8	9	10	11	12	13	14
3	4	5	6	7	8	9	10	11	12	13	14	15
4	5	6	7	8	9	10	11	12	13	14	15	16

← Augenzahl Dodekaeder

← Augensumme

↑ Augenzahl Tetraeder

k	2	3	4	5	6	7	8	9
P (X = k)	$\frac{1}{48}$	$\frac{2}{48}$	$\frac{3}{48}$	$\frac{4}{48}$	$\frac{4}{48}$	$\frac{4}{48}$	$\frac{4}{48}$	$\frac{4}{48}$

k	10	11	12	13	14	15	16
P (X = k)	$\frac{4}{48}$	$\frac{4}{48}$	$\frac{4}{48}$	$\frac{4}{48}$	$\frac{3}{48}$	$\frac{2}{48}$	$\frac{1}{48}$

e) Tetraeder + Ikosaeder
2 Dodekaeder } Augensummen 2, …, 24

9. a) Jedes der 16 Ergebnisse ist gleich wahrscheinlich. Damit tritt jede Symbolkombination mit der Wahrscheinlichkeit $\frac{1}{16}$ ein.

Erwartungswert:

$$2 \cdot \frac{1}{16} \cdot 0{,}00 + 4 \cdot \frac{1}{16} \cdot 0{,}10 + 4 \cdot \frac{1}{16} \cdot 0{,}20 + 3 \cdot \frac{1}{16} \cdot 0{,}30 + 2 \cdot \frac{1}{16} \cdot 0{,}40 + \frac{1}{16} \cdot 0{,}50 = 0{,}2125$$

b) Das Spiel ist fair, wenn der Einsatz 0,2125 € beträgt. Ein Einsatz für ein Spiel von 0,25 € erscheint angemessen; dann ist der durchschnittliche Verlust pro Spiel 0,0375 €.

243 **10. a)**

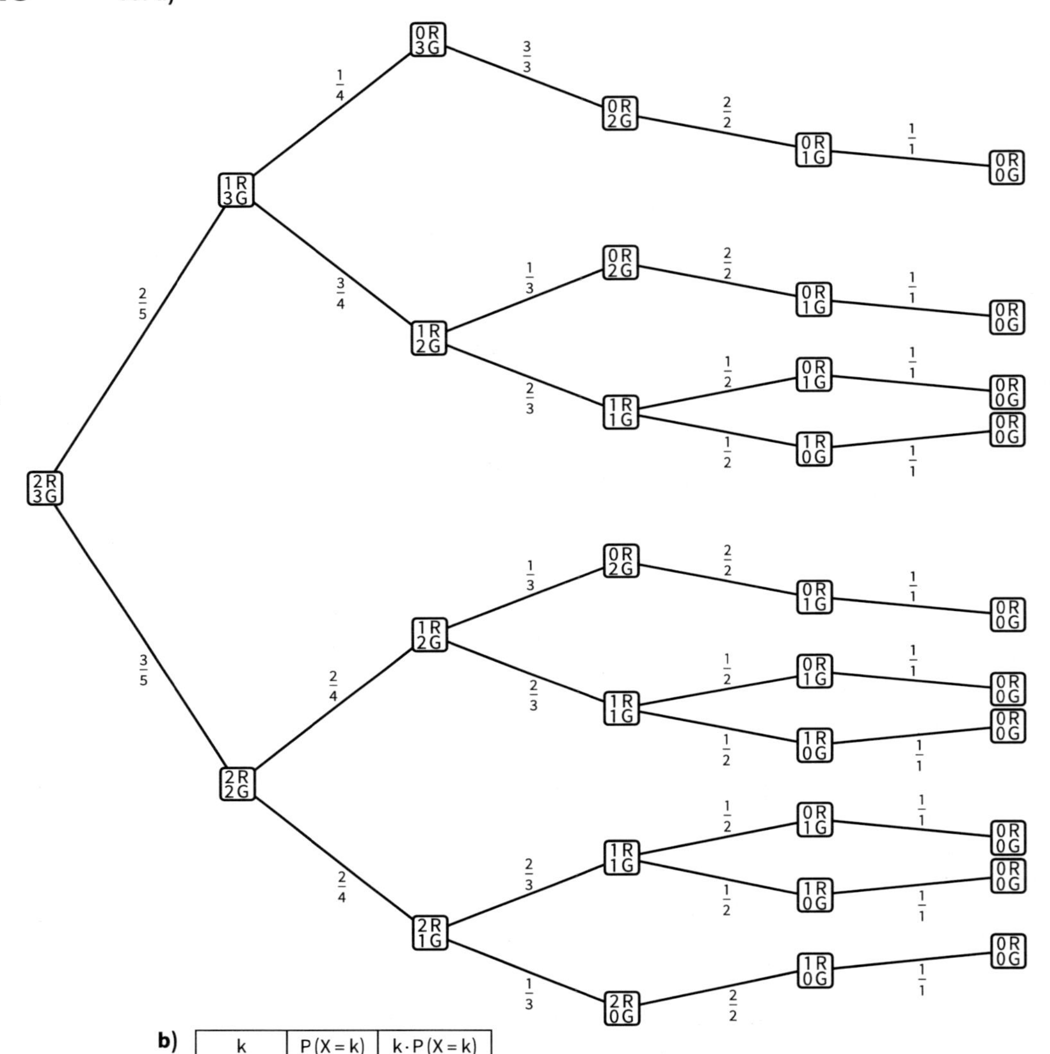

b)

k	P(X = k)	k · P(X = k)
2	0,1	0,2
3	0,2	0,6
4	0,3	1,2
5	0,4	2,0
Summe	1	4,0

c)

k	P(X = k)	k · P(X = k)
2	0,6	1,2
3	0,3	0,9
4	0,1	0,4
Summe	1	2,5

243

d)

k	P(X = k)	k · P(X = k)
3	0,1	0,3
4	0,3	1,2
5	0,6	3,0
Summe	1	4,5

11. Korrektur an 1. Auflage: Der Aufgabenteil „Zeichnen Sie das Baumdiagramm“ muss gestrichen werden. Es wäre zu aufwendig, dieses Baumdiagramm zu erstellen.

Augensumme	Wahrscheinlichkeit Ziehen mit Zurücklegen	Wahrscheinlichkeit Ziehen ohne Zurücklegen
2	$\frac{1}{25} = 0{,}04$	$\frac{3}{15} \cdot \frac{2}{14} = 0{,}0286$
3	$\frac{2}{25} = 0{,}08$	$2 \cdot \frac{3}{15} \cdot \frac{3}{14} = 0{,}0857$
4	$\frac{3}{25} = 0{,}12$	$2 \cdot \frac{3}{15} \cdot \frac{3}{14} + \frac{3}{15} \cdot \frac{2}{14} = 0{,}1143$
5	$\frac{4}{25} = 0{,}16$	$4 \cdot \frac{3}{15} \cdot \frac{3}{14} = 0{,}1714$
6	$\frac{5}{25} = 0{,}2$	$4 \cdot \frac{3}{15} \cdot \frac{3}{14} + \frac{3}{15} \cdot \frac{2}{14} = 0{,}2000$
7	$\frac{4}{25} = 0{,}16$	$4 \cdot \frac{3}{15} \cdot \frac{3}{14} = 0{,}1714$
8	$\frac{3}{25} = 0{,}12$	$2 \cdot \frac{3}{15} \cdot \frac{3}{14} + \frac{3}{15} \cdot \frac{2}{14} = 0{,}1143$
9	$\frac{2}{25} = 0{,}08$	$2 \cdot \frac{3}{15} \cdot \frac{3}{14} = 0{,}0857$
10	$\frac{1}{25} = 0{,}04$	$\frac{3}{15} \cdot \frac{2}{14} = 0{,}0286$
Summe	1	1

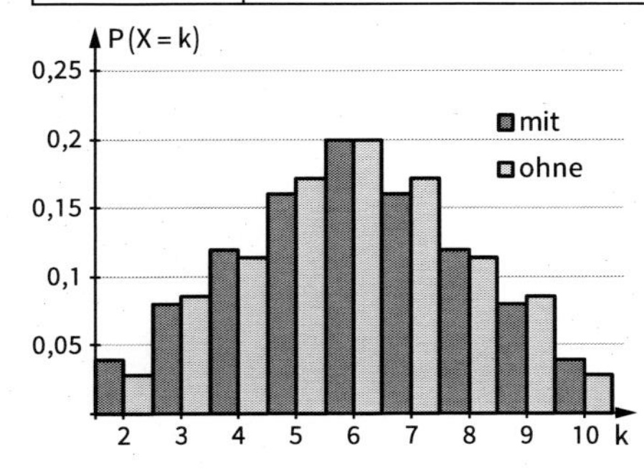

Histogramm:
dunkelgrau: Ziehen mit Zurücklegen;
hellgrau: Ziehen ohne Zurücklegen

243

12. a) X: *Anzahl der Würfe*

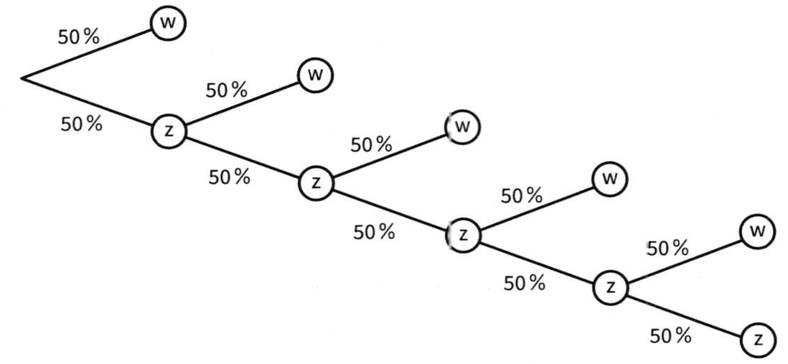

Mit $P(X=1)=\frac{1}{2}$; $P(X=2)=\frac{1}{4}$; $P(X=3)=\frac{1}{8}$; $P(X=4)=\frac{1}{16}$; $P(X=5)=\frac{1}{32}$; $P(X=7)=\frac{1}{32}$ folgt:

$E(X)=1\cdot\frac{1}{2}+2\cdot\frac{1}{4}+3\cdot\frac{1}{8}+4\cdot\frac{1}{16}+5\cdot\frac{1}{32}+7\cdot\frac{1}{32}=2$

b) Das Spiel ist fair, wenn der Einsatz 2 € beträgt.

13. Setzen auf Rot

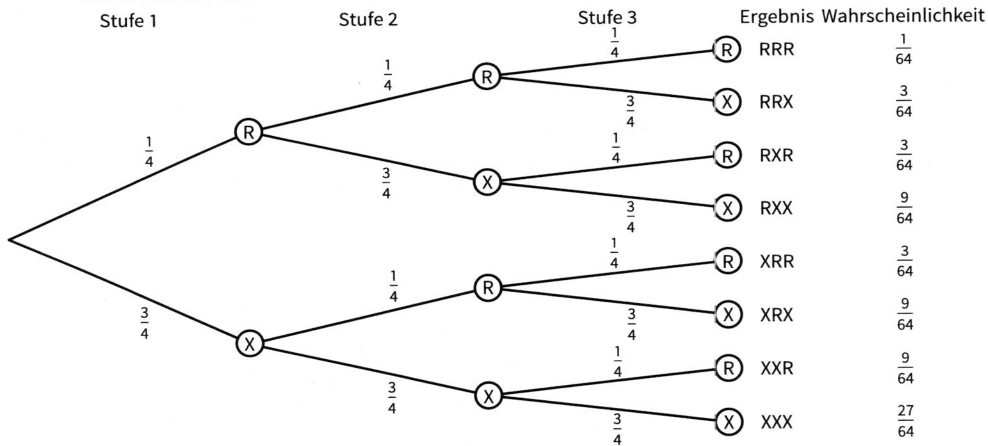

X: *Anzahl der Runden, bei denen der Zeiger auf einem roten Feld stehen bleibt*

k	Auszahlung a (in €)	$P(X=k)$	$a\cdot P(X=k)$ (in €)
0	0	$\frac{27}{64}$	0,0000
1	1,00	$\frac{27}{64}$	0,4219
2	2,50	$\frac{9}{64}$	0,3516
3	4,00	$\frac{1}{64}$	0,0625
Summe		1	0,8360

243 Setzen auf Blau

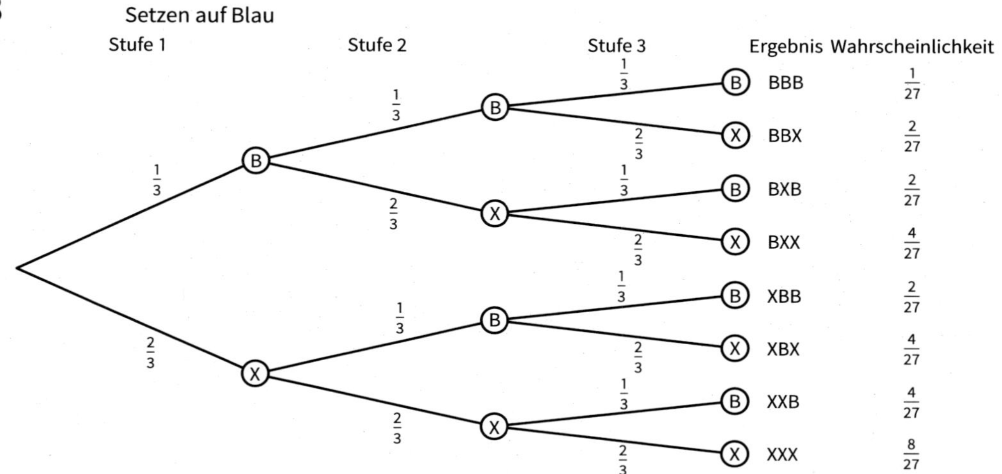

X: *Anzahl der Runden, bei denen der Zeiger auf einem blauen Feld stehen bleibt*

k	Auszahlung a (in €)	P (X = k)	a · P (X = k) (in €)
0	0	$\frac{8}{27}$	0,0000
1	0,50	$\frac{12}{27}$	0,2222
2	2,00	$\frac{6}{27}$	0,4444
3	5,00	$\frac{1}{27}$	0,1852
Summe		1	0,8518

Setzen auf Gelb

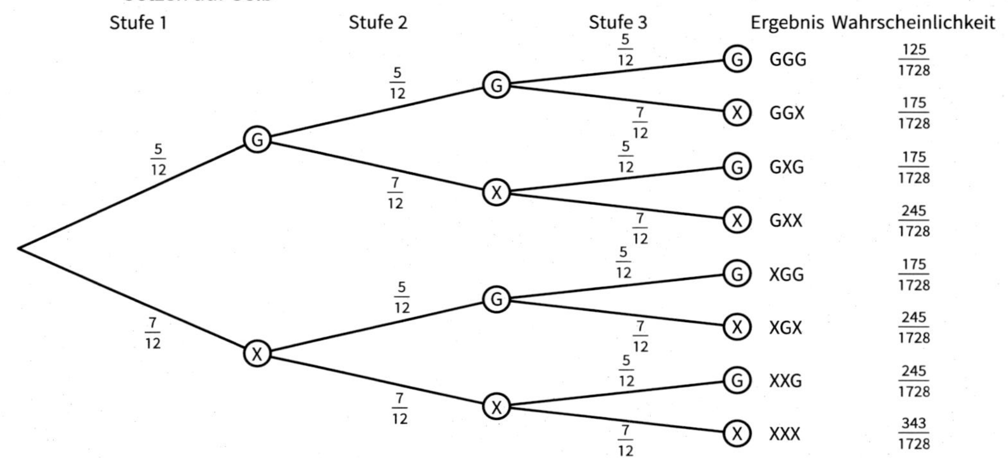

243 X: *Anzahl der Runden, bei denen der Zeiger auf einem gelben Feld stehen bleibt*

k	Auszahlung a (in €)	P (X = k)	a · P (X = k) (in €)
0	0	$\frac{343}{1728}$	0,0000
1	0,50	$\frac{735}{1728}$	0,2127
2	1,50	$\frac{525}{1728}$	0,4557
3	3,00	$\frac{125}{1728}$	0,2170
Summe		1	0,8854

Beim Setzen auf Gelb ist der geringste Verlust zu erwarten.

244 **14.** Verteilung der Gewinne auf dem Glücksrad:

Gewinn (in $)	1	2	5	10	20	40
Anzahl	24	15	7	3	3	2

Die Zufallsgröße X zähle den Gewinn, dann gilt

$E(X) = 1 \cdot \frac{24}{54} + 2 \cdot \frac{15}{54} + 5 \cdot \frac{7}{54} + 10 \cdot \frac{3}{54} + 20 \cdot \frac{3}{54} + 40 \cdot \frac{2}{54} = \frac{259}{54} = 4{,}7963$

Ein Einsatz von mindestens 4,80 $ bringt Gewinn. Der Preis wird vermutlich bei 5 $ liegen.

15. $E(X) = \frac{1}{6} \cdot 2 + \frac{1}{6} \cdot 4 + \frac{1}{6} \cdot 8 + \frac{1}{6} \cdot 16 + \frac{1}{6} \cdot 32 + \frac{1}{6} \cdot 64 = 21$

16. X: *Anzahl der gekauften Lose*

k	P (X = k)	k · P (X = k)
1	0,2	0,2
2	$0{,}8 \cdot 0{,}2 = 0{,}16$	0,32
3	$0{,}8^2 \cdot 0{,}2 = 0{,}128$	0,384
4	$0{,}8^3 \cdot 0{,}2 = 0{,}1024$	0,4096
5	$0{,}8^4 \cdot 0{,}2 + 0{,}8^5 = 0{,}8^4 = 0{,}4096$	2,048
Summe	1	3,3616

Da ein Los 2,00 € kostet, muss man mit einer Ausgabe von ca. 6,72 € rechnen.

17. a) Die Wahrscheinlichkeitsverteilung findet man als Lösung von Aufgabe 2 e)

Augenprodukt k	1	2	3	4	5	6	8	9	10
P (X = k)	$\frac{1}{36}$	$\frac{2}{36}$	$\frac{2}{36}$	$\frac{3}{36}$	$\frac{2}{36}$	$\frac{4}{36}$	$\frac{2}{36}$	$\frac{1}{36}$	$\frac{2}{36}$
k · P (X = k)	$\frac{1}{36}$	$\frac{4}{36}$	$\frac{6}{36}$	$\frac{12}{36}$	$\frac{10}{36}$	$\frac{24}{36}$	$\frac{16}{36}$	$\frac{9}{36}$	$\frac{20}{36}$

Augenprodukt k	12	15	16	18	20	24	25	30	36
P (X = k)	$\frac{4}{36}$	$\frac{2}{36}$	$\frac{1}{36}$	$\frac{2}{36}$	$\frac{2}{36}$	$\frac{2}{36}$	$\frac{1}{36}$	$\frac{2}{36}$	$\frac{1}{36}$
k · P (X = k)	$\frac{48}{36}$	$\frac{30}{36}$	$\frac{16}{36}$	$\frac{36}{36}$	$\frac{40}{36}$	$\frac{48}{36}$	$\frac{25}{36}$	$\frac{60}{36}$	$\frac{36}{36}$

Die Summe der Produkte k · P (X = k) ergibt $\frac{441}{36} = 12{,}25$.

244

b) Der Verteilungstabelle kann man entnehmen
$P(X \leq 10) = \frac{19}{36} \approx 52{,}8\,\%$; $P(X > 10) = \frac{17}{36} \approx 47{,}2\,\%$
Das Spiel wäre ungünstig für Lena. Die Größe des Erwartungswerts kann nicht als Orientierung dienen, ob eine Spielregel günstig oder ungünstig ist, wenn die Verteilung nicht symmetrisch ist.

18. a) Sei x der Einsatz, dann gilt: $E(X) = \frac{19}{37} \cdot (-x) + \frac{18}{37} \cdot x = -\frac{x}{37}$,
d. h. auf lange Sicht verliert man $\frac{1}{37}$ des Einsatzes.

b) Sei y der Einsatz, dann gilt: $E(Y) = \frac{36}{37} \cdot (-y) + \frac{35}{37} \cdot y = -\frac{y}{37}$
Beide Spiele haben die gleiche Gewinnerwartung.

c) eigene Recherche

5.3 Binomialverteilung

5.3.1 Bernoulli-Ketten

245

Einstiegsaufgabe ohne Lösung

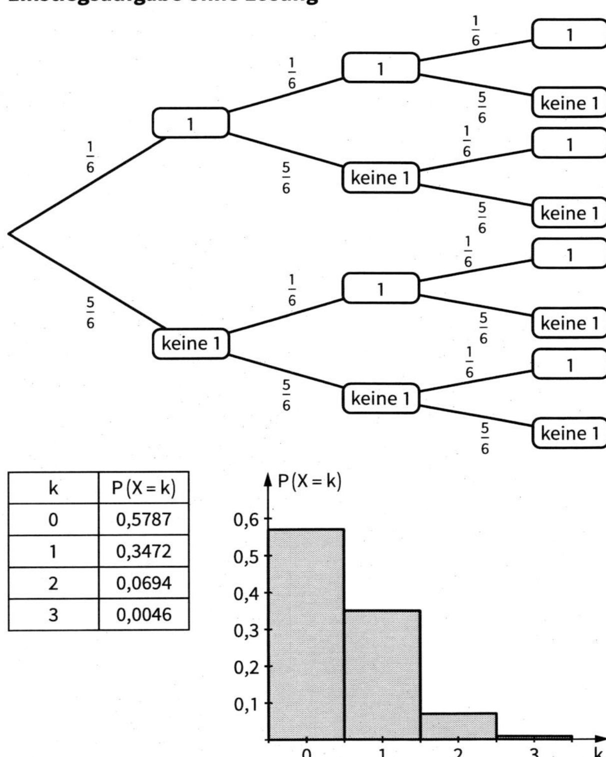

k	P (X = k)
0	0,5787
1	0,3472
2	0,0694
3	0,0046

247

1. (1) Die Reißzwecke bleibt entweder mit der Spitze nach oben oder mit der Spitze zur Seite liegen. Dies kann als BERNOULLI-Kette aufgefasst werden, da die Wahrscheinlichkeiten für diese beiden möglichen Ergebnisse gleich bleiben und das Ergebnis eines Wurfs keinen Einfluss auf die folgenden Würfe hat.

(2) Dies ist keine BERNOULLI-Kette, weil durch das Ziehen eines Loses die Wahrscheinlichkeiten für das Ziehen einer Niete oder eines Gewinnloses bei der nächsten Ziehung verändert werden.

(3) Wenn nach der Ziehung die Kugel wieder zurückgelegt wird, liegt eine BERNOULLI-Kette vor. Die Erfolgswahrscheinlichkeit für die Ziehung einer roten Kugel ergibt sich aus dem Anteil der roten Kugeln in der Urne.

(4) Da das Ergebnis eines doppelten Münzwurfs keinen Einfluss hat auf den nächsten Münz-Doppelwurf, bleibt die Erfolgswahrscheinlichkeit p gleich. $p = P(WW, ZZ) = 0{,}5$.

(5) Wenn die Kugeln anschließend wieder zurückgelegt werden, liegt eine BERNOULLI-Kette vor. Die Erfolgswahrscheinlichkeit beträgt $p = \frac{1}{120}$, weil es 120 Möglichkeiten einer 3er-Auswahl von Kugeln gibt.

248

2. (1) Wenn jeweils die Augenzahlen notiert werden, liegt nur dann eine BERNOULLI-Kette vor, wenn das Vorliegen einer bestimmten Augenzahl oder mehrerer bestimmter Augenzahlen als Erfolg angesehen wird. Es handelt sich dann um eine 7-stufige BERNOULLI-Kette, deren Erfolgswahrscheinlichkeit davon abhängt, wie viele Augenzahlen man als Erfolg ansieht (eine Augenzahl $p = \frac{1}{6}$; zwei Augenzahlen $p = \frac{2}{6} = \frac{1}{3}$ usw.)

(2) Das zugrunde liegende Zufallsexperiment ist ein BERNOULLI-Experiment (Erfolg: Kugel ist weiß). Beim Ziehen mit Zurücklegen handelt es sich um eine BERNOULLI-Kette, da das BERNOULLI-Experiment unter gleichen Bedingungen wiederholt wird.
Beim Ziehen ohne Zurücklegen handelt es sich nicht um eine BERNOULLI-Kette, da sich die Bedingungen von Stufe zu Stufe ändern.

3. (1) Es muss festgelegt werden, welches der beiden Ergebnisse (Wappen bzw. Zahl) als Erfolg angesehen wird (beides mit Erfolgswahrscheinlichkeit $p = 0{,}5$); dann liegt ein Zufallsexperiment vor, das man als 10-stufige BERNOULLI-Kette auffassen kann, weil sich die Bedingungen für das Auftreten von Erfolg bzw. Misserfolg nicht verändern.

(2) Im Vergleich zu (1) ändert sich nichts, da man nur darauf achtet, wie viele Erfolge auftreten.

(3) Eigentlich handelt es sich bei diesem Experiment nicht um eine 8-stufige BERNOULLI-Kette, da der Versuch sicherlich als ein Ziehen ohne Zurücklegen organisiert wird. Da man jedoch von einer unbekannten, auf jeden Fall sehr großen Anzahl von produzierten Konservendosen ausgehen kann, spielt dies praktisch keine Rolle. Wenn man das Vorliegen eines „Normalgewichts“ als Erfolg ansieht, dann ist $p = 0{,}95$ und $q = 0{,}05$.

(4) Wie in (3) kann man nicht von einem Ziehvorgang mit Zurücklegen ausgehen, weil man sicherlich nicht einen Haushalt doppelt oder mehrfach auswählen wird. Da man von einer sehr großen Anzahl von Haushalten ausgehen kann, lässt sich der Vorgang näherungsweise als 50-stufige BERNOULLI-Kette mit $p = 0{,}9$ auffassen (Erfolg = ein Internetanschluss ist vorhanden).

248

4. **a)** Da die Schrauben wieder zurückgelegt werden, ist die Voraussetzung für das Vorliegen eines BERNOULLI-Experiments gegeben. Die Erfolgswahrscheinlichkeit ergibt sich dann aus dem Anteil brauchbarer Schrauben.

b) Da die Wahrscheinlichkeit für einen erfolgreichen Torschuss von jedem einzelnen Spieler und seiner Tagesform abhängt, ist ein BERNOULLI-Ansatz nicht angemessen.

c) Wenn man das Ziehen der 6 Kugeln als *eine* Stufe eines Experiments ansieht, also das Ziehen von 6 Kugeln wiederholt durchführt, kann jede mögliche Zusammensetzung des Ergebnisses als Erfolg angesehen werden, beispielsweise *Erfolg = 3 weiße und 3 schwarze Kugeln werden gezogen, Misserfolg = unterschiedlich viele Kugeln werden gezogen.* Die Erfolgswahrscheinlichkeit für einen so definierten Erfolg hängt von der Zusammensetzung der Urne ab.

d) Ein näherungsweiser BERNOULLI-Ansatz ist angemessen, wenn die Auswahl von wenigen Personen zufällig aus einer großen Gesamtheit erfolgt. Die Erfolgswahrscheinlichkeit (z. B. Wahrscheinlichkeit für die Zustimmung zu einer bestimmten Meinung) ergibt sich aus dem Anteil der Erfolge in der Gesamtheit insgesamt.

5.

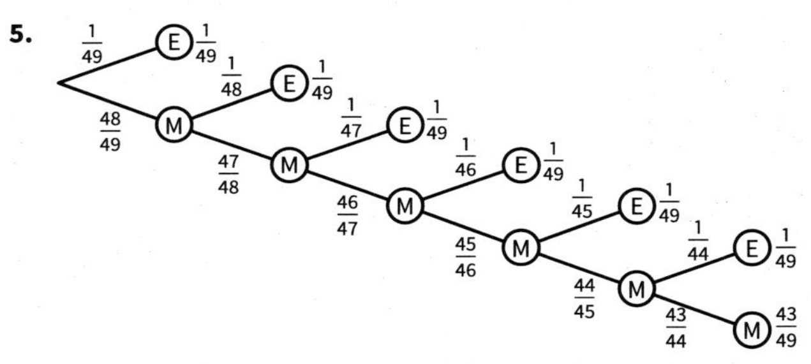

Die Wahrscheinlichkeit, dass eine bestimmte Zahl in einer der 6 Einzelziehungen einer Lottoziehung gezogen wird, beträgt $p = \frac{6}{49}$. Das 6-fache Ziehen ohne Zurücklegen wird im Jahr 104-mal wiederholt.

6. Als (Teil-) Erfolg wird es angesehen, wenn bei der Bestimmung der drei Ziffern der Losnummern eine Übereinstimmung vorliegt. Egal, welche Ziffern an erster, zweiter oder dritter Stelle vorliegen, die Erfolgswahrscheinlichkeit beträgt jedes Mal $p = \frac{1}{10} = 0{,}1$.

$P(1.\ \text{Preis}) = 0{,}1^3 = 0{,}001 = 0{,}1\,\%$

$P(2.\ \text{Preis}) = 3 \cdot 0{,}1^2 \cdot 0{,}9 = 0{,}027 = 2{,}7\,\%$

Blickpunkt: Binomialkoeffizient – PASCAL'sches Dreieck

249

1. Mit $\binom{n}{0}$ und $\binom{n}{n}$ wird das 0-te bzw. n-te Element einer Zeile bezeichnet, vgl. erste Regel: Am Anfang und am Ende einer Zeile steht immer eine Eins.
Durch die Beziehung $\binom{n}{k} + \binom{n}{k+1} = \binom{n+1}{k+1}$ wird die zweite Regel (Man erhält ein Element im Innern einer Zeile, indem man die beiden Elemente addiert, die in der Zeile darüber stehen.) präzisiert: Das (k + 1)-te Element der (n + 1)-ten Zeile erhält man, indem man das k-te und das (k + 1)-te Element der n-ten Zeile addiert, d. h. die Elemente zwischen den Elementen am Anfang $\binom{n+1}{0} = 1$ bzw. am Ende der (n + 1)-ten Zeile $\binom{n+1}{n+1} = 1$ erhält man aus den Elementen der vorherigen Zeile:
$\binom{n}{0} + \binom{n}{1} = \binom{n+1}{1}$; $\binom{n}{1} + \binom{n}{2} = \binom{n+1}{2}$; $\binom{n}{2} + \binom{n}{3} = \binom{n+1}{3}$; …; $\binom{n}{n-1} + \binom{n}{n} = \binom{n+1}{n}$.

250

2. Nach 3 Würfen ist Augenzahl 6 entweder 0-mal oder 1-mal oder 2-mal oder 3-mal gefallen. Die zugehörigen Wahrscheinlichkeiten ergeben sich aus dem Baumdiagramm der 3-stufigen BERNOULLI-Kette so wie in den 4 Kästen oben angegeben.
Beim 4. Wurf tritt entweder ein Erfolg ein oder ein Misserfolg; aus bisher 0 Erfolgen mit Wahrscheinlichkeit q^3 werden nun 0 Erfolge mit Wahrscheinlichkeit q^4 oder 1 Erfolg mit Wahrscheinlichkeit $1 \cdot p \cdot q^3$. Nach der 4. Runde kann es aber auch dann zu 1 Erfolg kommen, wenn man nach 3 Runden erst 1 Erfolg hatte (mit Wahrscheinlichkeit $3 \cdot p \cdot q^2$) und jetzt keine 6 gewürfelt wird. Daher hat man nach 4 Runden dann genau 1 Erfolg mit Wahrscheinlichkeit $1 \cdot p \cdot q^3 + 3 \cdot p \cdot q^3 = (1 + 3) \cdot p \cdot q^3 = 4 \cdot p \cdot q^3$ usw. Wie beim PASCAL'schen Dreieck werden aus den Koeffizienten 1 – 3 – 3 – 1 jetzt 1 – 4 – 6 – 4 – 1.

250

3. Durch die Zahlen des PASCAL'schen Dreiecks wird für jede Nagelreihe jeweils die Anzahl der möglichen Wege im GALTON-Brett angegeben:
- vor der ersten Nagelreihe: 1 Möglichkeit,
- an der 1. Nagelreihe: 2 Möglichkeiten,
- an der 2. Nagelreihe: 3 Möglichkeiten, wobei der Weg durch die Mitte doppelt so oft vorkommt wie jeweils die Wege links und rechts, also im Verhältnis 1 : 2 : 1
- an der 3. Nagelreihe: 4 Möglichkeiten im Verhältnis 1 : 3 : 3 : 1
- usw.

4. Durch die Zahlen des PASCAL'schen Dreiecks wird für jede schräge Reihe jeweils die Anzahl der möglichen Wege angegeben:
- vor dem ersten Hindernis: 1 Möglichkeit,
- am 1. Hindernis: 2 Möglichkeiten,
- am 2. Hindernis: 3 Möglichkeiten, wobei der Weg durch die Mitte doppelt so oft vorkommt wie jeweils die Wege links und rechts, also im Verhältnis 1 : 2 : 1
- am 3. Hindernis: 4 Möglichkeiten im Verhältnis 1 : 3 : 3 : 1

5. a) Die Koeffizienten in den Summanden lauten 1, 2, 1. Beim Multiplizieren des Summenterms von $(a + b)^2$ wird jeder Summand mit a und mit b multipliziert, das ergibt dann $(1 \cdot a^3 + 2 \cdot a^2 \cdot b + 1 \cdot a \cdot b^2) + (1 \cdot a^2 \cdot b + 2 \cdot a \cdot b^2 + 1 \cdot b^3)$. Beim Umordnen der Summanden können alle Summanden außer den beiden am Anfang und am Ende zusammengefasst werden: $1 \cdot a^3 + (2 + 1) \cdot a^2 \cdot b + (1 + 2) \cdot a \cdot b^2 + 1 \cdot b^3$. Dies entspricht genau der Entwicklung des PASCAL'schen Dreiecks.

250

b) $(a+b)^4 = (a+b)^3 \cdot (a+b)$
$= (1\,a^3 + 3\,a^2 b + 3\,a\,b^2 + 1\,b^3) \cdot (a+b)$
$= (1\,a^4 + 3\,a^3 b + 3\,a^2 b^2 + 1\,a\,b^3) + (1a^3 b + 3\,a^2 b^2 + 3\,a\,b^3 + 1b^4)$
$= 1\,a^4 + (3+1) \cdot a^3 b + (3+3) \cdot a^2 b^2 + (1+3) \cdot a\,b^3 + 1 \cdot b^4$
$= 1\,a^4 + 4\,a^3 b + 6\,a^2 b^2 + 4\,a\,b^3 + 1b^4$

$(a+b)^5 = (a+b)^4 \cdot (a+b)$
$= (1\,a^4 + 4\,a^3 b + 6\,a^2 b^2 + 4\,a\,b^3 + 1\,b^4) \cdot (a+b)$
$= (1\,a^5 + 4\,a^4 b + 6\,a^3 b^2 + 4\,a^2 b^3 + 1\,a\,b^4) + (1\,a^4 b + 4\,a^3 b^2 + 6\,a^2 b^3 + 4\,a\,b^4 + 1\,b^5)$
$= 1\,a^5 + (4+1) \cdot a^4 b + (6+4) \cdot a^3 b^2 + (4+6) \cdot a^2 b^3 + (1+4) \cdot a\,b^4 + 1\,b^5$
$= 1\,a^5 + 5\,a^4 b + 10\,a^3 b^2 + 10\,a^2 b^3 + 5\,a\,b^4 + 1\,b^5$

c) $(a+b)^9 = (1 \cdot a^8 + 8 \cdot a^7 \cdot b^1 + 28 \cdot a^6 \cdot b^2 + 56 \cdot a^5 \cdot b^3 + 70 \cdot a^4 \cdot b^4 + 56 \cdot a^3 \cdot b^5 + 28 \cdot a^2 \cdot b^6$
$+ 8 \cdot a^1 \cdot b^7 + 1 \cdot b^8) \cdot (a+b)$
$= (1 \cdot a^9 + 8 \cdot a^8 \cdot b^1 + 28 \cdot a^7 \cdot b^2 + 56 \cdot a^6 \cdot b^3 + 70 \cdot a^5 \cdot b^4 + 56 \cdot a^4 \cdot b^5 + 28 \cdot a^3 \cdot b^6$
$+ 8 \cdot a^2 \cdot b^7 + 1 \cdot a \cdot b^8)$
$+ (1 \cdot a^8 \cdot b + 8 \cdot a^7 \cdot b^2 + 28 \cdot a^6 \cdot b^3 + 56 \cdot a^5 \cdot b^4 + 70 \cdot a^4 \cdot b^5 + 56 \cdot a^3 \cdot b^6$
$+ 28 \cdot a^2 \cdot b^7 + 8 \cdot a^1 \cdot b^8 + 1 \cdot b^9)$
$= 1 \cdot a^9 + (8+1) \cdot a^8 \cdot b^1 + (28+8) \cdot a^7 \cdot b^2 + (56+28) \cdot a^6 \cdot b^3 + (70+56) \cdot a^5 \cdot b^4$
$+ (56+70) \cdot a^4 \cdot b^5 + (28+56) \cdot a^3 \cdot b^6 + (8+28) \cdot a^2 \cdot b^7 + (1+8) \cdot a \cdot b^8 + 1 \cdot b^9$
$= 1 \cdot a^9 + 9 \cdot a^8 \cdot b^1 + 36 \cdot a^7 \cdot b^2 + 84 \cdot a^6 \cdot b^3 + 126 \cdot a^5 \cdot b^4 + 126 \cdot a^4 \cdot b^5 + 84 \cdot a^3 \cdot b^6$
$+ 36 \cdot a^2 \cdot b^7 + 9 \cdot a \cdot b^8 + 1 \cdot b^9$

251

6. $(a+b)^6 = 1\,a^6 + 6\,a^5 b + 15\,a^4 b^2 + 20\,a^3 b^3 + 15\,a^2 b^4 + 6\,a\,b^5 + 1\,b^6$

7. Analog zu den beiden Beispielen kann man jede Potenz der Form 2^n mithilfe des binomischen Lehrsatzes aus der Summe $(1+1)^n$ entwickeln. Da die Koeffizienten der Potenzen von 1 in der n-ten Zeile des PASCAL'schen Dreiecks stehen, gilt
$\binom{n}{0} + \binom{n}{1} + \binom{n}{2} + \binom{n}{3} + \ldots + \binom{n}{n} = 2^n$

8. a)

k	0	1	2	3	4	5	6	7
$\binom{7}{k}$	1	7	21	35	35	21	7	1

$\cdot\frac{7}{1}$ $\cdot\frac{6}{2}$ $\cdot\frac{5}{3}$ $\cdot\frac{4}{4}$ $\cdot\frac{3}{5}$ $\cdot\frac{2}{6}$ $\cdot\frac{1}{7}$

b) $\binom{10}{1} = \frac{10}{1} \cdot \binom{10}{0} = \frac{10}{1}$; $\binom{10}{2} = \frac{9}{2} \cdot \binom{10}{1} = \frac{9}{2} \cdot \frac{10}{1}$; $\binom{10}{3} = \frac{8}{3} \cdot \binom{10}{2} = \frac{8}{3} \cdot \frac{9}{2} \cdot \frac{10}{1}$; $\binom{10}{4} = \frac{7}{4} \cdot \binom{10}{3} = \frac{7}{4} \cdot \frac{8}{3} \cdot \frac{9}{2} \cdot \frac{10}{1}$

c) $\binom{9}{3} + \binom{9}{4} = \frac{9 \cdot 8 \cdot 7}{3 \cdot 2 \cdot 1} + \frac{9 \cdot 8 \cdot 7 \cdot 6}{4 \cdot 3 \cdot 2 \cdot 1} = \frac{4 \cdot 9 \cdot 8 \cdot 7}{4 \cdot 3 \cdot 2 \cdot 1} + \frac{9 \cdot 8 \cdot 7 \cdot 6}{4 \cdot 3 \cdot 2 \cdot 1} = \frac{(4+6) \cdot 9 \cdot 8 \cdot 7}{4 \cdot 3 \cdot 2 \cdot 1} = \frac{10 \cdot 9 \cdot 8 \cdot 7}{4 \cdot 3 \cdot 2 \cdot 1} = \binom{10}{4}$

9. a) Binomische Formel: $(a+b)^3 = 1\,a^3 + 3\,a^2 b + 3\,a\,b^2 + 1\,b^3$

Anzahl k der Erfolge	Wahrscheinlichkeit für k Erfolge
0	$1\,q^3$
1	$3\,p\,q^2$
2	$3\,p^2 q$
3	$1\,p^3$

251

b) Binomische Formel: $(a + b)^4 = 1\,a^4 + 4\,a^3 b + 6\,a^2 b^2 + 4\,a\,b^3 + 1\,b^4$

Anzahl k der Erfolge	Wahrscheinlichkeit für k Erfolge
0	$1\,q^4$
1	$4\,p\,q^3$
2	$6\,p^2 q^2$
3	$4\,p^3 q$
4	$1\,p^4$

In beiden Fällen muss man a durch q (= Misserfolgswahrscheinlichkeit) und b durch p (= Erfolgswahrscheinlichkeit) ersetzen.

5.3.2 Berechnen von Wahrscheinlichkeiten – Bernoulli-Formel

252

Einstiegsaufgabe ohne Lösung

a)

Anzahl der Erfolge	zugehörige Sequenzen
0	MMMMM
1	EMMMM, MEMMM, MMEMM, MMMEM, MMMME
2	EEMMM, EMEMM, EMMEM, EMMME, MEEMM, MEMEM, MEMME, MMEEM, MMEME, MMMEE
3	EEEMM, EEMEM, EEMME, EMEEM, EMEME, EMMEE, MEEEM, MEEME, MEMEE, MMEEE
4	EEEEM, EEEME, EEMEE, EMEEE, MEEEE
5	EEEEE

b) Vertauscht man die E und M in den Sequenzen mit 2 E und 3 M, dann erhält man genau die Sequenzen mit 3 E und 2 M.

c) $n = 5;\ p = 0{,}9$

k	P(X = k)
0	$1 \cdot 0{,}1^5 = 0{,}00001$
1	$5 \cdot 0{,}1^4 \cdot 0{,}9 = 0{,}00045$
2	$10 \cdot 0{,}1^3 \cdot 0{,}9^2 = 0{,}0081$
3	$10 \cdot 0{,}1^2 \cdot 0{,}9^3 = 0{,}0729$
4	$5 \cdot 0{,}1 \cdot 0{,}9^4 = 0{,}32805$
5	$1 \cdot 0{,}9^5 = 0{,}59049$

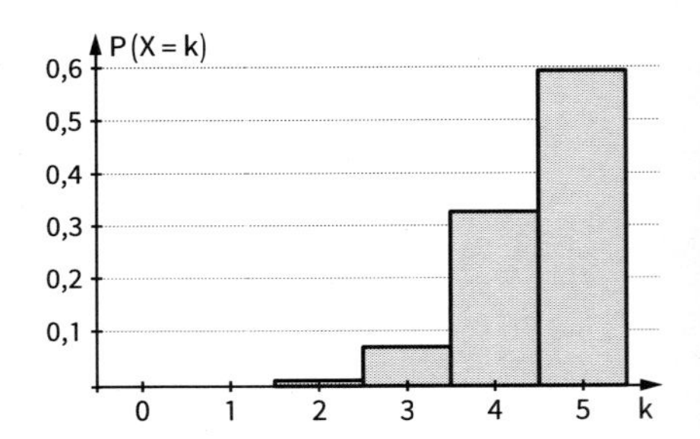

256 **1. a)** rote Kugel = Mädchen, grüne Kugel = Junge

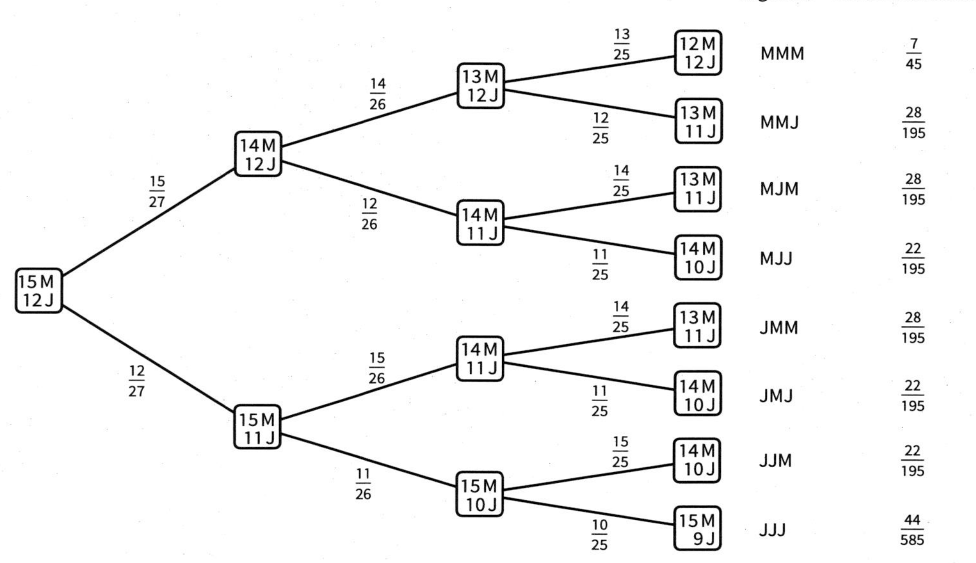

Im Baumdiagramm können die Knoten zusammengeführt werden:

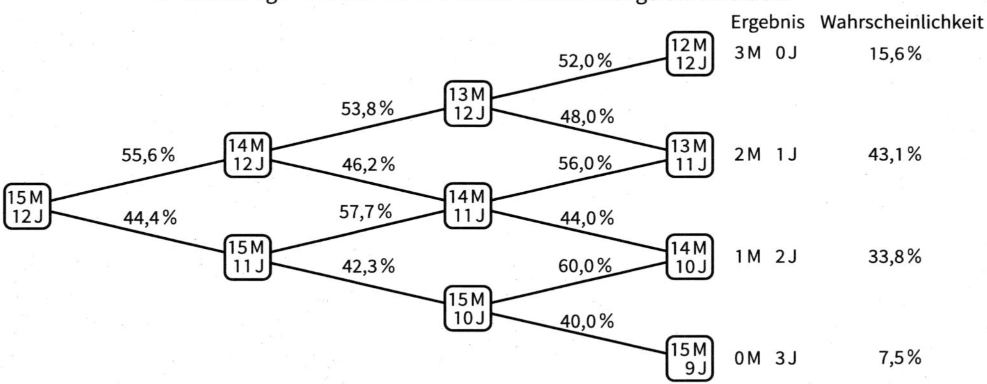

b) Vergleich mit Binomialverteilung mit $n = 3$ und $p = \frac{15}{27} = \frac{5}{9}$

k	P(Y = k)	P(X = k)
0	0,0878	0,0752
1	0,3292	0,3385
2	0,4115	0,4308
3	0,1715	0,1556

256

c)

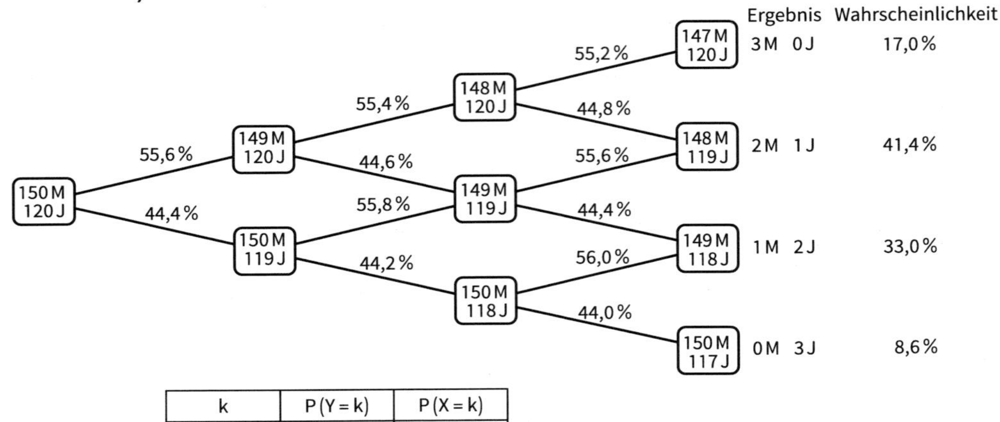

k	P (Y = k)	P (X = k)
0	0,0878	0,0863
1	0,3292	0,33
2	0,4115	0,4136
3	0,1715	0,17

d) Mit zunehmender Größe der Grundgesamtheit spielt das Zurücklegen bzw. nicht Zurücklegen einer Kugel immer weniger eine Rolle. Die Wahrscheinlichkeiten für die einzelnen Ergebnisse nähern sich an.

257

2. a) (1) $\text{binompdf}\left(6, \frac{1}{6}, 2\right) = 0{,}2009$; (2) $\text{binompdf}\left(6, \frac{1}{6}, 4\right) = 0{,}0080$

b) (1) $\text{binompdf}\left(8, \frac{1}{8}, 1\right) = 0{,}3927$; (2) $\text{binompdf}\left(8, \frac{1}{8}, 2\right) = 0{,}1963$

c) (1) $\text{binompdf}\left(12, \frac{1}{12}, 3\right) = 0{,}0581$; (2) $\text{binompdf}\left(12, \frac{1}{12}, 4\right) = 0{,}0119$

d) (1) $\text{binompdf}\left(20, \frac{1}{20}, 2\right) = 0{,}1887$; (2) $\text{binompdf}\left(20, \frac{1}{20}, 4\right) = 0{,}0133$

3. a) (1) $n = 8$; $p = 0{,}25$; $P(X = 2) = 0{,}3115$ (2) $n = 8$; $p = 0{,}75$; $P(X = 6) = 0{,}3115$

b) $n = 10$; $p = 0{,}25$

k	P (X = k)
0	0,056
1	0,188
2	0,282
3	0,250
4	0,146
5	0,058
6	0,016
7	0,003
8	0,00039
9	0,000029
10	0,000001

$n = 10$; $p = 0{,}75$

k	P (X = k)
0	0,000001
1	0,000029
2	0,00039
3	0,0031
4	0,016
5	0,058
6	0,146
7	0,250
8	0,282
9	0,188
10	0,056

257

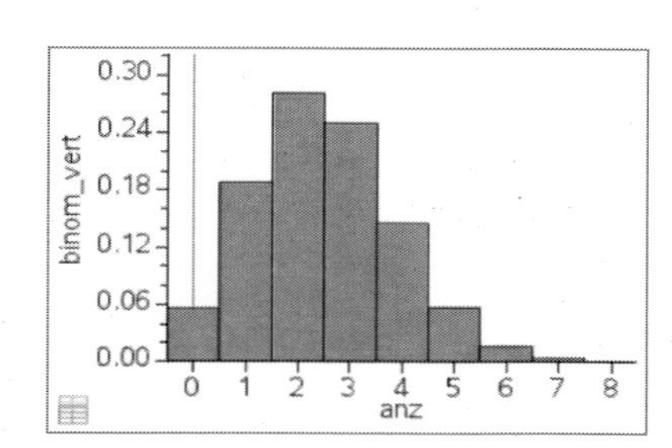

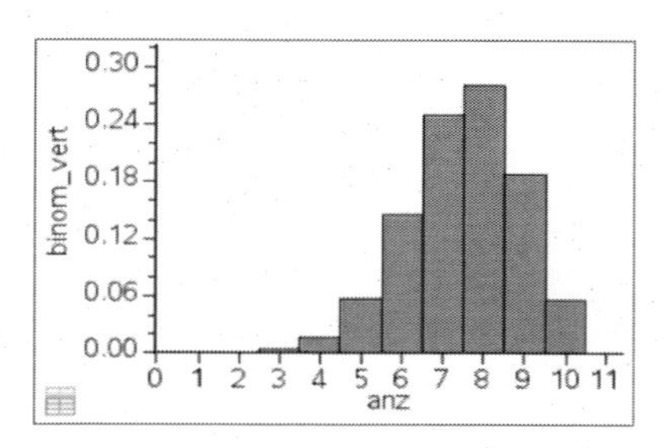

4. a) $n = 12;\ p = 0{,}514$

$P(\text{6 Jungen} + \text{6 Mädchen}) = \binom{12}{6} \cdot 0{,}514^6 \cdot 0{,}486^6 = 0{,}225$

b) $n = 4;\ p = 0{,}486$

k	0	1	2	3	4
P (X = k)	0,070	0,264	0,374	0,236	0,056

c) $n = 6;\ p = 0{,}514$

P (mehr Jungen als Mädchen) = P (mindestens 4 Jungen) = 0,370

5. a) Korrektur an der 1. Auflage:
statt „... · 0,43 · 0,67" muss es heißen: „ · $0{,}4^3$ bzw. $0{,}6^7$".

10-stufige BERNOULLI-Kette mit $p = 0{,}4$; Wahrscheinlichkeit für 3 Erfolge

b) 7-stufige BERNOULLI-Kette mit $p = 0{,}7$; Wahrscheinlichkeit für 2 Erfolge

c) 20-stufige BERNOULLI-Kette mit $p = 0{,}5$; Wahrscheinlichkeit für 9 Erfolge

6. (1) $\text{binompdf}\left(10, \frac{12}{37}, 3\right) = 0{,}263$

(2) $\text{binompdf}\left(10, \frac{6}{37}, 2\right) = 0{,}287$

(3) $\text{binompdf}\left(10, \frac{12}{37}, 4\right) = 0{,}221$

(4) $\text{binompdf}\left(10, \frac{12}{37}, 3\right) = 0{,}263$

(5) $\text{binompdf}\left(10, \frac{18}{37}, 5\right) = 0{,}245$

(6) $\text{binompdf}\left(10, \frac{2}{37}, 1\right) = 0{,}328$

(7) $\text{binompdf}\left(10, \frac{18}{37}, 6\right) = 0{,}194$

(8) $\text{binompdf}\left(10, \frac{24}{37}, 7\right) = 0{,}251$

258

7. (1) ohne Zurücklegen

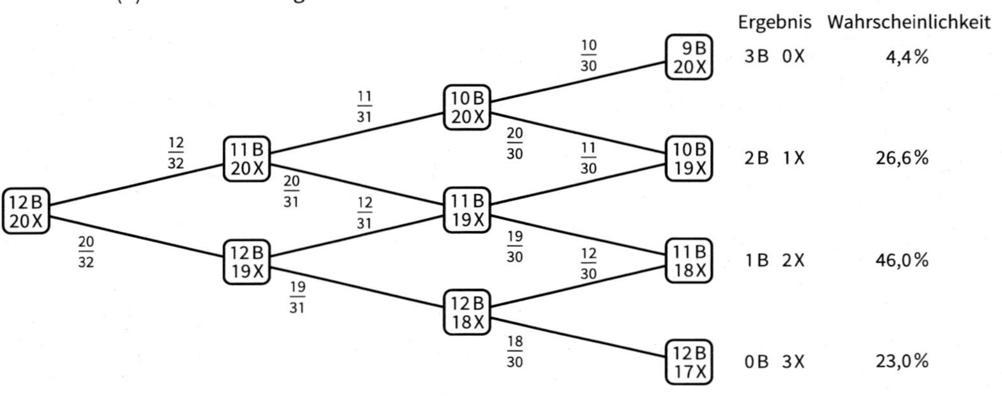

258

(2) mit Zurücklegen

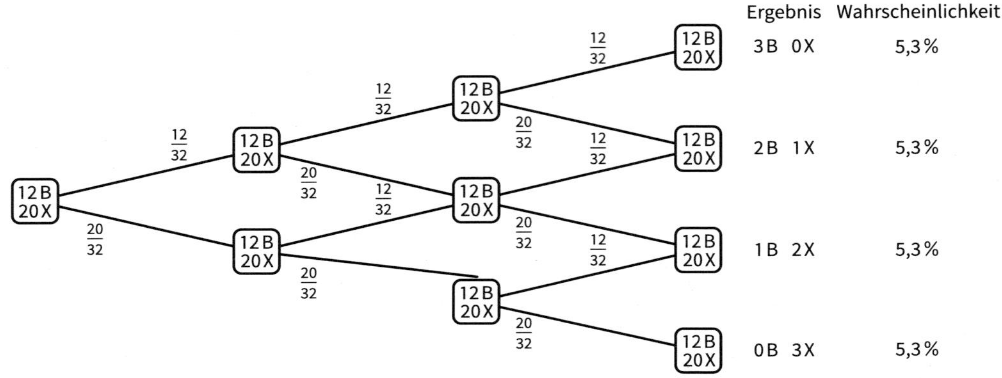

genauere Wahrscheinlichkeiten:

k	ohne	mit
0	0,23	0,244
1	0,46	0,439
2	0,266	0,264
3	0,044	0,053

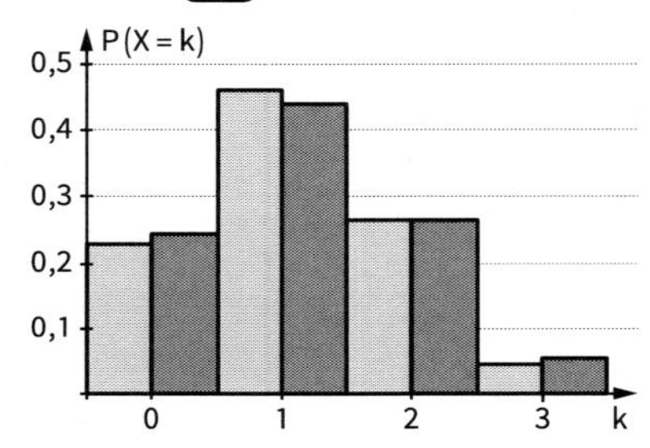

8. **a)** $P(E_1) = \binom{6}{2}\left(\frac{1}{6}\right)^2\left(\frac{5}{6}\right)^4 = 0{,}2009$

$P(E_2) = \binom{6}{4}\left(\frac{1}{6}\right)^4\left(\frac{5}{6}\right)^2 = 0{,}0080$

$P(E_3) = \binom{12}{4}\left(\frac{1}{6}\right)^4\left(\frac{5}{6}\right)^8 = 0{,}0888$

(1) nein

(2) nein

b) $P(X \geq 1) = 1 - P(X = 0) = 1 - \left(\frac{5}{6}\right)^6 = 0{,}335$; nein

9. Verteilung der Zufallsgröße X: *Anzahl der Wappen beim 3-fachen Münzwurf*

k	0	1	2	3
P(X = k)	$\frac{1}{8}$	$\frac{3}{8}$	$\frac{3}{8}$	$\frac{1}{8}$

(1) $n = 6$; $p_0 = \frac{3}{8}$ (2 Wappen)

P(4-mal 2 Wappen) $= \binom{6}{4}\left(\frac{3}{8}\right)^4\left(\frac{5}{8}\right)^2 = 0{,}1159$

(2) $n = 6$; $p_0 = \frac{7}{8}$ (mindestens 1 Wappen)

P(5-mal mindestens 1 Wappen) $= \binom{6}{5}\left(\frac{7}{8}\right)^5\left(\frac{1}{8}\right)^1 = 0{,}3847$

(3) $n = 6$; $p_0 = \frac{1}{8}$ (lauter Wappen)

P(2-mal lauter Wappen) $= \binom{6}{2}\left(\frac{1}{8}\right)^2\left(\frac{7}{8}\right)^4 = 0{,}1374$

(4) $n = 6$; $p_0 = \frac{4}{8}$ (höchstens 1 Wappen)

P(3-mal höchstens 1 Wappen) $= \binom{6}{3}\left(\frac{4}{8}\right)^3\left(\frac{4}{8}\right)^3 = 0{,}3125$

258

(5) $n = 6;\ p_0 = \frac{1}{8}$ (kein Wappen)

$P(\text{1-mal kein Wappen}) = \binom{6}{1}\left(\frac{1}{8}\right)^1\left(\frac{7}{8}\right)^5 = 0{,}3847$

(6) $n = 6;\ p_0 = \frac{1}{8}$ (3 Wappen)

$P(\text{4-mal 3 Wappen}) = \binom{6}{4}\left(\frac{1}{8}\right)^4\left(\frac{7}{8}\right)^2 = 0{,}0028$

10. Durch das GALTON-Brett wird ein Münzwurf simuliert. Jede Nagelreihe steht für eine Stufe des Experiments. Bezeichnet man die Ablenkung der Kugel nach links als Erfolg und die nach rechts als Misserfolg (oder umgekehrt), dann hat man nach der 1. Stufe zwei mögliche Ergebnisse ($X = 0$ oder $X = 1$), nach der 2. Runde drei mögliche Ergebnisse ($X = 0$ bzw. $X = 1$ bzw. $X = 2$) usw.

Durch die Regelmäßigkeit der Nagelreihen ist gewährleistet, dass die Wahrscheinlichkeit für einen Erfolg unverändert bleibt.

11.

Anzahl der Runden mit blauem Sektor	Wahrscheinlichkeit für das Ereignis	Auszahlung (in €)	gewichteter Wert (in €)
0	$1 \cdot \left(\frac{4}{7}\right)^0 \cdot \left(\frac{3}{7}\right)^3 \approx 0{,}079$	0	0
1	$3 \cdot \left(\frac{4}{7}\right)^1 \cdot \left(\frac{3}{7}\right)^2 \approx 0{,}315$	0,50	0,1575
2	$3 \cdot \left(\frac{4}{7}\right)^2 \cdot \left(\frac{3}{7}\right)^1 \approx 0{,}420$	1,00	0,4200
3	$3 \cdot \left(\frac{4}{7}\right)^3 \cdot \left(\frac{3}{7}\right)^0 \approx 0{,}187$	2,00	0,3740
Summe	1	zu erwartende Auszahlung	0,9515

Wenn ein Einsatz von 1,00 € verlangt wird, kann die Schule pro Spiel einen Gewinn von ca. 0,05 € erwarten.

259

12. (1)

Anzahl der Sechsen	Wahrscheinlichkeit für das Ereignis	Auszahlung (in €)	gewichteter Wert (in €)
0	0,40188	0	0
1	0,40188	0	0
2	0,16075	0,20	0,03215
3	0,03215	0,50	0,01608
4	0,00322	1,00	0,00322
5	0,00001286	5,00	0,00064
Summe	1	zu erwartende Auszahlung	0,05209

Der erwartete Gewinn des Veranstalters (= Verlust des Spielteilnehmers) pro Spiel beträgt ca. 4,8 Cent.

259

(2)

Anzahl der Sechsen	Wahrscheinlichkeit für das Ereignis	Auszahlung (in €)	gewichteter Wert (in €)
0	0,40188	0	0
1	0,40188	0,10	0,04019
2	0,16075	0,20	0,03215
3	0,03215	0,50	0,01608
4	0,00322	1,00	0,00322
5	0,00001286	5,00	0,00064
Summe	1	zu erwartende Auszahlung	0,09228

Der erwartete Gewinn des Veranstalters (= Verlust des Spielteilnehmers) pro Spiel beträgt ca. 0,8 Cent.

(3) Beispiel

Anzahl der Sechsen	Wahrscheinlichkeit für das Ereignis	Auszahlung (in €)	gewichteter Wert (in €)
0	0,40188	0	0
1	0,40188	0,10	0,04019
2	0,16075	0,20	0,03215
3	0,03215	0,70	0,02251
4	0,00322	1,50	0,00482
5	0,00001286	4,00	0,00051
Summe	1	zu erwartende Auszahlung	0,10018

Da der erwartete Gewinn des Veranstalters (ungefähr) gleich null ist, ist dies ein fairer Gewinnplan.

13. (1)

Anzahl defekter Bauteile	Stückpreis (in €)	Wahrscheinlichkeit	gewichteter Wert
0	4,90	0,36603	1,7936
1	4,60	0,36973	1,7008
2	4,60	0,18486	0,8504
3	4,60	0,06100	0,2806
> 3	4,00	0,01838	0,0672
		E (Stückpreis)	≈ 4,70 €

(2)

Anzahl defekter Bauteile	Stückpreis (in €)	Wahrscheinlichkeit	gewichteter Wert
0	4,90	0,36603	1,7936
1	4,80	0,36973	1,7747
2	4,70	0,18486	0,8689
3	4,60	0,06100	0,2806
4	4,50	0,01494	0,0672
5	4,40	0,00290	0,0128
> 5	4,00	0,00053	0,0021
		E (Stückpreis)	≈ 4,80 €

259

14 (1) binompdf(3, 0.7, 2) = 0,441

(2) $3 \cdot \frac{21 \cdot 20 \cdot 9}{30 \cdot 29 \cdot 28} = 0{,}4655$

(3) Beim Ziehen ohne Zurücklegen verändert sich die Zusammensetzung von Stufe zu Stufe. Daher spielt es eine Rolle, ob die Auswahl mit oder ohne Zurücklegen geschieht. Auch in (1) liegt eigentlich ein Ziehen ohne Zurücklegen vor, da man darauf achten wird, nicht zweimal dieselbe Person auszuwählen, aber da das Verhältnis „Umfang der Gesamtheit" zu „Umfang der Stichprobe" sehr groß ist, ist der Binomialansatz zulässig.

15. X_1: *Anzahl der Erfolge mit Erfolgswahrscheinlichkeit* p_1

X_2: *Anzahl der Erfolge mit Erfolgswahrscheinlichkeit* $p_2 = 1 - p_1$

$P(X_1 = k) = \binom{n}{k} p_1^k p_2^{n-k} = \binom{n}{n-k} p_2^{n-k} p_1^k = P(X_2 = n - k)$

k und $n - k$ liegen symmetrisch zu $\frac{n}{2}$ (Mitte zwischen k und $n - k$)

Kurzgefasst: Was bei der einen BERNOULLI-Kette als Erfolg angesehen wird, gilt bei der anderen als Misserfolg, und umgekehrt.

260

16. Die Histogramme werden a) mit höherer Wahrscheinlichkeit p oder b) mit größerem n immer breiter und flacher.

An den Histogrammen in Teilaufgabe b) kann man sehen, dass sie sich nicht proportional mit n verändern, d. h. die Höhe des Maximums wird bei der Verdopplung von n nicht halb so groß, die Breite ist nicht doppelt so groß.

Vielmehr gilt ungefähr: Bei Vervierfachung von n ist das Maximum ungefähr halb so groß und das Histogramm ungefähr doppelt so breit.

17. a) $\binom{10}{0} = \frac{10!}{0! \cdot 10!} = 1$; $\binom{10}{1} = \frac{10}{1} = \frac{10!}{1! \cdot 9!} = 10$;

$\binom{10}{2} = \frac{10 \cdot 9}{2 \cdot 1} = \frac{10!}{2! \cdot 8!} = 45$; $\binom{10}{3} = \frac{10 \cdot 9 \cdot 8}{3 \cdot 2 \cdot 1} = \frac{10!}{3! \cdot 7!} = 120$;

$\binom{10}{4} = \frac{10 \cdot 9 \cdot 8 \cdot 7}{4 \cdot 3 \cdot 2 \cdot 1} = \frac{10!}{4! \cdot 6!} = 210$; $\binom{10}{5} = \frac{10 \cdot 9 \cdot 8 \cdot 7 \cdot 6}{5 \cdot 4 \cdot 3 \cdot 2 \cdot 1} = \frac{10!}{5! \cdot 5!} = 252$;

$\binom{10}{6} = \frac{10 \cdot 9 \cdot 8 \cdot 7 \cdot 6 \cdot 5}{6 \cdot 5 \cdot 4 \cdot 3 \cdot 2 \cdot 1} = \frac{10!}{6! \cdot 4!} = 210$; $\binom{10}{7} = \frac{10 \cdot 9 \cdot 8 \cdot 7 \cdot 6 \cdot 5 \cdot 4}{7 \cdot 6 \cdot 5 \cdot 4 \cdot 3 \cdot 2 \cdot 1} = \frac{10!}{7! \cdot 3!} = 120$;

$\binom{10}{8} = \frac{10 \cdot 9 \cdot 8 \cdot 7 \cdot 6 \cdot 5 \cdot 4 \cdot 3}{8 \cdot 7 \cdot 6 \cdot 5 \cdot 4 \cdot 3 \cdot 2 \cdot 1} = \frac{10!}{8! \cdot 2!} = 45$; $\binom{10}{9} = \frac{10 \cdot 9 \cdot 8 \cdot 7 \cdot 6 \cdot 5 \cdot 4 \cdot 3 \cdot 2}{9 \cdot 8 \cdot 7 \cdot 6 \cdot 5 \cdot 4 \cdot 3 \cdot 2 \cdot 1} = \frac{10!}{9! \cdot 1!} = 10$;

$\binom{10}{10} = \frac{10 \cdot 9 \cdot 8 \cdot 7 \cdot 6 \cdot 5 \cdot 4 \cdot 3 \cdot 2 \cdot 1}{10 \cdot 9 \cdot 8 \cdot 7 \cdot 6 \cdot 5 \cdot 4 \cdot 3 \cdot 2 \cdot 1} = \frac{10!}{10! \cdot 0!} = 1$

b) $\binom{10}{1} : \binom{10}{0} = \frac{10}{1}$; $\binom{10}{2} : \binom{10}{1} = \frac{9}{2}$; $\binom{10}{3} : \binom{10}{2} = \frac{8}{3}$; usw.

Allgemein gilt für $n = 10$: Der Zähler des Bruchs wird jeweils um 1 kleiner, der Nenner jeweils um 1 größer: $\binom{10}{k+1} : \binom{10}{k} = \frac{10 - k}{k + 1}$

c) Allgemein gilt: $\binom{n}{k+1} : \binom{n}{k} = \frac{n!}{(k+1)! \cdot (n-k-1)!} \cdot \frac{k! \cdot (n-k)!}{n!} = \frac{n-k}{k+1}$

Blickpunkt: Simulation von BERNOULLI-Ketten mithilfe eines GTR

261

1. (1) Im Beispiel links wird 4-mal eine 0 bzw. eine 1 aus der Urne entnommen und wieder zurückgelegt. Die Eins steht für einen Erfolg; daher gibt die
(Summe aller Werte) = (Summe der Einsen) = (Anzahl der Einsen)
die Anzahl der Erfolge an.
Im Beispiel rechts wird 5-mal eine 0 bzw. eine 1 aus einer Urne mit 5 Nullen und 1 Eins entnommen und wieder zurückgelegt. Die Eins steht für einen Erfolg; daher gibt die
(Summe aller Werte) = (Summe der Einsen) = (Anzahl der Einsen)
die Anzahl der Erfolge an.

(2) Man kann den Inhalt der Urne auf zwei Nullen und eine Eins beschränken, weil die Erfolgswahrscheinlichkeit $\frac{1}{3}$ ist. Befehl: randsamp({0,0,1}, 3).

(3) Die Häufigkeitsverteilung wird ungefähr der Wahrscheinlichkeitsverteilung entsprechen:

Anzahl der Erfolge	0	1	2	3
Wahrscheinlichkeit	29,6 %	44,4 %	22,2 %	3,7 %
erwartete Anzahl	30	44	22	4

2. a) –

b) Das Histogramm sieht ungefähr gleich aus; die absoluten Häufigkeiten sind entsprechend hier doppelt so groß. Die relativen Häufigkeiten liegen in der Regel näher bei den Wahrscheinlichkeiten für 0, 1, 2, 3, …, 6 Erfolge (33,5 %, 40,2 %, 20,1 %, 5,4 %, 0,8 %, 0,1 %, 0,0 %).

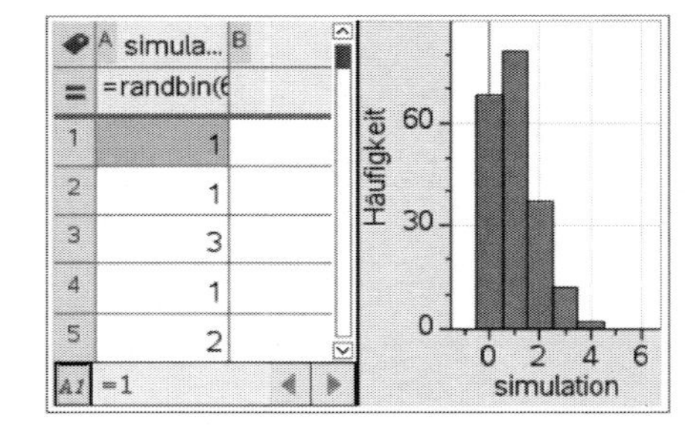

3. a) (1), (2)

k	0	1	2	3	4	5
P (X = k)	0,03125	0,15625	0,3125	0,3125	0,15625	0,03125
Häufigkeits-interpretation	3	16	31	31	16	3

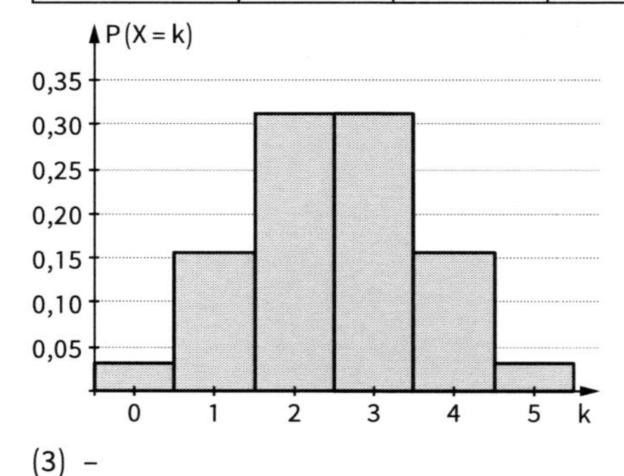

(3) –

261

b) (1) –
(2) $P(X = 10) \approx 13{,}7\,\%$
(3) –

5.3.3 Kumulierte Binomialverteilung – ein Auslastungsmodell

262

Einstiegsaufgabe ohne Lösung

a) Eine Modellierung als 120-stufiges BERNOULLI-Experiment setzt voraus, dass die 120 Bankkunden unabhängig voneinander in Bankfilale eintreffen und einen Bankauszug drucken wollen. Der Ansatz von $p = \frac{1}{60}$ ist angemessen, wenn man den Zeitraum von einer Stunde in 1-Minuten-Intervalle unterteilt. Dann betrachtet man irgendeine dieser 60 Zeiteinheiten von je einer Minute; dieses Intervall wird mit I bezeichnet.
Das Ereignis *Eine Person kommt im Intervall I an* wird als Erfolg interpretiert und hat daher die Erfolgswahrscheinlichkeit $p = \frac{1}{60}$ und die Misserfolgswahrscheinlichkeit $q = \frac{59}{60}$.
Dann ist die Zufallsgröße X: *Anzahl der im Zeitintervall I an den Kontoauszugautomaten eintreffenden Bankkunden* binomialverteilt mit $n = 120$ und $p = \frac{1}{60}$.

b)

k	0	1	2	3	4	5	6	7	...
$P(X = k)$	0,133	0,271	0,273	0,182	0,090	0,0355	0,0115	0,0032	...
$P(X \le k)$	0,133	0,404	0,677	0,859	0,949	0,984	0,9959	0,9990	...
$P(X > k)$	0,867	0,596	0,323	0,141	0,051	0,016	0,0041	0,0010	...

Wenn zwei Automaten aufgestellt werden, dann könnte dies in ca. 68 % der Fälle ausreichend sein, also in ca. 32 % der Fälle nicht. Wenn drei Automaten aufgestellt werden, dann könnte dies in ca. 86 % der Fälle ausreichend sein, also in ca. 14 % der Fälle nicht.
Wenn vier Automaten aufgestellt werden, dann könnte dies in ca. 95 % der Fälle ausreichend sein, also in ca. 5 % der Fälle nicht. usw.

c) Bei der Modellierung werden Zeitintervalle berücksichtigt, aber die Situation dahingehend vereinfacht, dass die Kunden grundsätzlich zu Beginn eines solchen Zeitintervalls eintreffen. Das Modell geht von Durchschnittswerten für die benötigte Dauer der Nutzung und für die Anzahl der Kunden aus. In der Realität kann es mehr oder weniger starke Abweichungen davon geben.

265

1. Eine Modellierung als 60-stufiges BERNOULLI-Experiment setzt voraus, dass die Mitarbeiter unabhängig voneinander Kopien anfertigen müssen. Der Ansatz von $p = \frac{1}{30}$ ist angemessen, wenn man den Zeitraum von einer Stunde in 2-Minuten-Intervalle unterteilt. Dann betrachtet man irgendeine dieser 30 Zeiteinheiten von je zwei Minuten; dieses Intervall wird mit I bezeichnet.
Das Ereignis *Eine Person kommt im Intervall I an* wird als Erfolg interpretiert und hat daher die Erfolgswahrscheinlichkeit $p = \frac{1}{30}$ und die Misserfolgswahrscheinlichkeit $q = \frac{29}{30}$.
Dann ist die Zufallsgröße X: *Anzahl der im Zeitintervall I zum Kopiergerät kommenden Mitarbeiter* binomialverteilt mit $n = 60$ und $p = \frac{1}{30}$.

k	0	1	2	3	4	5	...
$P(X = k)$	0,131	0,271	0,275	0,184	0,090	0,035	...
$P(X \le k)$	0,131	0,401	0,677	0,860	0,950	0,985	...
$P(X > k)$	0,869	0,599	0,323	0,140	0,050	0,015	...

265

Wenn zwei Kopierer aufgestellt werden, dann könnte dies in ca. 68 % der Fälle ausreichend sein, also in ca. 32 % der Fälle nicht. Wenn drei Kopierer aufgestellt werden, dann könnte dies in ca. 86 % der Fälle ausreichend sein, also in ca. 14 % der Fälle nicht. Wenn vier Kopierer aufgestellt werden, dann könnte dies in ca. 95 % der Fälle ausreichend sein, also in ca. 5 % der Fälle nicht. usw.
Vereinfachend werden die durchschnittlich 60 Kopiervorgänge pro Stunde als unabhängige Vorgänge betrachtet . Außerdem werden bei der Modellierung Zeitintervalle berücksichtigt, aber die Situation dahingehend vereinfacht, dass die Mitarbeiter grundsätzlich zu Beginn eines solchen Zeitintervalls am Kopierer eintreffen. Das Modell geht von Durchschnittswerten für die benötigte Dauer der Nutzung eines Kopierers und für die Anzahl der Kopiervorgänge pro Stunde aus. In der Realität kann es mehr oder weniger starke Abweichungen davon geben.

2.
- Eine Modellierung als 100-stufiges BERNOULLI-Experiment setzt voraus, dass die 100 Bankkunden unabhängig voneinander in Bankfilale eintreffen und einen Mitarbeiter ansprechen. Der Ansatz von $p = \frac{1}{40}$ ist angemessen, wenn man den Zeitraum von vier Stunden in 6-Minuten-Intervalle unterteilt. Dann betrachtet man irgendeine dieser 40 Zeiteinheiten von je sechs Minuten; dieses Intervall wird mit I bezeichnet. Das Ereignis *Eine Person kommt im Intervall I an* wird als Erfolg interpretiert und hat daher die Erfolgswahrscheinlichkeit $p = \frac{1}{40}$ und die Misserfolgswahrscheinlichkeit $q = \frac{39}{40}$.
  Dann ist die Zufallsgröße X: *Anzahl der im Zeitintervall I eintreffenden Bankkunden* binomialverteilt mit $n = 100$ und $p = \frac{1}{40}$.
- $P(X \le 3) = 0{,}759$; $P(X > 3) = 0{,}241$
  Wenn drei Mitarbeiter zur Verfügung stehen, dann könnte dies in ca. 76 % der Fälle ausreichend sein, also in ca. 24 % der Fälle nicht.
- Bei der Modellierung werden Zeitintervalle berücksichtigt, aber die Situation dahingehend vereinfacht, dass die Kunden grundsätzlich zu Beginn eines solchen Zeitintervalls eintreffen. Das Modell geht von Durchschnittswerten für die benötigte Dauer der Nutzung und für die Anzahl der Kunden aus. In der Realität kann es mehr oder weniger starke Abweichungen davon geben.

3.
- Eine Modellierung als 100-stufiges BERNOULLI-Experiment setzt voraus, dass die 100 Kunden unabhängig voneinander auf dem Parkplatz eintreffen und einkaufen gehen. Der Ansatz von $p = \frac{1}{15}$ ist angemessen, wenn man den Zeitraum von drei Stunden in 12-Minuten-Intervalle unterteilt. Dann betrachtet man irgendeine dieser 15 Zeiteinheiten von je 12 Minuten; dieses Intervall wird mit I bezeichnet.
  Das Ereignis *Ein Fahrzeug kommt im Intervall I an* wird als Erfolg interpretiert und hat daher die Erfolgswahrscheinlichkeit $p = \frac{1}{15}$ und die Misserfolgswahrscheinlichkeit $q = \frac{14}{15}$.
  Dann ist die Zufallsgröße X: *Anzahl der im Zeitintervall I eintreffenden Fahrzeuge* binomialverteilt mit $n = 100$ und $p = \frac{1}{15}$.
- Da $P(X > 30) \approx 0$, kann man davon ausgehen, dass die Anzahl der Parkplätze ausreicht.

265

- Bei der Modellierung werden Zeitintervalle berücksichtigt, aber die Situation dahingehend vereinfacht, dass die Kunden grundsätzlich zu Beginn eines solchen Zeitintervalls eintreffen. Das Modell geht von Durchschnittswerten für die benötigte Dauer der Nutzung und für die Anzahl der Kunden aus. In der Realität kann es mehr oder weniger starke Abweichungen davon geben.

4. a) Eine Modellierung als 100-stufiges BERNOULLI-Experiment setzt voraus, dass die 100 Personen unabhängig voneinander im Callcenter anrufen und ihr Anliegen vortragen. Der Ansatz von $p = \frac{1}{12}$ ist angemessen, wenn man den Zeitraum von einer Stunde in 5-Minuten-Intervalle unterteilt. Dann betrachtet man irgendeine dieser 12 Zeiteinheiten von je fünf Minuten; dieses Intervall wird mit I bezeichnet.
Das Ereignis *Eine Person ruft im Intervall I an* wird als Erfolg interpretiert und hat daher die Erfolgswahrscheinlichkeit $p = \frac{1}{12}$ und die Misserfolgswahrscheinlichkeit $q = \frac{11}{12}$.
Dann ist die Zufallsgröße X: *Anzahl der im Zeitintervall I an den Kontoauszugautomaten eintreffenden Bankkunden* binomialverteilt mit $n = 100$ und $p = \frac{1}{12}$.
$P(X \leq 12) = 0{,}928$; $P(X > 12) = 0{,}072$
Wenn 12 Mitarbeiter zur Verfügung stehen, dann könnte dies in ca. 93 % der Fälle ausreichend sein, also in ca. 7 % der Fälle nicht.

b) Entsprechend wird hier der Ansatz $n = 100$ und $p = \frac{1}{15}$ gewählt:
$P(X \leq 10) = 0{,}930$; $P(X > 10) = 0{,}070$
Wenn 10 Mitarbeiter zur Verfügung stehen, dann könnte dies in ca. 93 % der Fälle ausreichend sein, also in ca. 7 % der Fälle nicht.

Zu a) und b): Bei der Modellierung werden Zeitintervalle berücksichtigt, aber die Situation dahingehend vereinfacht, dass die Kunden grundsätzlich zu Beginn eines solchen Zeitintervalls anrufen. Das Modell geht von Durchschnittswerten für die benötigte Dauer und für die Anzahl der Anrufer aus. In der Realität kann es mehr oder weniger starke Abweichungen davon geben.

5. a) Auszählung: In der dargestellten Simulation erkennt man (von oben links nach unten rechts) Felder mit
3, 2, 0, 2, 2, 1,
0, 1, 2, 2, 1, 3,
2, 1, 1, 0, 1, 3,
2, 1, 0, 3, 2, 2,
5, 2, 1, 1, 2, 2
Punkten. Dies ergibt folgende Häufigkeitsverteilung:

Anzahl k der Punkte	0	1	2	3	4	5	6
Anzahl H (k) der Felder mit k Punkten	4	9	12	4	0	1	0
rel. Häufigkeit h (k)	13 %	30 %	40 %	13 %	0 %	3 %	0 %

b) In der im Lehrbuch protokollierten Simulation kommt es nur in einem Zeitintervall vor, dass mehr als 3 Punkte in einem Feld enthalten sind. Wenn man dann konkret die überzähligen 2 Punkte in das nächste Feld verschiebt, ergeben sich dort 4 Punkte, sodass dann noch einmal 1 Punkt in das übernächste Feld verschoben werden muss. Insgesamt werden daher 3 Punkte um jeweils ein Feld verschoben.

5.3.4 Berechnen von Intervall-Wahrscheinlichkeiten

267

1. a) $n = 100$; $p = 0{,}3$; X: *Anzahl der Haushalte mit Hometrainer*

(1) $P(X > 30) = 1 - P(X \leq 30) = 1 - \text{binomcdf}(100, 0.3, 30) = 1 - 0{,}549 = 0{,}451$

(2) $P(X \geq 30) = 1 - P(X \leq 29) = 1 - \text{binomcdf}(100, 0.3, 29) = 1 - 0{,}462 = 0{,}538$

(3) $P(24 < X < 28)$
$= P(25 \leq X \leq 27) = \text{binomcdf}(100, 0.3, 27) - \text{binomcdf}(100, 0.3, 24) = 0{,}183$
alternativ: binomcdf(100, 0.3, 25, 27)

(4) $P(X \leq 27) = \text{binomcdf}(100, 0.3, 37) = 0{,}947$

b) $n = 100$; $p = 0{,}7$; Y: *Anzahl der Haushalte ohne Hometrainer*

(1) $P(Y = 68) = \text{binompdf}(100, 0.7, 68) = 0{,}078$

(2) $P(Y < 71) = P(Y \leq 70) = \text{binomcdf}(100, 0.7, 70) = 0{,}538$

(3) $P(Y \leq 68) = \text{binomcdf}(100, 0.7, 68) = 0{,}367$

(4) $P(Y > 71) = 1 - P(Y \leq 71) = 1 - \text{binomcdf}(100, 0.7, 71) = 0{,}377$

2. $n = 50$, $p = \frac{1}{5} = 0{,}2$; X: *Anzahl der richtig beantworteten Items*

(1) $P(X > 20) = 1 - P(X \leq 20) = 1 - \text{binomcdf}(50, 0.2, 20) = 0{,}00032$

(2) $P(10 \leq X \leq 20) = \text{binomcdf}(50, 0.2, 20) - \text{binomcdf}(50, 0{,}2, 9) = 0{,}556$
alternativ: binomcdf(50, 0.2, 10, 20)

(3) $P(X < 10) = P(X \leq 9) = \text{binomcdf}(50, 0.2, 9) = 0{,}444$

(4) $P(X = 15) = \text{binompdf}(50, 0.2, 15) = 0{,}030$

268

3. $n = 20$, $p = 0{,}25$; X: *Anzahl der Einsen*

(1) $P(X = 4) = \text{binompdf}(20, 0.25, 4) = 0{,}1897$

(2) $P(X \leq 4) = \text{binomcdf}(20, 0.25, 4) = 0{,}4148$

(3) $P(X \geq 4) = 1 - P(X \leq 3) = 1 - \text{binomcdf}(20, 0.25, 3) = 0{,}7748$

(4) $P(X > 2) = 1 - P(X \leq 2) = 1 - \text{binomcdf}(20, 0.25, 2) = 0{,}9087$

(5) $P(X < 6) = P(X \leq 5) = \text{binomcdf}(20, 0.25, 5) = 0{,}6172$

(6) $P(3 \leq X \leq 7) = \text{binomcdf}(20, 0.25, 7) - \text{binomcdf}(20, 0.25, 2) = 0{,}8069$
alternativ: binomcdf(20, 0.25, 3, 7)

(7) $P(4 < X < 10) = P(5 \leq X \leq 9) = \text{binomcdf}(20, 0.25, 9) - \text{binomcdf}(20, 0.25, 4) = 0{,}5713$
alternativ: binomcdf(20, 0.25, 5, 9)

(8) $P(X \geq 1) = 1 - P(X = 0) = 1 - \text{binompdf}(20, 0.25, 0) = 0{,}9968$

4. a) (1) Wahrscheinlichkeit beim 8-fachen Würfeln für höchstens 3-mal Augenzahl 6

(2) Wahrscheinlichkeit beim 20-fachen Tetraederwurf für höchstens 12 Würfe, bei denen nicht die Augenzahl 1 auftritt

(3) Wahrscheinlichkeit für höchstens 4-mal Wappen beim 9-fachen Münzwurf

b) (1) 0, da das Ereignis, mehr Erfolge zu haben, als es Stufen gibt, ein unmögliches Ereignis ist

(2) „Bereichsfehler", da die untere Grenze des Bereichs oberhalb der oberen Grenze liegt oder nur „Error"

268

5. (1) P(höchstens 3-mal Augenzahl 2) = $\text{binomcdf}\left(20, \frac{1}{6}, 3\right) = 0{,}567$

(2) P(mehr als 8-mal Augenzahl 5 oder 6) = $1 - \text{binomcdf}\left(20, \frac{2}{6}, 8\right) = 0{,}191$

(3) P(mindestens 6-mal eine Augenzahl kleiner als 5) = $1 - \text{binomcdf}\left(20, \frac{4}{6}, 5\right) = 0{,}9998$

(4) P(weniger als 10-mal eine Augenzahl größer als 1) = $\text{binomcdf}\left(20, \frac{5}{6}, 9\right) = 0{,}0001$

(5) P(höchstens 4-mal oder mindestens 9-mal Augenzahl 2 oder 3)
$= \text{binomcdf}\left(20, \frac{2}{6}, 4\right) + \left(1 - \text{binomcdf}\left(20, \frac{2}{6}, 8\right)\right) = 0{,}1515 + 0{,}1915 = 0{,}3430$

(6) P(weniger als 11-mal oder mehr als 14-mal keine Sechs)
$= \text{binomcdf}\left(20, \frac{5}{6}, 10\right) + \left(1 - \text{binomcdf}\left(20, \frac{5}{6}, 14\right)\right) = 0{,}0006 + 0{,}8982 = 0{,}8988$

6. (1) binompdf(100, 0.8, 80) = 0,099
(2) 1 – binomcdf(100, 0.8, 79) = 0,599
(3) 1 – binomcdf(100, 0.8, 80) = 0,460

7. $n = 100$; $p = 0{,}4$; X: *Anzahl der Personen mit Blutgruppe A*
(1) $P(X = 45) = 0{,}869 - 0{,}821 = 0{,}048$
(2) $P(X > 35) = 1 - P(X \le 35) = 1 - 0{,}179 = 0{,}821$
(3) $P(X \le 48) = 0{,}958$
(4) $P(30 \le X \le 50) = P(X \le 50) - P(X \le 29) = 0{,}983 - 0{,}015 = 0{,}968$

269

8. Damit ein Binomialansatz gemacht werden kann, muss angenommen werden, dass die Entscheidungen der Angestellten, das Mittagessen in der Kantine einzunehmen, unabhängig voneinander erfolgen (was vermutlich problematisch ist). Außerdem muss angenommen werden, dass die Entscheidung der einzelnen Angestellten tatsächlich zufällig mit Erfolgswahrscheinlichkeit $p = 0{,}6$ erfolgt, also beispielsweise mithilfe eines Zufallsgenerators geschieht (eher ist anzunehmen, dass die Entscheidung durch das jeweils angebotene Gericht beeinflusst wird).
Unter diesen Annahmen kann eine Modellierung mit $n = 100$ und $p = 0{,}6$ vorgenommen werden:
(1) 1 – binomcdf(100, 0.6, 60) = 0,462
(2) binomcdf(100, 0.6, 59) = 0,457
(3) binomcdf(100, 0.6, 69) = 0,975
(4) 1 – binomcdf(100, 0.6, 69) = 0,025
(5) binompdf(100, 0.6, 70) = 0,010
(6) binomcdf(100, 0.6, 40) = 0,00002

9. Damit ein Binomialansatz gemacht werden kann, muss angenommen werden, dass die Entscheidungen der Angestellten, mit dem Auto zur Arbeit zu kommen, unabhängig voneinander erfolgen (was wegen der oft möglichen Fahrgemeinschaften problematisch ist). Außerdem muss angenommen werden, dass die Entscheidung der einzelnen Angestellten tatsächlich zufällig mit Erfolgswahrscheinlichkeit $p = 0{,}4$ erfolgt, also beispielsweise mithilfe eines Zufallsgenerators geschieht. (Eher ist anzunehmen, dass die Entscheidung durch das jeweils herrschende Wetter beeinflusst wird.) Unter diesen Annahmen kann eine Modellierung mit $n = 100$ und $p = 0{,}4$ vorgenommen werden:
Wahrscheinlichkeit, dass ein Parkplatz mit 50 Plätzen genügt
= binomcdf(100, 0.4, 50) = 0,983
Mindestens 46 Plätze sollten zur Verfügung stehen, denn
binomcdf(100, 0.4, 46) = 0,907 > 90 % und binomcdf(100, 0.4, 45) = 0,869 < 90 %

269

10. a) X: *Anzahl der brauchbaren Schrauben*; p = 0,9

n = 50: P (X ≥ 40) = 1 – P (X ≤ 39) = 1 – binomcdf (50, 0.9, 39) = 0,991

b) n = 100: P (X > 40 + 50) = 1 – P (X ≤ 90) = 1 – binomcdf (100, 0.9, 90) = 0,451

11. X: *Anzahl der richtig geratenen Antworten*; n = 12, $p = \frac{1}{3}$

$P(X \geq 6) = 1 - P(X \leq 5) = \text{binomcdf}\left(12, \frac{1}{3}, 5\right) = 0{,}178$

12. Korrektur an 1. Auflage: Der Arbeitsauftrag „Untersuchen Sie, wie groß seine Chancen sind, Turniersieger zu werden." muss gestrichen werden. (Am Ende der Aufgabe steht der korrigierte Auftrag.)

Modellierungsannahme: Der Anteil von 60 % der bisher gewonnenen Einzelspiele gilt auch zukünftig und wird nicht vom jeweiligen Ausgang des vorangegangenen Spiels beeinflusst (wenn zwei Spiele hintereinander stattfinden, kann diese Annahme problematisch sein).

X: *Anzahl der Einzelspiele, die Ben gewinnt*; n = 15; p = 0,6

P (X ≥ 8) = 1 – P (X ≤ 7) = 1 – binomcdf (15, 0.6, 7) = 0,787

13. a) X: *Anzahl der Personen, die zu einer Befragung bereit sind*; p = 0,5

n	180	190	200	210	220	230
P (X ≥ 100)	0,783	0,257	0,528	0,776	0,922	0,980

Zur Vorbereitung der grafischen Darstellung kann man mithilfe des seq-Befehls zwei Folgen mit der Anzahl der ausgewählten Personen sowie der zugehörigen Wahrscheinlichkeit 1 – binomcdf (n, 0.5, 100) erzeugen. Die grafische Darstellung kann dann als Schnellgraph (mit Punkten) oder als Ergebnisdiagramm (mit Säulen) erfolgen.

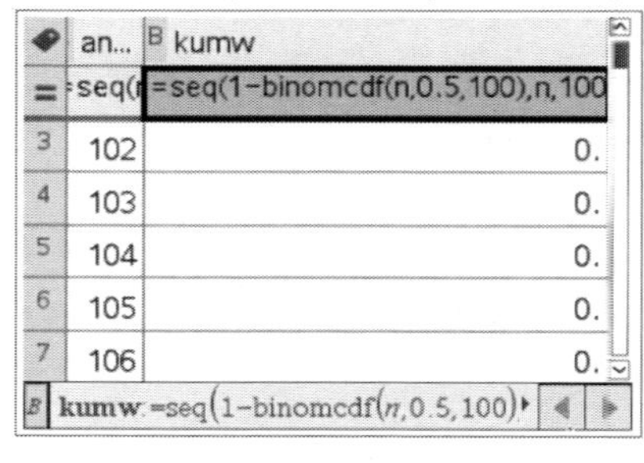

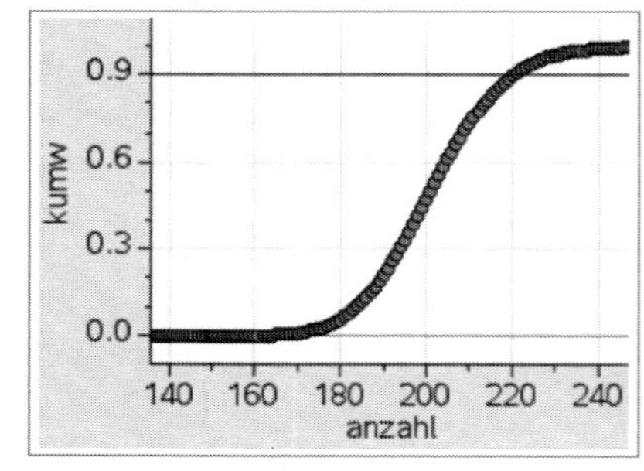

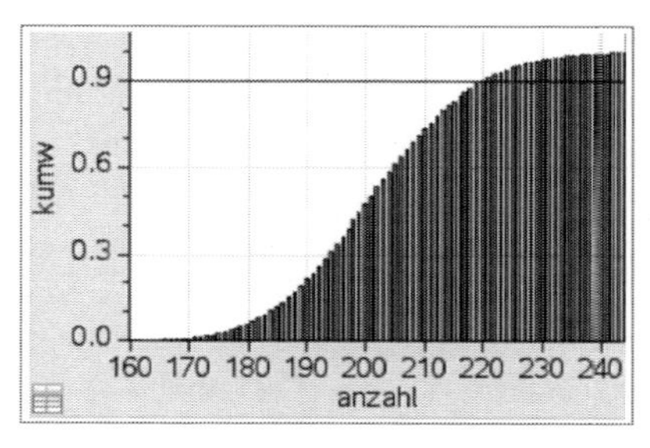

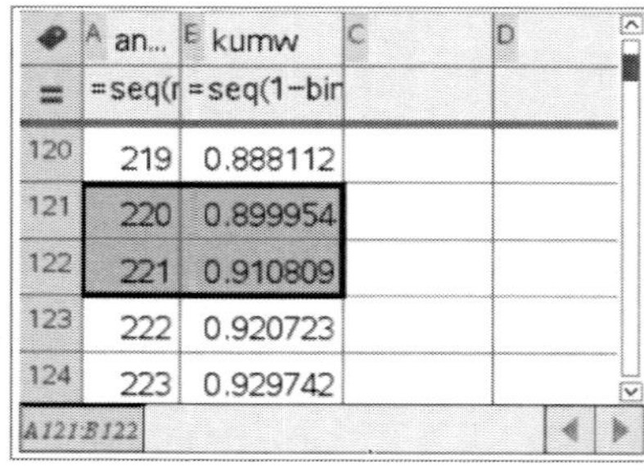

269

b) Nach Veränderung der Folgenvorschrift auf $p = 0{,}75$ kann man an der Tabelle oder der Grafik ablesen, dass die Bedingung für $n = 142$ erfüllt ist.

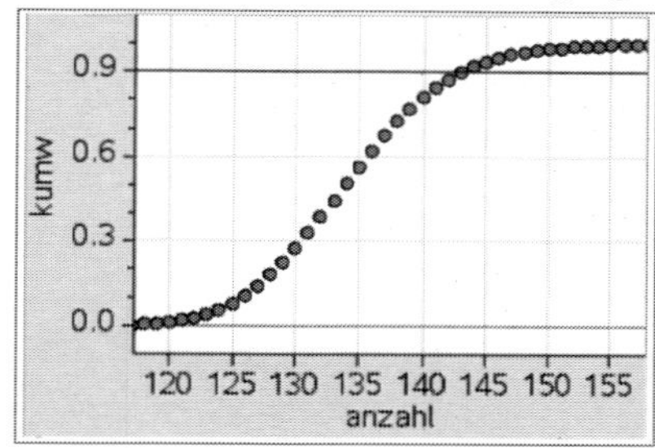

	A an...	B kumw	C	D
=	=seq(r	=seq(1−bin		
41	140	0.811155		
42	141	0.846331		
43	142	0.876574		
44	143	0.902136		
45	144	0.923389		

A43:B44

270

14. Überbuchung von 12 % für 150 Sitzplätze bedeutet: $n = 168$
Wahrnehmung der Buchung: $p = 0{,}85$
X: *Anzahl der tatsächlich zum Check-in kommenden Personen*
Die Anzahl der Sitzplätze reicht aus, wenn $X \le 150$.
$P(X \le 150) = \text{binomcdf}(168, 0.85, 150) = 0{,}957$
Mit einer Wahrscheinlichkeit von ca. 95,7 % können alle tatsächlich erscheinenden Passagiere mitfliegen.

15. (1) $P(37 \le X \le 56) = 0{,}90001$ $P(41 \le X \le 57) = 0{,}90495$ $P(42 \le X \le 58) = 0{,}91137$
$P(43 \le X \le 59) = 0{,}90495$ $P(43 \le X \le 60) = 0{,}91580$ $P(43 \le X \le 61) = 0{,}92290$
(2) $P(37 \le X \le 58) = 0{,}95237$ $P(40 \le X \le 59) = 0{,}95396$ $P(41 \le X \le 60) = 0{,}95396$
$P(42 \le X \le 61) = 0{,}94520$ $P(42 \le X \le 62) = 0{,}94967$ $P(43 \le X \le 63) = 0{,}945237$

16. (1) $P(X \le k) > 0{,}3$ gilt für $k > 22$
(2) $P(X > k) \le 0{,}5$ also $1 - P(X \le k) \le 0{,}5$ oder $0{,}5 \le P(X \le k)$ gilt für $k > 23$

17. Hexaeder:
$P(\text{mindestens eine Sechs}) = 1 - P(\text{keine Sechs}) = 1 - \left(\frac{5}{6}\right)^n = 1 - \left(\frac{5}{6}\right)^4 = 0{,}5177 > 0{,}5$

(1) Oktaeder: $1 - \left(\frac{7}{8}\right)^6 = 0{,}5512$
Vorteilhaft ist es darauf zu wetten, dass bei 6 Würfen z. B. mindestens eine Eins auftritt (oder mindestens eine 2, ...).

(2) Dodekaeder: $1 - \left(\frac{11}{12}\right)^8 = 0{,}5015$
Vorteilhaft (allerdings nur wenig vorteilhaft) ist es darauf zu wetten, dass bei 8 Würfen z. B. mindestens eine Eins auftritt.

(3) Ikosaeder: $1 - \left(\frac{19}{20}\right)^{14} = 0{,}5123$
Vorteilhaft (allerdings nur wenig vorteilhaft) ist es darauf zu wetten, dass bei 14 Würfen z. B. mindestens eine Eins auftritt.

5.3.5 Wahrscheinlichkeit für mindestens einen Erfolg bei einem n-stufigen BERNOULLI-Experiment

271

Einstiegsaufgabe ohne Lösung

P (mindestens eine Sechs in 9 Würfen) = $1-\left(\frac{5}{6}\right)^9 = 0{,}806$

P (keine Sechs in 9 Würfen) = $\left(\frac{5}{6}\right)^9 = 0{,}194$

n	10	12	14	13
$1-\left(\frac{5}{6}\right)^n$	0,838	0,888	0,922	0,907

Wenn man mindestens 13-mal würfelt, dann ist die Wahrscheinlichkeit, dass unter den 13 Würfen mindestens eine Sechs ist, mindestens 90 %.

273

1. a) (1) $1-\left(\frac{5}{6}\right)^{17} = 0{,}955 > 0{,}95$; man muss mindestens 17-mal würfeln

(2) $1-\left(\frac{11}{12}\right)^{35} = 0{,}952 > 0{,}95$; man muss mindestens 35-mal würfeln

(3) $1-\left(\frac{19}{20}\right)^{59} = 0{,}952 > 0{,}95$; man muss mindestens 59-mal würfeln

b) $1-0{,}962^{60} = 0{,}902 > 0{,}90$; man muss mindestens 60 Haushalte auswählen

c) $1-0{,}986^{50} = 0{,}506 > 0{,}50$; man muss mindestens 50 Stimmzettel auswählen

alternative Rechnungen mithilfe des Logarithmus:

a) (1) $\log_{\frac{5}{6}}(0{,}05) = 16{,}4$

(2) $\log_{\frac{11}{12}}(0{,}05) = 34{,}4$

(3) $\log_{\frac{19}{20}}(0{,}05) = 58{,}4$

b) $\log_{0.962}(0{,}1) = 59{,}4$

c) $\log_{0.986}(0{,}5) = 49{,}2$

2. a) Blutspenden der Blutgruppe 0 können für Menschen mit beliebigen Blutgruppen verwendet werden, da sie von allen vertragen werden. Menschen der Blutgruppe AB können Blutspenden beliebiger Blutgruppen vertragen.

b) Um mit einer Wahrscheinlichkeit von mindestens 90 % einen Spender der Blutgruppe 0– zu finden, müssen mindestens 38 Personen untersucht werden, denn es gilt:

(1) 0 –: $\log_{0{,}94}(0{,}10) = 37{,}2$

Analog:

(2) 0 +: $\log_{0{,}65}(0{,}10) = 5{,}3$; also mindestens 6 Personen

(3) B –: $\log_{0{,}98}(0{,}10) = 113{,}97$; also mindestens 114 Personen

(4) B +: $\log_{0{,}91}(0{,}10) = 24{,}4$; also mindestens 25 Personen

(5) A –: $\log_{0{,}94}(0{,}10) = 37{,}2$; also mindestens 38 Personen

(6) A +: $\log_{0{,}63}(0{,}10) = 4{,}98$; also mindestens 5 Personen

(7) AB –: $\log_{0{,}99}(0{,}10) = 229{,}1$; also mindestens 230 Personen

(8) AB +: $\log_{0{,}96}(0{,}10) = 56{,}4$; also mindestens 57 Personen

273 **3.** systematisches Probieren:

n	P(X = 0)	P(X = 1)	P(X ≥ 2)
10	0,1615	0,3230	0,5155
20	0,0261	0,1043	0,8696
21	0,0217	0,0913	0,8870
22	0,0181	0,0797	0,9022
23	0,0151	0,0694	0,9155
24	0,0126	0,0604	0,9270
25	0,0105	0,0524	0,9371
26	0,0087	0,0454	0,9458
27	0,0073	0,0393	0,9534

Man muss einen Würfel mindestens 22-mal (27-mal) werfen, um mit einer Wahrscheinlichkeit von mindestens 90 % (95 %) mindestens zweimal Augenzahl 6 zu haben.
Allgemeine Lösung:
P(mindestens 2 Erfolge)
= 1 − [P(kein Erfolg) + P(genau 1 Erfolg)]
$= 1 - [q^n + n \cdot p \cdot q^{n-1}]$
$= 1 - q^{n-1} \cdot [q + n \cdot p]$
$= 1 - q^{n-1} \cdot [q + n \cdot (1 - q)]$
$= 1 - q^{n-1} \cdot [q + n - n \cdot q]$
$= 1 - q^{n-1} \cdot [n - (n - 1) \cdot q]$
Gelöst werden muss also die Gleichung für $q = \frac{5}{6}$:
Mithilfe des Gleichungslösers des GTR erhält man beispielsweise für die Mindest-Wahrscheinlichkeit 90 %: $n \approx 21{,}84$, d. h. man benötigt mindestens 22 Würfe für mindestens zwei Erfolge.

6 Beurteilende Statistik und stochastische Prozesse

6.1 Erwartungswert und Standardabweichungen von Binomialverteilungen

6.1.1 Erwartungswert einer Binomialverteilung

278

Einstiegsaufgabe ohne Lösung

Hier ist die Umsetzung der Aufgabenstellung mithilfe des GTR dargestellt.

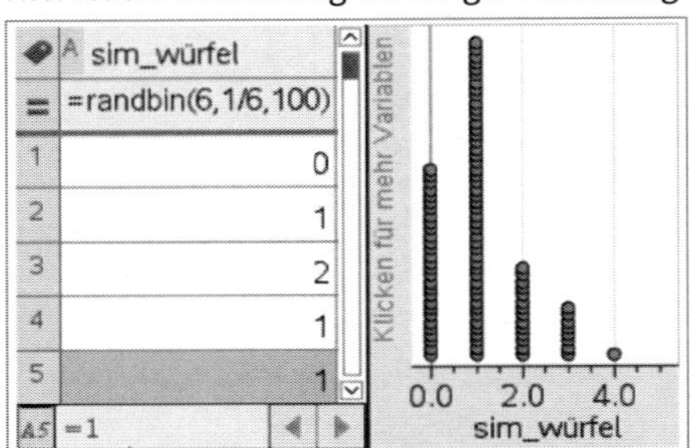

	A sim_...	B	C
=	=randbin		=OneVar(a[],1):
1	0	Titel	Statistik mit ein..
2	1	x̄	1.04
3	2	Σx	104.
4	1	Σx²	192.
5	1	sx := Sn-1X	0.920255
B2:C2			

Das 6-fache Werfen eines Würfels mit der Erfolgswahrscheinlichkeit $p = \frac{1}{6}$ für Augenzahl 6 wird 100-mal mithilfe des Befehls $\text{randbin}\left(6, \frac{1}{6}, 100\right)$ durchgeführt.

In der Tabelle wird die Anzahl der Erfolge notiert. Die zugehörige Häufigkeitsverteilung kann mithilfe des Schnellgraphen visualisiert werden. Die Mittelwertberechnung kann mithilfe der 1-Variablen-Statistik (GTR) erfolgen. Bei der dokumentierten Simulation ergab sich ein Mittelwert von 1,04 Sechsen in 100 Versuchsdurchführungen (Simulationen).

Stellt man die Häufigkeitsverteilung in Form eines Histogramms dar, dann lassen sich die jeweiligen absoluten Häufigkeiten an den einzelnen Säulen ablesen.

k	H (k)	h (k)	P (X = k)
0	29	0,29	0,33490
1	48	0,48	0,40188
2	14	0,14	0,20094
3	8	0,08	0,05358
4	1	0,01	0,00804
5	0	0	0,00064
6	0	0	0,00002
	100	1	1

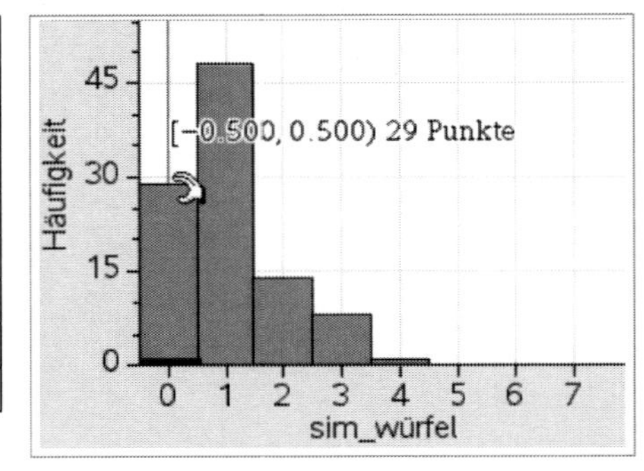

278

Die Abweichungen der empirischen Werte (relative Häufigkeiten) von den Wahrscheinlichkeiten können groß sein. Der Erwartungswert der Verteilung liegt bei *exakter* Rechnung bei 1; dort liegt auch das Maximum der Verteilung:

k	$P(X=k)$	$k \cdot P(X=k)$
0	$\frac{15\,625}{46\,656}$	0
1	$\frac{18\,750}{46\,656}$	$\frac{18\,750}{46\,656}$
2	$\frac{9\,375}{46\,656}$	$\frac{18\,750}{46\,656}$
3	$\frac{2\,500}{46\,656}$	$\frac{7\,500}{46\,656}$
4	$\frac{375}{46\,656}$	$\frac{1\,500}{46\,656}$
5	$\frac{30}{46\,656}$	$\frac{150}{46\,656}$
6	$\frac{1}{46\,656}$	$\frac{6}{46\,656}$
	1	$\frac{46\,656}{46\,656} = 1$

280

1. a) (1) Das Maximum der Verteilungen liegt bei $k = n$.
GTR-Bilder für $n = 20$; $p = 0{,}3$, entsprechend findet man:
$n = 40$: $P(k_{max} = 12) = 0{,}136574$;
$n = 80$: $P(k_{max} = 24) = 0{,}096951$

	A anz_erf	B bin_vert	C	D
=	=seqgen(	=binompd		
5	4	0.130421		
6	5	0.178863		
7	6	0.191639		
8	7	0.164262		
9	8	0.114397		

A7:B7

(2) $p = 0{,}25$
$n = 20$: $P(k_{max} = 5) = 0{,}202331$
$n = 40$: $P(k_{max} = 10) = 0{,}144364$
$n = 80$: $P(k_{max} = 20) = 0{,}102543$

b) (1) $p = 0{,}3$: $n = 20$

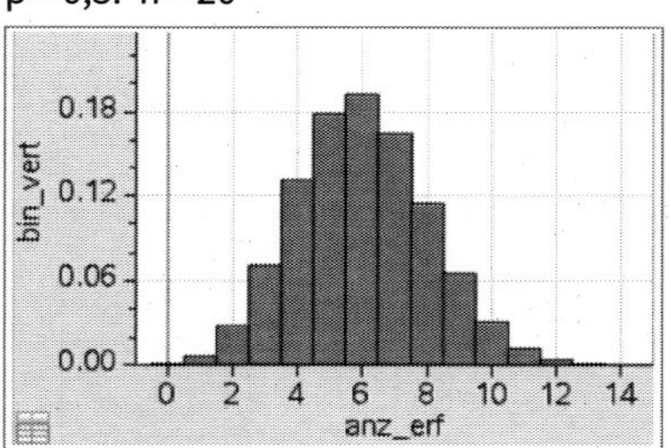

$n = 40$

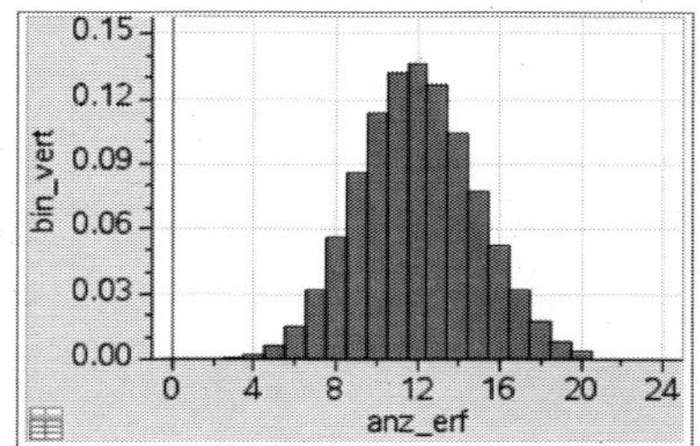

$n = 80$

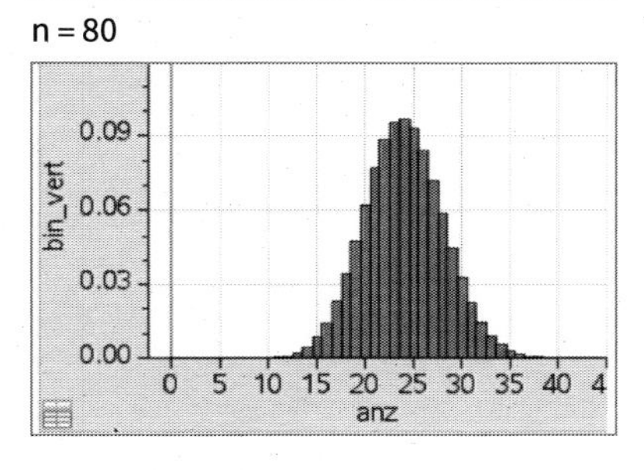

Die Histogramme werden flacher (dies ist hier durch den angepassten Zoom kompensiert) und breiter; vor allem: Die Gestalt wird zunehmend symmetrisch.

280

(2) $p = 0{,}25$: $n = 20$

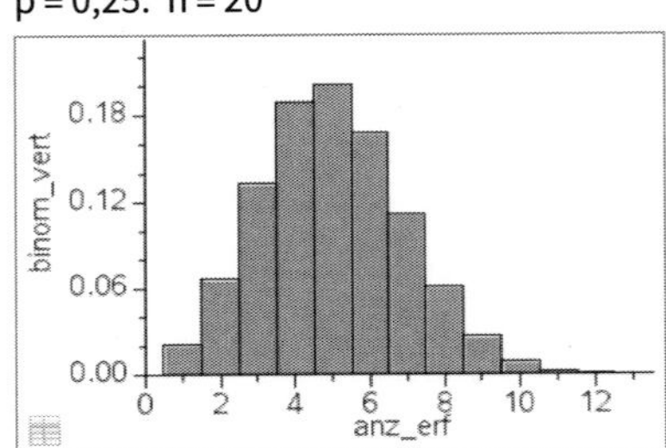

$n = 40$

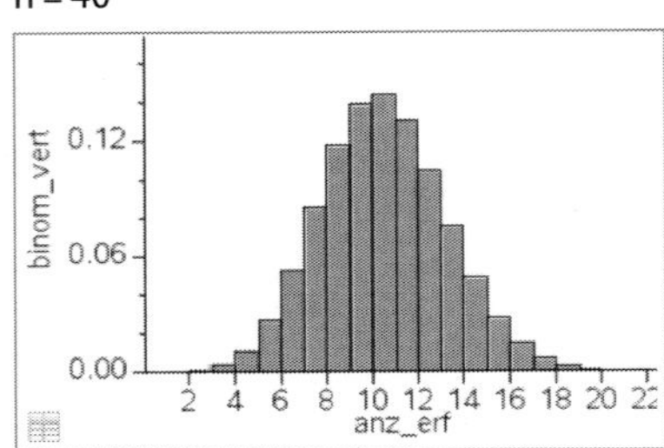

$n = 80$

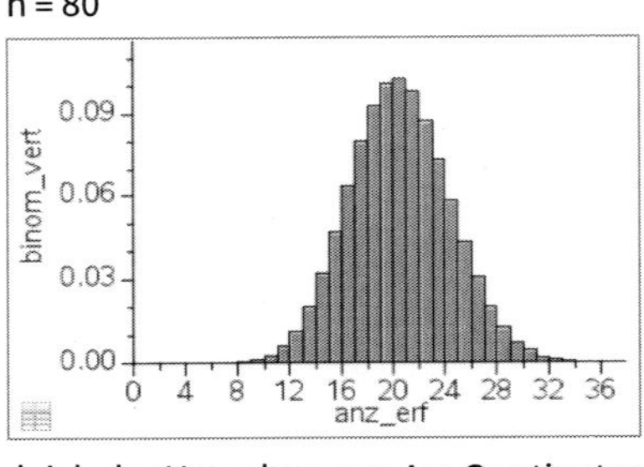

c) Vergleich der Umgebungen: Am Quotienten in der rechten Spalte $\frac{P(X > \mu)}{P(X < \mu)}$ ist ablesbar, dass die Symmetrie zunimmt.

(1)

n	$\mu = 0{,}3 \cdot n$	$P(X < \mu)$	$P(X > \mu)$	Vergleich
20	6	0,416	0,392	94,2 %
40	12	0,441	0,423	95,9 %
80	24	0,458	0,445	97,2 %

(2)

n	$\mu = 0{,}25 \cdot n$	$P(X < \mu)$	$P(X > \mu)$	Vergleich
20	5	0,415	0,383	92,3 %
40	10	0,440	0,416	94,5 %
80	20	0,457	0,440	96,3 %

280

2.

k	P(X = k)	k · P(X = k)
0	$\frac{6561}{65536}$	0
1	$\frac{17496}{65536}$	$\frac{17496}{65536}$
2	$\frac{20412}{65536}$	$\frac{40824}{65536}$
3	$\frac{13608}{65536}$	$\frac{40824}{65536}$
4	$\frac{5670}{65536}$	$\frac{22680}{65536}$
5	$\frac{1512}{65536}$	$\frac{7560}{65536}$
6	$\frac{252}{65536}$	$\frac{1512}{65536}$
7	$\frac{24}{65536}$	$\frac{168}{65536}$
8	$\frac{1}{65536}$	$\frac{8}{65536}$
	Summe: 1	$\mu = \frac{131072}{65536} = 2$

$n \cdot p = 8 \cdot \frac{1}{4} = 2$

3. Bei allen Rechnungen stellt sich heraus, dass für beliebiges p und beliebiges n der nach Definition berechnete Erwartungswert der Binomialverteilung mit dem Produkt $n \cdot p$ übereinstimmt.

4.

	n	p	$\mu = n \cdot p$	k_{max}
(1)	20	0,3	6	6
(2)	19	0,4	7,6	7 und 8 *)
(3)	17	0,5	8,5	8 und 9 *)
(4)	11	0,6	6,6	7
(5)	16	0,7	11,2	11
(6)	17	0,75	12,75	13
(7)	31	0,25	7,75	7 und 8 *)
(8)	32	0,25	8	8

*) k-Werte mit gleicher Wahrscheinlichkeit (zwei Maxima)

280

5. Für die Teilaufgaben (1) bis (4) gilt, dass jeweils die Stufenzahl n größer wird. Da die Zufallsgröße X: *Anzahl der Erfolge* immer mehr Werte annehmen kann, werden die Histogramme immer flacher. Das Histogramm zu (1) ist wegen $p = 0{,}5$ symmetrisch zum Erwartungswert. Obwohl die anderen Histogramme nicht symmetrisch sind, erscheint die Gestalt wegen der größeren Stufenzahl nahezu symmetrisch.

(1)

(2)

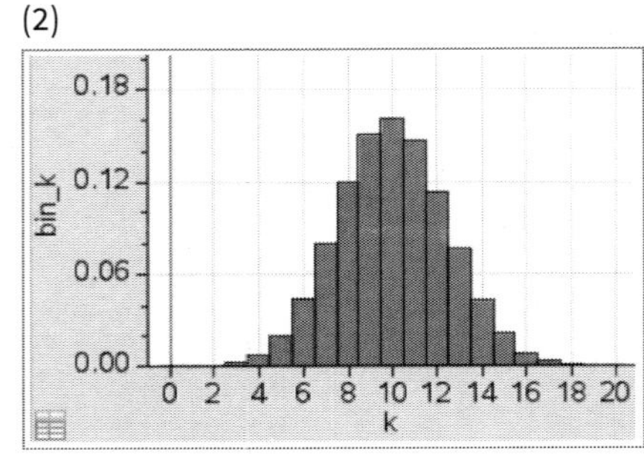

(3)

(4)

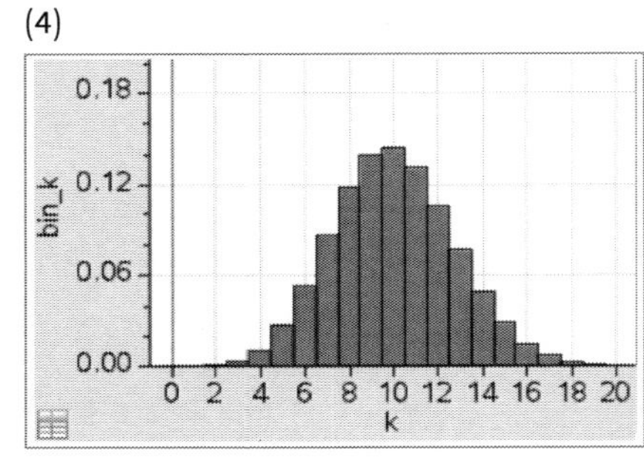

281

6. Das Maximum der Verteilung liegt bei $k = 3 \approx 12 \cdot p$, also $p \approx 0{,}25$.
Das Maximum der Verteilung liegt bei $k = 9 \approx 12 \cdot p$, also $p \approx 0{,}75$.
Das Maximum der Verteilung liegt bei $k = 6 \approx 12 \cdot p$, also $p \approx 0{,}5$.
Der Vergleich mit den vollständigen Tabellen der jeweiligen Binomialverteilungen zeigt, dass die angegebenen Erfolgswahrscheinlichkeiten richtig sind.

7.
- (1) $P(X = 25) = 0{,}112275$
  (2) $P(X = 25) = 0{,}0917997$
- Vergleicht man gleich breite Umgebungen bei (1) und (2), dann hat die von (1) stets eine größere Wahrscheinlichkeit, d. h. die Streuung für $n = 100$ und $p = 0{,}25$ ist größer.

	$P(\mu - r \le X \le \mu + r)$	
r	(1)	(2)
1	0,3282	0,2707
2	0,5201	0,4360
3	0,6778	0,5810
4	0,7974	0,7016
5	0,8811	0,7967
6	0,9351	0,8676
7	0,9672	0,9178
8	0,9847	0,9513
9	0,9934	0,9725
10	0,9974	0,9852

281

- Dies wird durch den Vergleich der charakteristischen Werte der Boxplots bestätigt:

	Median	unteres Quartil	oberes Quartil	unteres Ende des Whiskers	oberes Ende des Whiskers
(1) n = 50, p = 0,5	25	23	27	17	33
(2) n = 100, p = 0,25	25	22	28	13	37

(1)

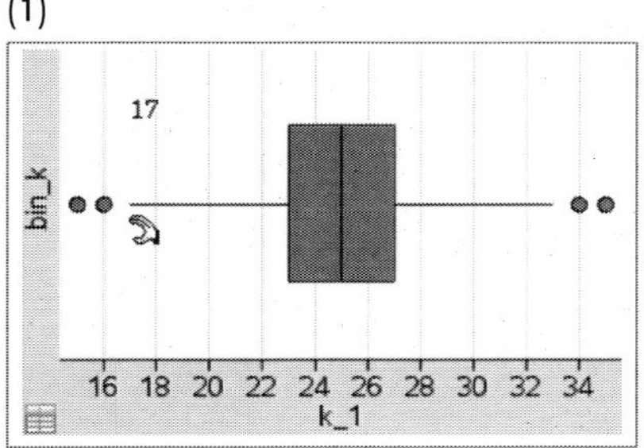

(2)

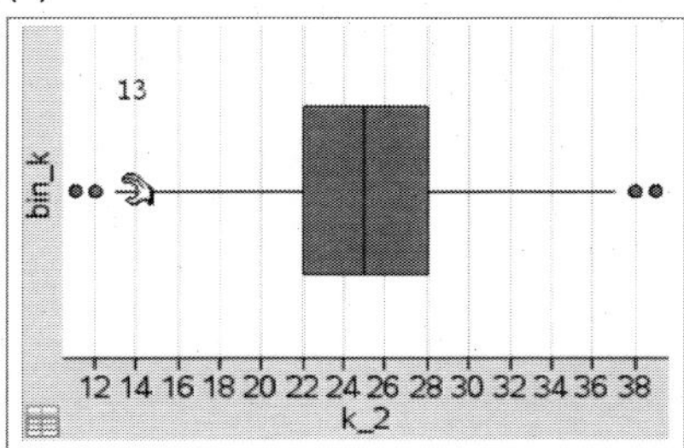

8. n = 25: Quartilabstand = 3

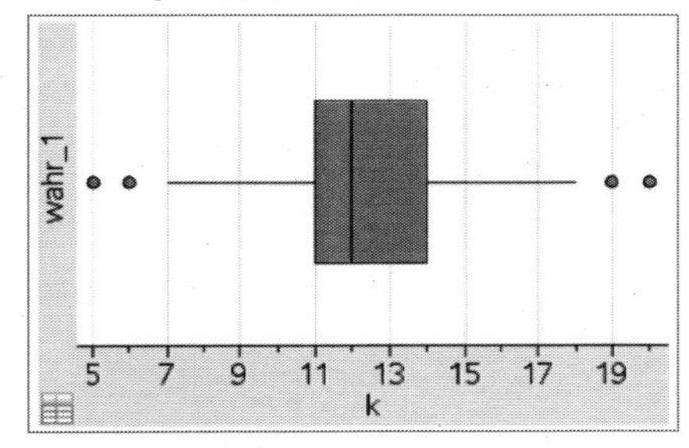

n = 50: Quartilabstand = 4

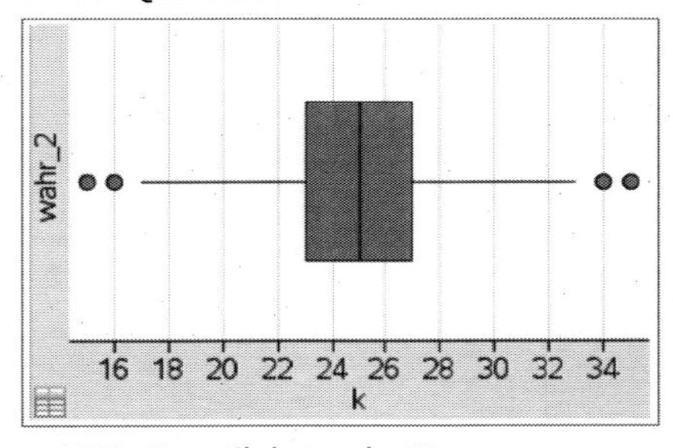

n = 100: Quartilabstand = 6

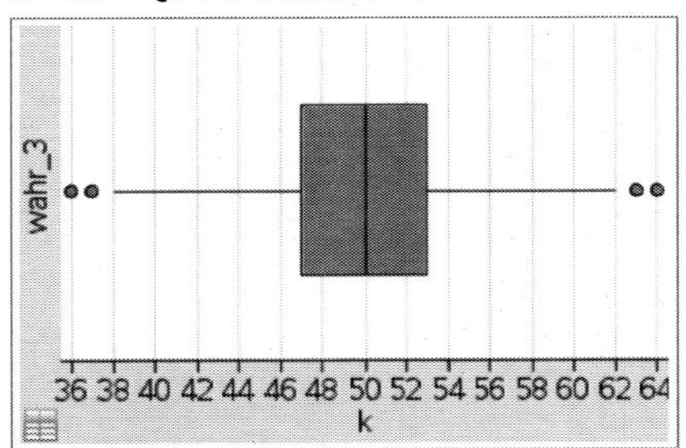

n = 200: Quartilabstand = 10

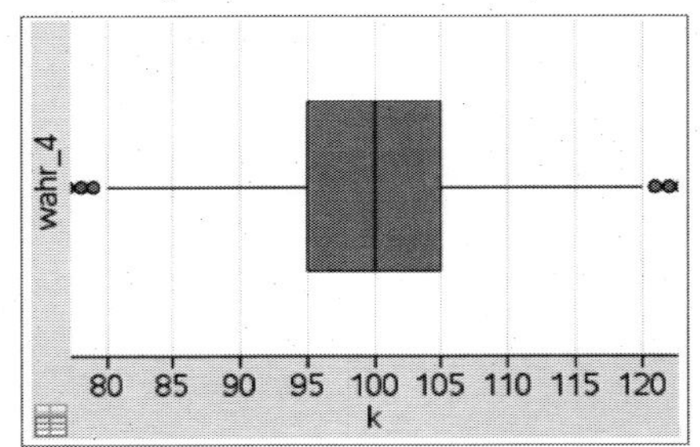

Ist eine Gesetzmäßigkeit zu erkennen? Erste Idee: Der Quartilabstand wächst proportional zu n; das ist offensichtlich nicht erfüllt. Dann könnte man auf die Idee kommen, dass der QA proportional zu der Wurzel aus n ist. Der Vergleich zwischen n = 25 und n = 100 bestätigt dies, für n = 50 und n = 200 passt das aber nur näherungsweise.

281

9. Vergrößert man den Radius einer Umgebung um $\mu = n \cdot p$ proportional zur Stufenzahl n, dann wächst die Wahrscheinlichkeit für eine solche Umgebung mit wachsendem n.

r	n = 50, $\mu = 25$	n = 100, $\mu = 50$	n = 200, $\mu = 100$
1	0,328	0,383	0,475
2	0,520	0,632	0,771
3	0,678	0,807	0,923
4	0,797	0,911	0,981
5	0,881	0,965	0,996

6.1.2 Standardabweichung von binomialverteilten Zufallsgrößen

282

Einstiegsaufgabe ohne Lösung

Da die Wahrscheinlichkeitsverteilungen für p_1 und für $p_2 = 1 - p_1$ durch Spiegelung an $k = \frac{n}{2}$ auseinander hervorgehen, ergeben sich übereinstimmende quadratische Differenzen, nur in umgekehrter Reihenfolge.

Beispiel: $n = 5$; $p_1 = 0{,}3$; $p_2 = 0{,}7$; $\mu_1 = 1{,}5$; $\mu_2 = 3{,}5$

k	$P(X_1 = k)$	$(k - \mu_1)^2 \cdot P(X_1 = k)$	$P(X_2 = k)$	$(k - \mu_2)^2 \cdot P(X_2 = k)$
0	0,16807	$1{,}5^2 \cdot 0{,}16807$	0,00243	$3{,}5^2 \cdot 0{,}00243$
1	0,36015	$0{,}5^2 \cdot 0{,}36015$	0,02835	$2{,}5^2 \cdot 0{,}02835$
2	0,30870	$0{,}5^2 \cdot 0{,}30870$	0,13230	$1{,}5^2 \cdot 0{,}13230$
3	0,13230	$1{,}5^2 \cdot 0{,}13230$	0,30870	$0{,}5^2 \cdot 0{,}30870$
4	0,02835	$2{,}5^2 \cdot 0{,}02835$	0,36015	$0{,}5^2 \cdot 0{,}36015$
5	0,00243	$3{,}5^2 \cdot 0{,}00243$	0,16807	$1{,}5^2 \cdot 0{,}16807$

284

1.

n	p	μ	q	mittlere quadratische Abweichung
20	0,4	8	0,6	4,8
30	0,3	9	0,7	6,3
40	0,2	8	0,8	6,4

n	p	μ	q	mittlere quadratische Abweichung
80	0,25	20	0,75	15
108	$\frac{1}{6}$	18	$\frac{5}{6}$	15
100	0,5	50	0,5	25

2. a) Da die Wahrscheinlichkeitsverteilungen für p_1 und für $p_2 = 1 - p_1$ durch Spiegelung an $k = \frac{n}{2}$ auseinander hervorgehen, ergeben sich übereinstimmende quadratische Differenzen, nur in umgekehrter Reihenfolge.

b)

	n	p_1	p_2	mittlere quadratische Abweichung	$\frac{\text{mqA}}{\mu_1}$	$\frac{\text{mqA}}{\mu_2}$
(1)	24	0,4	0,6	5,76	0,6	0,4
(2)	48	0,25	0,75	9	0,75	0,25
(3)	25	0,2	0,8	4	0,8	0,2
(4)	36	0,1	0,9	3,24	0,9	0,1

Konsequenz: Die mittlere quadratische Differenz berechnet sich als $n \cdot p_1 \cdot p_2$.

3. Bei allen Rechnungen stellt sich heraus, dass für beliebiges p und beliebiges n die nach Definition berechnete mittlere quadratische Abweichung der Binomialverteilung vom Erwartungswert mit dem Produkt $n \cdot p \cdot q$ übereinstimmt.

285

4. a) $\sigma_1^2 = 100 \cdot 0{,}1 \cdot 0{,}9 = 9$; also $\sigma_1 = 3$ $\qquad$ $\sigma_2^2 = 50 \cdot 0{,}2 \cdot 0{,}8 = 8$; also $\sigma_2 \approx 2{,}83$

Die zweite Verteilung hat eine geringere Streuung.

Den geringen Unterschied kann man allerdings kaum der Grafik entnehmen.

b) Weitere Beispiele:

$n_1 = 40$; $p_1 = 0{,}3$; $\mu_1 = 12$; $\sigma_1 \approx 2{,}90$ $\qquad$ $n_3 = 24$; $p_3 = 0{,}5$; $\mu_3 = 12$; $\sigma_3 \approx 2{,}45$

$n_2 = 100$; $p_2 = 0{,}12$; $\mu_2 = 12$; $\sigma_2 \approx 3{,}25$ $\qquad$ $n_4 = 72$; $p_3 = \frac{1}{6}$; $\mu_3 = 12$; $\sigma_4 \approx 3{,}16$

Vergleicht man zwei Binomialverteilungen mit übereinstimmendem Erwartungswert, dann hat die Verteilung mit der geringeren Stufenzahl auch die geringere Streuung. Denn: Die geringere Stufenzahl muss durch eine höhere Erfolgswahrscheinlichkeit „ausgeglichen" werden, was zu einer niedrigeren Misserfolgswahrscheinlichkeit führt und somit auch eine kleinere Standardabweichung zur Folge hat.

5. a) (1) $\sigma = \sqrt{48 \cdot 0{,}5 \cdot 0{,}5} = \sqrt{12} \approx 3{,}46$; $\qquad$ (3) $\sigma = \sqrt{98 \cdot \frac{6}{7} \cdot \frac{1}{7}} = \sqrt{12} \approx 3{,}46$

(2) $\sigma = \sqrt{54 \cdot \frac{1}{3} \cdot \frac{2}{3}} = \sqrt{12} \approx 3{,}46$

b) weitere Binomialverteilungen mit Standardabweichung $\sqrt{12}$:

(1) $\sigma = \sqrt{50 \cdot 0{,}4 \cdot 0{,}6} = \sqrt{12} \approx 3{,}46$; $\qquad$ (3) $\sigma = \sqrt{64 \cdot \frac{1}{4} \cdot \frac{3}{4}} = \sqrt{12} \approx 3{,}46$;

(2) $\sigma = \sqrt{75 \cdot 0{,}2 \cdot 0{,}8} = \sqrt{12} \approx 3{,}46$; $\qquad$ (4) $\sigma = \sqrt{49 \cdot \frac{3}{7} \cdot \frac{4}{7}} = \sqrt{12} \approx 3{,}46$

6. a)

p	V(X)
0,1	4,5
0,2	8
0,3	10,5
0,4	12
0,5	12,5
0,6	12
0,7	10,5
0,8	8
0,9	4,5

V(X) wird für $p = 0{,}5$ am größten.

b) $f(p) = n \cdot p \cdot (1 - p) = np - np^2$

Der Graph ist eine nach unten geöffnete Parabel.

$f'(p) = n - 2np$

$f'(p) = 0 \Leftrightarrow n - 2np = 0 \Leftrightarrow p = \frac{1}{2}$

Damit nimmt f das Maximum bei $p = \frac{1}{2}$ an.

7. Lösungsansatz: Berechne σ^2, dann den Quotienten $\frac{\sigma^2}{\mu} = \frac{n \cdot p \cdot q}{n \cdot p} = q$

(1) $q = 0{,}7 \Rightarrow p = 1 - q = 0{,}3 \Rightarrow n = \frac{\mu}{p} = 84$

(2) $q = 0{,}1 \Rightarrow p = 1 - q = 0{,}9 \Rightarrow n = \frac{\mu}{p} = 81$

(3) $q = 0{,}8 \Rightarrow p = 1 - q = 0{,}2 \Rightarrow n = \frac{\mu}{p} = 64$

(4) $q = 0{,}75 \Rightarrow p = 1 - q = 0{,}25 \Rightarrow n = \frac{\mu}{p} = 48$

(5) $q = 0{,}4 \Rightarrow p = 1 - q = 0{,}6 \Rightarrow n = \frac{\mu}{p} = 96$

(6) $q = 0{,}5 \Rightarrow p = 1 - q = 0{,}5 \Rightarrow n = \frac{\mu}{p} = 144$

6.1.3 Umgebungen um den Erwartungswert einer Binomialverteilung – Sigma-Regeln

286

Einstiegsaufgabe ohne Lösung

	n = 50			n = 100		
p	σ	k-Werte	Vielfache	σ	k-Werte	Vielfache
0,1	2,12	2, 3, …, 7, 8	$\frac{7}{\sigma} \approx 3{,}3$	3	6, 7, …, 13, 14	$\frac{9}{\sigma} = 3$
0,2	2,82	6, 7, …, 13, 14	$\frac{9}{\sigma} \approx 3{,}2$	4	14, 15, …, 25, 26	$\frac{13}{\sigma} = 3{,}25$
0,3	3,24	10, 11, …, 19, 20	$\frac{11}{\sigma} \approx 3{,}4$	4,58	23, 24, …, 36, 37	$\frac{15}{\sigma} \approx 3{,}3$
0,4	3,46	15, 16, …, 24, 25	$\frac{11}{\sigma} \approx 3{,}2$	4,90	32, 33, …, 47, 48	$\frac{17}{\sigma} \approx 3{,}5$
0,5	3,53	20 ,21, …, 29, 30	$\frac{11}{\sigma} \approx 3{,}1$	5	42, 43, …, 57, 58	$\frac{17}{\sigma} = 3{,}4$

Der Durchmesser der 90 %-Umgebungen ist ungefähr gleich; er beträgt ca. 3,3 σ.

288

1. a) Da bei den k-Werten einer Wahrscheinlichkeitsverteilung nur natürliche Zahlen auftreten, sind die zugehörigen Wahrscheinlichkeiten von einem k-Wert bis zum nächsten jeweils konstant. Die Funktionswerte dieser sogenannten Treppenfunktion geben also jeweils die Wahrscheinlichkeit für die symmetrischen Intervalle an. Der Schnitt mit der Parallelen zur k-Achse gibt einen ungefähren Wert dafür an, welchen Radius um den Erwartungswert man ungefähr wählen muss, um 90 % zu erfassen. An der Wertetabelle mit ganzzahligen k-Werten kann man dann ablesen, welcher der beiden benachbarten k-Werte der angegebenen Schnittstelle infrage kommt.

b) Konkret wird durch den GTR die Schnittstelle $x = 15{,}2$ angegeben; an der Wertetabelle kann man ablesen, dass ein Radius von 15 zur 90 %-Umgebung gehört (die Mindest-Wahrscheinlichkeit von 90 % liegt vor: $P(85 \le X \le 115) \approx 0{,}9108$.

c) (1) $\mu = 100$; $P(83 \le X \le 117) = 0{,}945$; $P(82 \le X \le 118) = 0{,}958$

(2) $\mu = 200$; $P(184 \le X \le 216) = 0{,}901$

(3) $\mu = 100$; $P(84 \le X \le 116) = 0{,}945$; $P(83 \le X \le 117) = 0{,}957$

289

2. a)

p	μ ± σ	1 σ-Umg.	2 σ-Umg.	3 σ-Umg.	2,58 σ-Umg.
0,1	10 ± 3	0,759	0,972	0,998	0,995
0,2	20 ± 4	0,740	0,967	0,998	0,996
0,25	25 ± 4,33	0,702	0,951	0,998	0,992
0,3	30 ± 4,58	0,674	0,963	0,997	0,988
0,4	40 ± 4,90	0,642	0,948	0,997	0,990
0,5	50 ± 5	0,729	0,965	0,998	0,988

b) Hier betrachtet man die zu a) gehörigen Misserfolgswahrscheinlichkeiten. Da die Standardabweichungen für p und $1 - p$ jeweils übereinstimmen und die Wahrscheinlichkeitsverteilungen durch Spiegelung aus den o. a. Verteilungen hervorgehen, ergeben sich dieselben Wahrscheinlichkeiten für die betrachteten Umgebungen.

289

3. Für $n = 100$ und $p = 0{,}05$ gilt: $\mu = 5$ und $\sigma \approx 2{,}18 < 3$:
$P(1\,\sigma\text{-Umgebung von } \mu) = P(3 \le X \le 7) = 0{,}754$;
$P(2\,\sigma\text{-Umgebung von } \mu) = P(1 \le X \le 9) = 0{,}966$;
$P(3\,\sigma\text{-Umgebung von } \mu) = P(0 \le X \le 11) = 0{,}996$;
$P(1{,}64\,\sigma\text{-Umgebung von } \mu) = P(2 \le X \le 8) = 0{,}900$;
$P(1{,}96\,\sigma\text{-Umgebung von } \mu) = P(1 \le X \le 9) = 0{,}966$;
$P(2{,}58\,\sigma\text{-Umgebung von } \mu) = P(0 \le X \le 10) = 0{,}989$

4. (A) $P(2{,}5\,\sigma\text{-Umgebung von } \mu) = 0{,}989$
(B) $P(2\,\sigma\text{-Umgebung von } \mu) = 0{,}960$
(C) $P(1{,}6\,\sigma\text{-Umgebung von } \mu) = 0{,}901$ ← Dies ist die gesuchte Umgebung!
(D) $P(1{,}3\,\sigma\text{-Umgebung von } \mu) = 0{,}823$
(E) nicht symmetrisch zu μ; $P(200 \le X \le 232) = 0{,}519$

5. … unterhalb von $\mu - 1{,}96\sigma$ oder oberhalb von $\mu + 1{,}96\sigma$ liegen.
Mit einer Wahrscheinlichkeit von ca. 10 % wird die Anzahl der Erfolge unterhalb von $\mu - 1{,}64\sigma$ oder oberhalb von $\mu + 1{,}64\sigma$ liegen.
Mit einer Wahrscheinlichkeit von ca. 1 % wird die Anzahl der Erfolge unterhalb von $\mu - 2{,}58\sigma$ oder oberhalb von $\mu + 2{,}58\sigma$ liegen.

6. **a)** (1) $\mu = 20$; $\sigma \approx 3{,}16$ (2) $\mu = 20$; $\sigma \approx 3{,}46$
Eine größere Streuung bedeutet, dass die Wahrscheinlichkeit für gleiche Umgebungen um den Erwartungswert kleiner ist, z. B.
(1) $P(16 \le X \le 24) = 0{,}846$ (2) $P(16 \le X \le 24) = 0{,}807$.

b) (1) Mit einer Wahrscheinlichkeit von 99 % liegt die Anzahl der Erfolge zwischen $\mu - 2{,}58\sigma$ und $\mu + 2{,}58\sigma$:
$n = 40$; $p = 0{,}5$; $2{,}58\sigma \approx 8{,}15$: $P(12 \le X \le 28) = 0{,}994$ bzw.
$n = 50$; $p = 0{,}4$; $2{,}58\sigma \approx 8{,}93$: $P(11 \le X \le 29) = 0{,}994$
(2) In 95,5 % der Fälle gilt: X liegt zwischen $\mu - 2\sigma$ und $\mu + 2\sigma$
$n = 40$; $p = 0{,}5$; $2\sigma \approx 6{,}32$: $P(14 \le X \le 26) = 0{,}962$ bzw.
$n = 50$; $p = 0{,}4$; $2\sigma \approx 6{,}92$: $P(13 \le X \le 27) = 0{,}971$
(3) $|X - \mu| > 1{,}64\sigma$ gilt nur in ca. 10 % der Fälle:
$n = 40$; $p = 0{,}5$; $1{,}64\sigma \approx 5{,}18$: $P(X < 15 \text{ oder } X > 25) = 0{,}081$ bzw.
$n = 50$; $p = 0{,}4$; $1{,}64\sigma \approx 5{,}67$: $P(X < 15 \text{ oder } X > 25) = 0{,}111$

7. **a)** $\mu = 20$; $\sigma = 4$
b) Mit einer Wahrscheinlichkeit von ca. 90 % wird man mindestens 14-mal und höchstens 26-mal gewinnen $\left(P(14 \le X \le 26) \approx 0{,}897\right)$.
c) Das Intervall entspricht der $1\,\sigma$-Umgebung von μ. Diese hat ca. eine Wahrscheinlichkeit von 68 %. Konkret: $P(16 \le X \le 24) \approx 0{,}740$. Dies ist also eine günstige Wette.
d) Die Aussage bedeutet $P(X < 10) \approx 0$. Mithilfe der σ-Regeln kann man sagen:
$P(X < \mu - 2{,}5\sigma) \approx \frac{1}{2} \cdot 0{,}01 = 0{,}005$. Tatsächlich gilt: $P(X < 10) = 0{,}002$.

289

8. Für das untere bzw. obere Quartil gilt:

(1) $Q_1 = 233$; $Q_3 = 247$; $P(233 \le X \le 247) \approx 0{,}556$

(2) $Q_1 = 114$; $Q_3 = 126$; $P(114 \le X \le 126) \approx 0{,}556$

(3) $Q_1 = 120$; $Q_3 = 130$; $P(120 \le X \le 130) \approx 0{,}513$

Für Erwartungswert und Standardabweichung gilt hier:

(1) $\mu = 240$; $\sigma \approx 9{,}80$; $\frac{1}{2} \cdot \frac{\text{Quartilabstand}}{\sigma} = \frac{7}{\sigma} \approx 0{,}71$

(2) $\mu = 120$; $\sigma \approx 8{,}49$; $\frac{1}{2} \cdot \frac{\text{Quartilabstand}}{\sigma} = \frac{6}{\sigma} \approx 0{,}71$

(3) $\mu = 125$; $\sigma \approx 7{,}91$; $\frac{1}{2} \cdot \frac{\text{Quartilabstand}}{\sigma} = \frac{5}{\sigma} \approx 0{,}63$

6.2 Einführung in Schlussverfahren der Beurteilenden Statistik

6.2.1 Prognose über zu erwartende Häufigkeiten

290

Einstiegsaufgabe ohne Lösung

- 90 %-Umgebung von $\mu = 250$: $\sigma \approx 11{,}18$; $1{,}64\sigma \approx 18{,}3$; $P(232 \le X \le 268) = 0{,}902$
- n-facher Münzwurf

	(1)	(2)	(3)	(4)
n	1 000	789	10 000	1 234
μ	500	394,5	5 000	617
σ	15,81	14,04	50	17,56
$1{,}64\sigma$	25,93	23,03	82	28,81
$1{,}96\sigma$	30,99	27,53	98	34,43
$2{,}58\sigma$	40,79	36,23	129	45,32
90 %	$P(474 \le X \le 526) = 0{,}906$	$P(371 \le X \le 418) = 0{,}913$	$P(4918 \le X \le 5082) = 0{,}901$	$P(588 \le X \le 646) = 0{,}907$
95 %	$P(469 \le X \le 531) = 0{,}954$	$P(367 \le X \le 422) = 0{,}954$	$P(4902 \le X \le 5098) = 0{,}951$	$P(583 \le X \le 651) = 0{,}951$
99 %	$P(459 \le X \le 541) = 0{,}991$	$P(358 \le X \le 431) = 0{,}992$	$P(4871 \le X \le 5129) = 0{,}990$	$P(572 \le X \le 662) = 0{,}990$

293

1.

p	μ	σ	$\mu - 1{,}64\sigma$	$\mu + 1{,}64\sigma$	Kontrollrechnung
0,67	482,4	12,62	461,7	503,1	$P(461 \le X \le 504) = 0{,}919$; $P(462 \le X \le 503) = 0{,}904$
0,72	518,4	12,05	498,6	538,2	$P(498 \le X \le 539) = 0{,}919$; $P(499 \le X \le 538) = 0{,}903$
0,57	410,4	13,28	388,6	432,2	$P(388 \le X \le 433) = 0{,}917$; $P(389 \le X \le 432) = 0{,}902$
0,40	288,0	13,15	266,4	309,6	$P(266 \le X \le 310) = 0{,}913$; $P(267 \le X \le 309) = 0{,}898$

294

2. $n = 3000$; $p = \frac{6}{49}$; $\mu \approx 367{,}35$; $\sigma \approx 17{,}95$; $1{,}64\sigma \approx 29{,}45$; $1{,}96\sigma \approx 35{,}19$

a) Punktschätzung: Die Zahl wird ungefähr 367-mal gezogen.
Intervallschätzung: Mit einer Wahrscheinlichkeit von ca. 95 % wird die Zahl mindestens 332-mal, höchstens 403-mal gezogen.
Wegen $P(X < \mu - 1{,}64\sigma) \approx 0{,}05$ bzw. $P(X > \mu + 1{,}64\sigma) \approx 0{,}05$ ergibt sich:
Mit einer Wahrscheinlichkeit von ca. 5 % wird die Zahl weniger als 337-mal gezogen (mehr als 396-mal).

b) Die Ziehungshäufigkeit liegt im 95 %-Intervall, gibt also keinen Anlass zur Irritation.

3. (1) $\mu = 30$; 90 %-Intervall: [22; 38]; $P(22 \le X \le 38) = 0{,}912$
(2) $\mu = 39$; 90 %-Intervall: [30; 48]; $P(30 \le X \le 48) = 0{,}905$
(3) $\mu = 500$; 90 %-Intervall: [466; 534]; $P(466 \le X \le 534) = 0{,}909$
(4) $\mu = 322$; 90 %-Intervall: [295; 349]; $P(295 \le X \le 349) = 0{,}907$

4. $n = 360$; $p = 0{,}95$; X: *Anzahl der einwandfreien Nägel*; $\mu = 342$; $\sigma \approx 4{,}14$; $1{,}64\sigma \approx 6{,}78$
$P(335 \le X \le 349) = 0{,}932$; $P(336 \le X \le 348) = 0{,}886$
Je nachdem, welches der beiden Intervalle betrachtet wird, ergibt sich eine Anzahl zwischen 11 und 25 bzw. 12 und 24 unbrauchbaren Nägeln.

5. $P(\text{mindestens ein Ass}) = 1 - P(\text{kein Ass}) = 1 - \frac{28}{32} \cdot \frac{27}{31} \cdot \frac{26}{30} = \frac{421}{1240} \approx 0{,}3395$

- $n = 100$; $\mu \approx 33{,}95$; $\sigma \approx 4{,}74$
  90 %-Umgebung zwischen 26 und 42
  95 %-Umgebung zwischen 25 und 43
  99 %-Umgebung zwischen 22 und 46
- $n = 200$; $\mu \approx 67{,}90$; $\sigma \approx 6{,}70$
  90 %-Umgebung zwischen 56 und 79
  95 %-Umgebung zwischen 55 und 81
  99 %-Umgebung zwischen 51 und 85
- $n = 500$; $\mu \approx 169{,}76$; $\sigma \approx 10{,}59$
  90 %-Umgebung zwischen 153 und 187
  95 %-Umgebung zwischen 149 und 191
  99 %-Umgebung zwischen 143 und 197

6. a) X: *Anzahl der vom Prüfer verteilten Plaketten*
X ist binomialverteilt mit
n: Anzahl der vom jeweiligen Prüfer untersuchten Autos
p: Anteil der von der Prüfstelle insgesamt positiven bewerteten Autos
$n = 875$; $p = \frac{9650}{15300} \approx 0{,}6307$; $\mu = 551{,}9$; $\sigma = 14{,}3$
95%-Intervall: [524; 579]
Kontrollrechnung: $P(524 \le X \le 579) = 95{,}02\,\%$
Das Ergebnis des Prüfers liegt in dem Intervall, also keine signifikante Abweichung.

294

b)
- $n = 1\,008$; $p = \frac{5\,070}{8\,310} \approx 0{,}6101$
  95 %-Intervall: [585; 645]
  Kontrollrechnung: $P(585 \le X \le 645) = 95{,}12\,\%$
  Das Ergebnis des Prüfers liegt in dem Intervall, also keine signifikante Abweichung.
- $n = 1\,072$; $p = \frac{3\,240}{4\,920} \approx 0{,}6585$
  95 %-Intervall: [676; 736]
  Kontrollrechnung: $P(676 \le X \le 736) = 95{,}06\,\%$
  Das Ergebnis des Prüfers liegt in dem Intervall, also keine signifikante Abweichung.
- $n = 1\,229$; $p = \frac{4\,180}{6\,770} \approx 0{,}6174$
  95 %-Intervall: [726; 792]
  Kontrollrechnung: $P(726 \le X \le 792) = 95{,}08\,\%$
  Das Ergebnis des Prüfers liegt oberhalb des Intervalls.
  Der Prüfer scheint sehr großzügig zu sein.

7. X: *Anzahl der Spiele, in denen die Kugel auf einem bestimmten Feld liegen geblieben ist*
$n = 3\,700$; $p = \frac{1}{37}$; $\mu = 100$; $\sigma \approx 9{,}86$
90 %-Umgebung von μ: $84 \le X \le 116$ (Kontrolle: 90,6 %)
95 %-Umgebung von μ: $81 \le X \le 119$ (Kontrolle: 95,2 %)
99 %-Umgebung von μ: $75 \le X \le 125$ (Kontrolle: 98,9 %)
Als signifikant abweichend würde man Anzahlen unterhalb von 81 bzw. oberhalb von 119 bezeichnen.

295

8. X: *Anzahl der Personen, die tatsächlich zur Wahl gegangen sind*;
$p = 0{,}724$; $n = 800$; $\mu = 579{,}2$; $\sigma \approx 12{,}64$
Intervallschätzung (95 %): $554 \le X \le 604$; Kontrolle: $P(554 \le X \le 604) = 95{,}64\,\%$
Als signifikante Abweichung würde man Anzahlen oberhalb von 604 und unterhalb von 554 bezeichnen.

9. a) X: *Anzahl der volljährigen Bundesbürger unter 30 Jahren*; $n = 800$; $p = 0{,}158$
Punktschätzung: $\mu = 126{,}4$; ca. 126 der 800 zufällig ausgewählten Bundesbürger gehören zu dieser Bevölkerungsgruppe.
Intervallschätzung: $\sigma \approx 10{,}32$; $1{,}96\sigma \approx 20{,}22$; $\mu - 1{,}96\sigma \approx 106{,}2$; $\mu + 1{,}96\sigma \approx 146{,}6$
In der Stichprobe werden mit einer Wahrscheinlichkeit von ca. 95 % zwischen 106 und 147 Personen der betrachteten Bevölkerungsgruppe sein.
Kontrollrechnung: $P(106 \le X \le 147) = 0{,}958$; $P(107 \le X \le 146) = 0{,}948$.

b) $\frac{106{,}2}{800} \approx 0{,}133 = 13{,}3\,\%$; $\frac{146{,}6}{800} \approx 0{,}183 = 18{,}3\,\%$
In der Stichprobe werden mit einer Wahrscheinlichkeit von ca. 95 % zwischen 13,3 % und 18,3 % Personen der betrachteten Bevölkerungsgruppe sein.

295

10. $p = \frac{1}{6}$

n	σ	$\frac{\sigma}{n}$	$p - 1{,}96\frac{\sigma}{n}$	$p + 1{,}96\frac{\sigma}{n}$
100	3,727	0,037	0,094	0,240
200	5,270	0,026	0,115	0,218
300	6,455	0,022	0,124	0,209
400	7,454	0,019	0,130	0,203
500	8,333	0,017	0,134	0,199

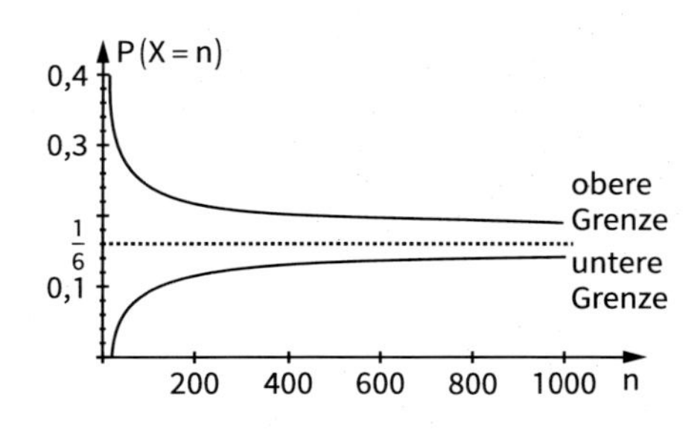

Die Breite der Umgebung verhält sich umgekehrt proportional zur Wurzel aus dem Stichprobenumfang.

11. Das endgültige Wahlergebnis wird als Erfolgswahrscheinlichkeit p des Zufallsversuchs interpretiert; das Ergebnis der Wahltagsbefragung wird mit dem 95 %-Intervall verglichen:

a) Bundestagswahl 2005; n = 102 713

Partei	p	Stichproben-ergebnis	$p - 1{,}96\frac{\sigma}{n}$	$p + 1{,}96\frac{\sigma}{n}$	Kommentar
CDU/CSU	0,352	0,355	0,349	0,355	(am Rand)
SPD	0,342	0,340	0,339	0,345	verträglich
FDP	0,098	0,105	0,096	0,100	signifikant
Grüne	0,081	0,085	0,079	0,083	signifikant
Linke	0,087	0,075	0,085	0,089	signifikant

Bundestagswahl 2009; n = 95 347

Partei	p	Stichproben-ergebnis	$p - 1{,}96\frac{\sigma}{n}$	$p + 1{,}96\frac{\sigma}{n}$	Kommentar
CDU/CSU	0,338	0,335	0,335	0,341	(am Rand)
SPD	0,230	0,225	0,227	0,233	signifikant
FDP	0,146	0,150	0,144	0,148	signifikant
Grüne	0,107	0,105	0,105	0,109	(am Rand)
Linke	0,119	0,125	0,117	0,121	signifikant

Bundestagswahl 2013; n = 104 584

Partei	p	Stichproben-ergebnis	$p - 1{,}96\frac{\sigma}{n}$	$p + 1{,}96\frac{\sigma}{n}$	Kommentar
CDU/CSU	0,415	0,420	0,412	0,418	signifikant
SPD	0,257	0,260	0,254	0,260	(am Rand)
FDP	0,048	0,047	0,047	0,049	(am Rand)
Grüne	0,084	0,080	0,082	0,086	signifikant
Linke	0,086	0,085	0,084	0,088	verträglich

295

b) Landtagswahl 2005; n = 48 522

Partei	p	Stichproben-ergebnis	$p - 1{,}96\frac{\sigma}{n}$	$p + 1{,}96\frac{\sigma}{n}$	Kommentar
CDU	0,448	0,450	0,444	0,452	verträglich
SPD	0,371	0,375	0,367	0,375	(am Rand)
Grüne	0,062	0,060	0,060	0,064	(am Rand)
FDP	0,062	0,060	0,060	0,064	(am Rand)
WASG	0,022	0,024	0,021	0,023	signifikant

Landtagswahl 2010; n = 44 424

Partei	p	Stichproben-ergebnis	$p - 1{,}96\frac{\sigma}{n}$	$p + 1{,}96\frac{\sigma}{n}$	Kommentar
CDU	0,346	0,345	0,342	0,350	verträglich
SPD	0,345	0,345	0,341	0,349	verträglich
Grüne	0,121	0,125	0,118	0,124	signifikant
FDP	0,067	0,065	0,065	0,069	(am Rand)
Linke	0,056	0,055	0,054	0,058	verträglich

Landtagswahl 2012; n = 44 042

Partei	p	Stichproben-ergebnis	$p - 1{,}96\frac{\sigma}{n}$	$p + 1{,}96\frac{\sigma}{n}$	Kommentar
CDU	0,263	0,260	0,259	0,267	verträglich
SPD	0,391	0,390	0,386	0,396	verträglich
Grüne	0,113	0,120	0,110	0,116	signifikant
FDP	0,086	0,085	0,083	0,089	verträglich
Piraten	0,078	0,075	0,076	0,080	signifikant

296

12. a) $P(X > 360) = 1 - P(X \le 360) = 0{,}093 = 9{,}3\,\%$

	n	μ	1,64 σ	90 %-Intervall	5 % oberhalb von
b) (1)	375	330	10,32	$319 \le X \le 341$	341
(2)	390	343,2	10,52	$332 \le X \le 354$	354
(3)	410	360,8	10,79	$350 \le X \le 372$	372
c)	400	352	10,66	$341 \le X \le 363$	363
	396	348,48	10,61	$337 \le X \le 360$	360
	397	349,36	10,62	$338 \le X \le 360$	360

Kontrollrechnung: n = 397: $P(X > 360) = 0{,}039$; n = 398: $P(X > 360) = 0{,}053$

296

13. X: *Anzahl der Beschäftigten, die mit dem Auto zur Arbeit kommen*;
$n = 200$; $p = 0{,}4$; $\mu = 80$; $1{,}28\sigma \approx 8{,}87$;
$P(71 \le X \le 89) \approx 80\,\%$, also: $P(X \le 89) \approx 90\,\%$

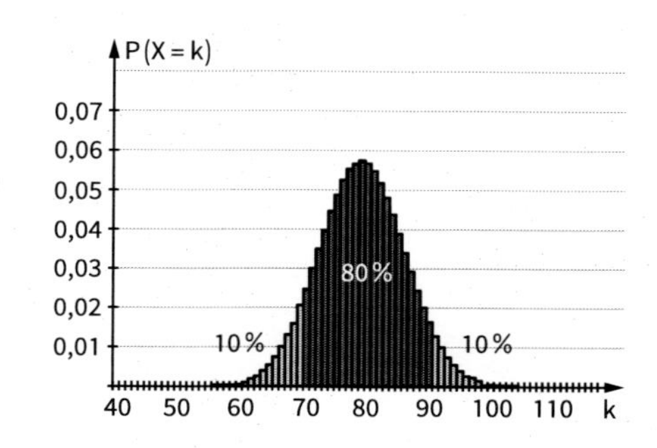

14. a) **Anmerkung zur ersten Auflage:** Die Aufgabenstellung in a) ist allgemein gehalten, sinnvoll wäre es aber, das 80 %-Niveau zu verwenden, als Vorbereitung für b).
X: *Anzahl der Fluggäste, die tatsächlich fliegen wollen*

	n	μ	1,28σ	symmetrisches 80 %-Intervall	Folgerung	16,4σ	symmetrisches 90 %-Intervall	Folgerung
(1)	290	261	6,54	$254 \le X \le 268$	$P(x \le 268) \approx 90\,\%$	8,38	$253 \le X \le 269$	$P(x \le 269) \approx 95\,\%$
(2)	300	270	6,65	$263 \le X \le 277$	$P(x \le 277) \approx 90\,\%$	8,52	$261 \le X \le 279$	$P(x \le 279) \approx 95\,\%$
(3)	320	288	6,87	$281 \le X \le 295$	$P(x \le 295) \approx 90\,\%$	8,80	$279 \le X \le 297$	$P(x \le 297) \approx 95\,\%$

b) Aus den 80 %-Intervallen kann man ablesen:
Wenn 290 Buchungen angenommen werden, dann müssen mit einer Wahrscheinlichkeit von ca. 90 % etwa 268 Plätze in einer Maschine zur Verfügung stehen.
Bei 300 Buchungen … 277 Plätze, bei 320 Buchungen … 295 Plätze.
Hinweis: Nicht gestellt ist hier die Frage: Wie viel Buchungen dürfen angenommen werden, damit in 90 % der Fälle die 270 Plätze ausreichen.
Dieses Problem könnte durch systematisches Probieren gelöst werden:

n	μ	1,28σ	80 %-Intervall	Folgerung
292	262,8	6,56	$256 \le X \le 270$	$P(X \le 270) \approx 90\,\%$
293	263,7	6,57	$256 \le X \le 271$	$P(X \le 271) \approx 90\,\%$

oder mithilfe des Gleichungslösers des GTR:
Ansatz: $\mu + 1{,}28\sigma \le 270 \Leftrightarrow n \cdot 0{,}9 + 1{,}28 \cdot \sqrt{n \cdot 0{,}9 \cdot 0{,}1} \le 270$
Der GTR findet als Lösung der Gleichung den Wert $n \approx 292{,}7$.
Kontrollrechnung:
$n = 292$: $P(X \le 270) = 0{,}938$; $n = 293$: $P(X \le 270) = 0{,}911$; $n = 294$: $P(X \le 270) = 0{,}876$

296

15. a) X: *Anzahl der Fahrgäste, die zum Interview bereit sind;* $n = 800$; $p = 0{,}56$; $\mu = 448$; $1{,}64\,\sigma \approx 23{,}03$; $P(424 \le X \le 472) \approx 0{,}90$

b)

n	μ	1,64 σ	90 %-Intervall	Konsequenz
1 000	560	25,74	$534 \le X \le 586$	$P(X \ge 534) \approx 95\,\%$
950	532	25,09	$506 \le X \le 558$	$P(X \ge 506) \approx 95\,\%$
940	526,4	24,96	$501 \le X \le 552$	$P(X \ge 501) \approx 95\,\%$
938	525,28	24,93	$500 \le X \le 551$	$P(X \ge 500) \approx 95\,\%$

Kontrollrechnung:
$n = 936$: $P(X \ge 500) = 0{,}948$; **$n = 937$: $P(X \ge 500) = 0{,}951$**; $n = 938$: $P(X \ge 500) = 0{,}955$
Wenn 937 Personen angesprochen werden, kann man mit einer Wahrscheinlichkeit von ca. 95 % davon ausgehen, dass man mindestens 500 ausgefüllte Fragebögen erhält.

6.2.2 Mithilfe einer Entscheidungsregel von der Stichprobe auf die Gesamtheit schließen

297

Einstiegsaufgabe ohne Lösung

a) Anwenden der Sigma-Regeln ergibt:
X: *Anzahl der Sechsen*; $n = 120$; $p = \frac{1}{6}$; $\mu = 20$; $1{,}64\,\sigma \approx 6{,}70$;
also $P(13 \le X \le 27) \approx 0{,}95$ und $P(X < 13 \text{ oder } X > 27) \approx 0{,}05$.

b) Zufällig (nämlich insgesamt mit der Wahrscheinlichkeit 5 %) kann es zu Ergebnissen kommen, bei denen man den Würfel nicht kauft, obwohl er in Ordnung ist.

299

1. a) Anwenden der Sigma-Regeln ergibt:
X: *Anzahl der Würfe, bei denen ein Dreieck oben liegt*; $n = 120$; $p = 0{,}366$; $\mu = 43{,}92$; $1{,}64\,\sigma \approx 8{,}65$; also $P(35 \le X \le 53) \approx 0{,}90$; $1{,}96\,\sigma = 10{,}34$; also $P(33 \le X \le 55) \approx 0{,}95$.
Die Entscheidungsregel orientiert sich grob an diesen beiden Sigma-Regeln.
(Kontrollrechnung: $P(X < 34 \text{ oder } X > 54) \approx 4{,}6\,\%$)

b) Tatsächlich liegt dem Zufallsexperiment $p = 0{,}366$ für die Dreieckslage zugrunde, aber zufällig bleibt das Kuboktaeder weniger als 34-mal oder mehr als 54-mal auf einer Dreiecksseite liegen. Oder: Man merkt nicht, dass die Erfolgswahrscheinlichkeit falsch ist, weil zufällig das Ergebnis im Intervall [34; 54] liegt.

c) $p = 0{,}232$: $P(34 \le X \le 54) = \text{binomcdf}(120, 0.232, 34, 54) = 0{,}112$
Obwohl eine ziemlich stark abweichende Erfolgswahrscheinlichkeit dem Versuch zugrunde liegt, könnte es mit einer Wahrscheinlichkeit von ca. 11 % passieren, dass der o. a. Ansatz nicht verworfen würde.

2. Ansatz: Die Form der Schuhe spielt keine Rolle, d. h. dem Experiment liegt $p = 0{,}5$ für linke (bzw. rechte) Schuhe zugrunde.
Texel: $n = 107$; $p = 0{,}5$; $\mu = 53{,}5$; $1{,}96\,\sigma \approx 10{,}14$; $P(43 \le X \le 64) \approx 0{,}95$
Entscheidungsregel: Verwirf den Ansatz, wenn unter den 107 Schuhen weniger als 43 oder mehr als 64 linke Schuhe sind.
Shetland: $n = 156$; $p = 0{,}5$; $\mu = 78$; $1{,}96\,\sigma \approx 12{,}24$; $P(65 \le X \le 91) \approx 0{,}95$
Entscheidungsregel: Verwirf den Ansatz, wenn unter den 156 Schuhen weniger als 65 oder mehr als 91 linke Schuhe sind.

299

3. **a)** X: *Anzahl der Körner der einen Substanz*; $n = 400$; $p = 0{,}2$; $\mu = 80$; $1{,}96\sigma \approx 15{,}68$
$P(64 \le X \le 86) \approx 0{,}95$
Entscheidungsregel: Verwirf den Ansatz der korrekten Mischung, wenn in der Stichprobe weniger als 64 oder mehr als 86 Körner der ersten Sunstanz enthalten sind.

b) (1) $n = 158$; $p = 0{,}2$; $\mu = 31{,}6$; $1{,}96\sigma \approx 9{,}85$; $P(21 \le X \le 42) \approx 0{,}95$
Die Anzahl von 43 Körnern der ersten Substanz liegt außerhalb der 95 %-Umgebung. Dies würde man zum Anlass nehmen, an der korrekten Mischung zu zweifeln.

(2) $n = 127$; $p = 0{,}2$; $\mu = 25{,}4$; $1{,}96\sigma \approx 8{,}84$; $P(15 \le X \le 35) \approx 0{,}95$
Die Anzahl von 17 Körnern der ersten Substanz liegt innerhalb der 95 %-Umgebung. Man hat keinen Anlass, an der korrekten Mischung zu zweifeln.

300

4. **a)** Anwenden der Sigma-Regel: $n = 1\,000$; $p = 0{,}5$; $\mu = 500$; $1{,}96\sigma \approx 31{,}0$;
$P(469 \le X \le 531) \approx 0{,}95$

b) Da es zufällig – nämlich in 5 % der Fälle – vorkommen kann, dass weniger als 469-mal oder mehr als 531-mal eine Null (bzw. eine Eins) kommt, kann man den Standpunkt einnehmen, dass dies gar nicht so selten ist.

c) (1) Mit randInt(0, 1, 1 000) werden 1 000 Nullen oder Einsen erzeugt.
Durch den Sum-Befehl werden diese addiert.
Damit erhält man daher die Anzahl der Einsen unter den 1 000 Zufallszahlen.

(2) Da es in ca. 5 % der 1 000-fachen Münzwurf-Simulationen vorkommt, dass weniger als 469 Einsen oder mehr als 531 Einsen auftreten, ist es unnütz, den Versuch so lange zu wiederholen, bis ein solch extremes Ergebnis vorkommt. Beweisen kann man auf diese Weise sowieso nichts. Jan könnte vielmehr den Versuch sehr oft durchführen und zählen, wie oft das Ergebnis außerhalb des Intervalls [469; 531] liegt. Wenn das dann ungefähr in 5 % der Versuchsdurchführungen der Fall ist, stimmt dies genau mit der Prognose der Sigma-Regeln überein.

5. X: *Anzahl der Fahrzeuge des betrachteten Herstellers*; $n = 449$; $p = \frac{1\,774}{5\,239}$;
$\mu \approx 152{,}04$; $1{,}96\sigma \approx 19{,}65$; $P(132 \le X \le 172) \approx 0{,}95$
Wenn weniger als 132 oder mehr als 172 Anmeldungen von Fahrzeugen des betrachteten Herstellers unter den Neuanmeldungen sind, kann man sagen, dass sich der Anteil signifikant geändert hat.

6. **a)** Anwenden der Sigma-Regel: X: *Anzahl der Nachkommen des dominanten Typs*;
$n = 100$; $p = 0{,}75$; $\mu = 75$; $1{,}64\sigma \approx 7{,}1$; $P(67 \le X \le 83) \approx 0{,}90$; $1{,}96\sigma \approx 8{,}49$;
$P(66 \le X \le 84) \approx 0{,}95$
Kontrollrechnung: $P(68 \le X \le 82) = 0{,}918$; $\mathbf{P(67 \le X \le 83) = 0{,}951}$; $P(66 \le X \le 84) = 0{,}972$
Die Sigma-Regel liefern nur ungefähre Grenzen der Umgebung.

300

b) Auch wenn dem Kreuzungsversuch tatsächlich die MENDEL'schen Gesetze zugrunde liegen, kann es zufällig in 5 % der Fälle dennoch zu weniger als 67 oder mehr als 83 Nachkommen mit dominanter Ausprägung kommen. Dann würde man irrtümlich den Ansatz der MENDEL'schen Gesetze verwerfen, obwohl sie zutreffen.
Andererseits könnte es auch sein, dass die MENDEL'schen Gesetze dem Vererbungsvorgang nicht zugrunde liegen. Dies würde man nicht bemerken, wenn zwischen 67 und 83 Nachkommen mit dominanter Ausprägung in der Stichprobe auftreten. Man würde also zukünftig irrtümlich von der Gültigkeit der MENDEL'schen Gesetze in diesem Vererbungsvorgang ausgehen, obwohl sie nicht angewendet werden können

6.3 Untersuchung stochastischer Prozesse

6.3.1 Bestimmung von Zuständen mithilfe von Übergangsmatrizen

301

Einstiegsaufgabe ohne Lösung

(1) Am Diagramm kann man beispielsweise ablesen, dass 20 % der Abonnenten von *kurz und knapp tv* bei dieser Zeitschrift bleiben, 50 % zu *Alles im Blick* wechseln und 30 % zu *Fernsehen heute*.

(2)

		Wechsel von		
		kurz und knapp tv	*Fernsehen heute*	*Alles im Blick*
Wechsel nach	*kurz und knapp tv*	0,2	0,1	0,05
	Fernsehen heute	0,3	0,4	0,25
	Alles im Blick	0,5	0,5	0,7

(3) Aus den Pfad-Wahrscheinlichkeiten des Baumdiagramms ist zu entnehmen, dass die Marktanteile in einem Jahr wie folgt aussehen werden:
P (kurz und knapp)
= 0,090 + 0,020 + 0,0175 = 0,1275
P (Fernsehen heute)
= 0,135 + 0,080 + 0,0875 = 0,3025
P (Alles im Blick)
= 0,225 + 0,100 + 0,245 = 0,5700

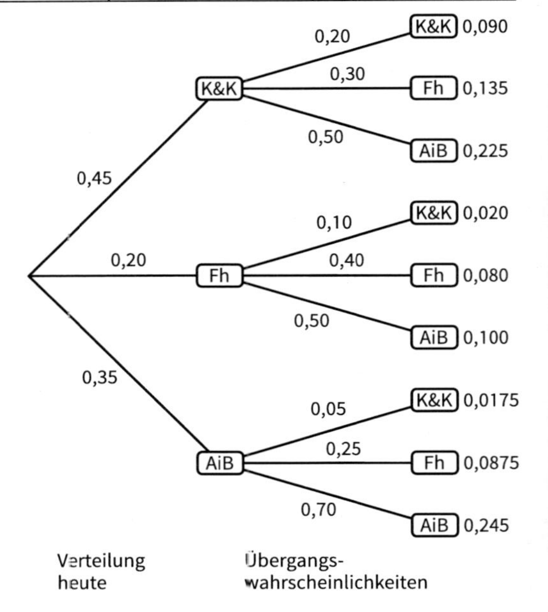

306

1. a)

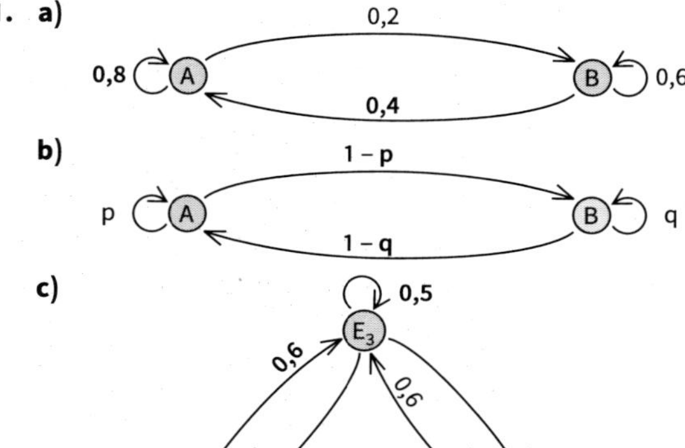

2. a)

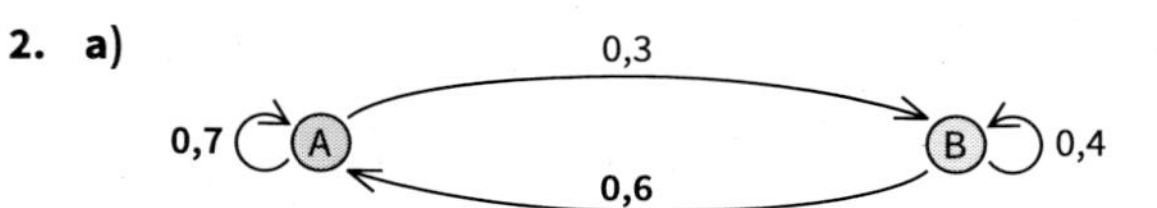

$M = \begin{pmatrix} 0,7 & 0,6 \\ 0,3 & 0,4 \end{pmatrix}$

b)

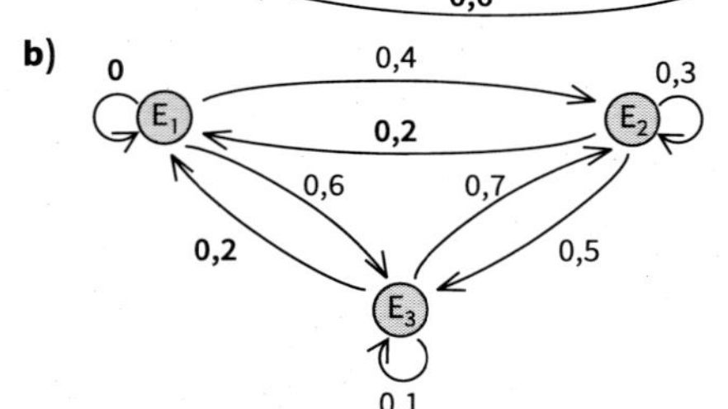

$M = \begin{pmatrix} 0 & 0,2 & 0,2 \\ 0,4 & 0,3 & 0,7 \\ 0,6 & 0,5 & 0,1 \end{pmatrix}$

c) Das Diagramm ist vollständig, da die übrigen Übergänge alle die Wahrscheinlichkeit 0 haben, d. h. man kann auf die Pfeile verzichten.

$M = \begin{pmatrix} 0,5 & 0 & 0 & 0,6 \\ 0,3 & 0,4 & 0 & 0,4 \\ 0 & 0,4 & 0,5 & 0 \\ 0,2 & 0,2 & 0,5 & 0 \end{pmatrix}$

307

3. a) $\begin{pmatrix} 0,1 & 0,8 \\ 0,9 & 0,2 \end{pmatrix}$ **b)** $\begin{pmatrix} 0,7 & 0 \\ 0,3 & 1 \end{pmatrix}$ **c)** $\begin{pmatrix} 0,4 & 0 & 0,8 \\ 0,1 & 0,2 & 0,2 \\ 0,5 & 0,8 & 0 \end{pmatrix}$

4. (1) Übergang von E_3 nach E_2
(2) 0,35
(3) Wahrscheinlichkeit für den Übergang von E_1 nach E_2
(4) 0,15

5. a)

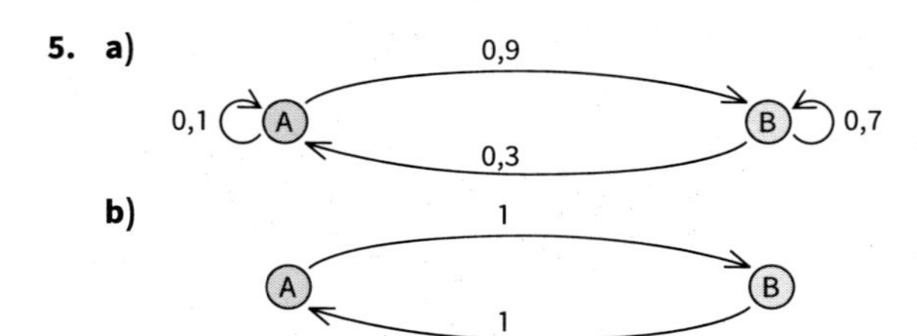

307

c) d)

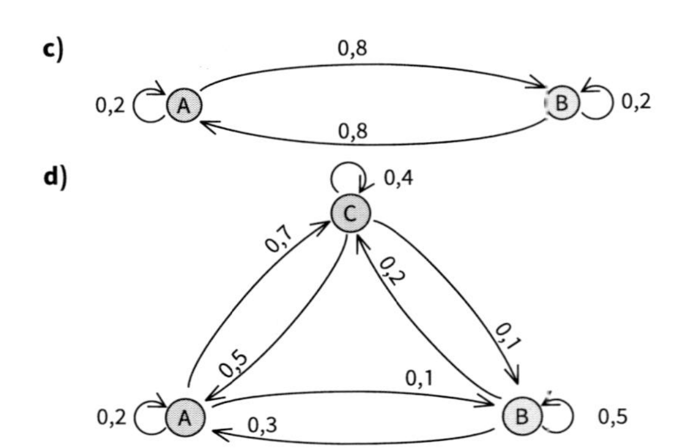

6. a)

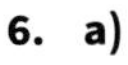

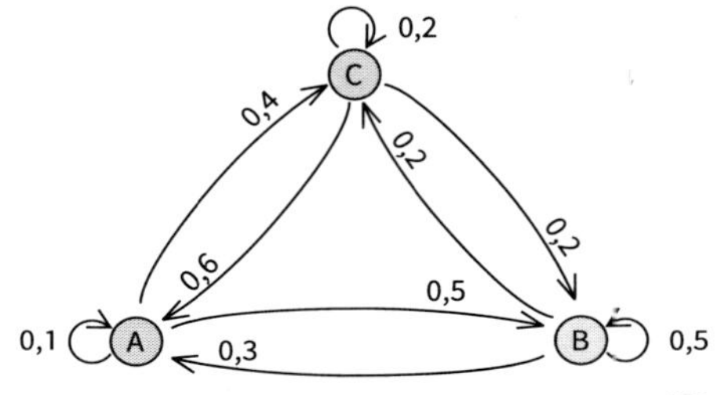

P(A) = 0,01 + 0,09 + 0,36 = 0,46
P(B) = 0,05 + 0,12 + 0,12 = 0,29
P(C) = 0,04 + 0,09 + 0,12 = 0,25

b)

0,1 → A: 0,1 → A 0,01; 0,5 → B 0,05; 0,4 → C 0,04

0,3 → B: 0,3 → A 0,09; 0,4 → B 0,12; 0,3 → C 0,09

0,6 → C: 0,6 → A 0,36; 0,2 → B 0,12; 0,2 → C 0,12

Zustand vor Veränderung — Übergangswahrscheinlichkeiten

c) $\begin{pmatrix} 0{,}46 \\ 0{,}29 \\ 0{,}25 \end{pmatrix}$

307

7. a) $\begin{pmatrix} 0{,}5 & 0{,}1 & 0{,}05 & 0{,}1 \\ 0{,}2 & 0{,}4 & 0{,}05 & 0{,}2 \\ 0{,}1 & 0{,}3 & 0{,}8 & 0{,}1 \\ 0{,}2 & 0{,}2 & 0{,}1 & 0{,}6 \end{pmatrix}$

b) $\begin{pmatrix} 0{,}5 & 0{,}1 & 0{,}05 & 0{,}1 \\ 0{,}2 & 0{,}4 & 0{,}05 & 0{,}2 \\ 0{,}1 & 0{,}3 & 0{,}8 & 0{,}1 \\ 0{,}2 & 0{,}2 & 0{,}1 & 0{,}6 \end{pmatrix} \cdot \begin{pmatrix} 0{,}25 \\ 0{,}25 \\ 0{,}25 \\ 0{,}25 \end{pmatrix} = \begin{pmatrix} 0{,}1875 \\ 0{,}2125 \\ 0{,}3250 \\ 0{,}2750 \end{pmatrix}$ (nach einem Tag)

8.

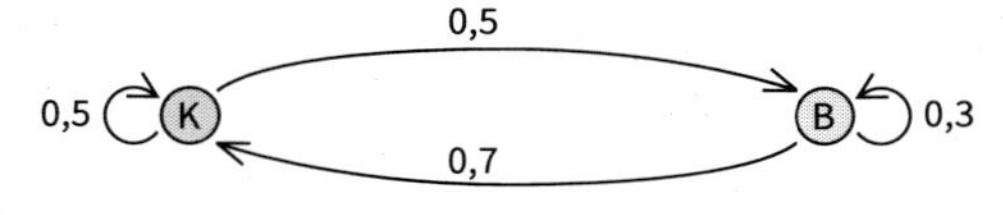

(1) $\begin{pmatrix} 0{,}5 & 0{,}7 \\ 0{,}5 & 0{,}3 \end{pmatrix} \cdot \begin{pmatrix} 0{,}5 \\ 0{,}5 \end{pmatrix} = \begin{pmatrix} 0{,}6 \\ 0{,}4 \end{pmatrix}$ (2) $\begin{pmatrix} 0{,}5 & 0{,}7 \\ 0{,}5 & 0{,}3 \end{pmatrix} \cdot \begin{pmatrix} 0{,}\overline{6} \\ 0{,}\overline{3} \end{pmatrix} = \begin{pmatrix} 0{,}5\overline{6} \\ 0{,}4\overline{3} \end{pmatrix}$

6.3.2 Untersuchung stochastischer Prozesse mithilfe der Matrizenmultiplikation

308

Einstiegsaufgabe ohne Lösung

a) Übergangsmatrix (Reihenfolge: Modi – A-Kauf – Centy)

$M = \begin{pmatrix} 0{,}80 & 0{,}10 & 0{,}05 \\ 0{,}05 & 0{,}70 & 0{,}05 \\ 0{,}15 & 0{,}20 & 0{,}90 \end{pmatrix}$; Startvektor $\vec{a} = \begin{pmatrix} 0{,}3 \\ 0{,}5 \\ 0{,}2 \end{pmatrix}$

Marktanteil nach 1 Jahr: $M \cdot \vec{a} = \begin{pmatrix} 0{,}3 \\ 0{,}375 \\ 0{,}325 \end{pmatrix}$

Marktanteil nach 2 Jahren: $M^2 \cdot \vec{a} = \begin{pmatrix} 0{,}29375 \\ 0{,}29375 \\ 0{,}4125 \end{pmatrix}$

Marktanteil nach 3 Jahren: $M^3 \cdot \vec{a} \approx \begin{pmatrix} 0{,}285 \\ 0{,}241 \\ 0{,}474 \end{pmatrix}$

Marktanteil nach 4 Jahren: $M^4 \cdot \vec{a} \approx \begin{pmatrix} 0{,}276 \\ 0{,}207 \\ 0{,}518 \end{pmatrix}$

Marktanteil nach 5 Jahren: $M^5 \cdot \vec{a} \approx \begin{pmatrix} 0{,}267 \\ 0{,}184 \\ 0{,}549 \end{pmatrix}$

b) Zu lösen ist das lineare Gleichungssystem $\begin{vmatrix} 0{,}8\, x_1 + 0{,}1\, x_2 + 0{,}05\, x_3 = 0{,}3 \\ 0{,}05\, x_1 + 0{,}7\, x_2 + 0{,}05\, x_3 = 0{,}5 \\ 0{,}15\, x_1 + 0{,}2\, x_2 + 0{,}9\, x_3 = 0{,}2 \end{vmatrix}$

Mithilfe des GTR findet man $x_1 \approx 0{,}287$; $x_2 \approx 0{,}692$; $x_3 \approx 0{,}021$.

Alternativ kann man mithilfe des GTR folgende Rechnung durchführen: $M^{-1} \cdot \vec{a} \approx \begin{pmatrix} 0{,}287 \\ 0{,}692 \\ 0{,}021 \end{pmatrix}$

311 **1.** Zustände: A: 0 Zigaretten; B: 10 Zigaretten; C: 20 Zigaretten

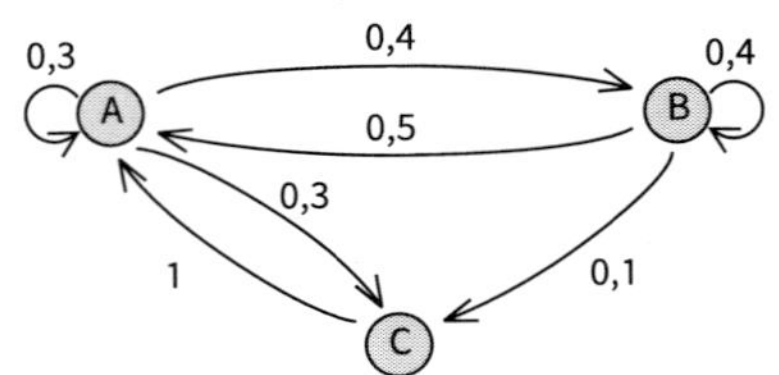

Übergangsmatrix: $M = \begin{pmatrix} 0{,}3 & 0{,}5 & 1 \\ 0{,}4 & 0{,}4 & 0 \\ 0{,}3 & 0{,}1 & 0 \end{pmatrix}$

Man stellt fest: Gleichgültig, welcher Startvektor gewählt wurde,

$\vec{a} = \begin{pmatrix} 1 \\ 0 \\ 0 \end{pmatrix}$ oder $\vec{a} = \begin{pmatrix} 0 \\ 1 \\ 0 \end{pmatrix}$ oder $\vec{a} = \begin{pmatrix} 0 \\ 0 \\ 1 \end{pmatrix}$, nach 1 Monat (= 30 Tagen) ergibt sich $M^{30} \cdot \vec{a} \approx \begin{pmatrix} 0{,}492 \\ 0{,}328 \\ 0{,}180 \end{pmatrix}$,

d. h. im Mittel beträgt der Zigarettenkonsum etwa $0{,}492 \cdot 0 + 0{,}328 \cdot 10 + 0{,}180 \cdot 20 = 6{,}88$ Zigaretten pro Tag. Der Konsum wurde also gesenkt.

312 **2. a)** Grafik siehe rechts

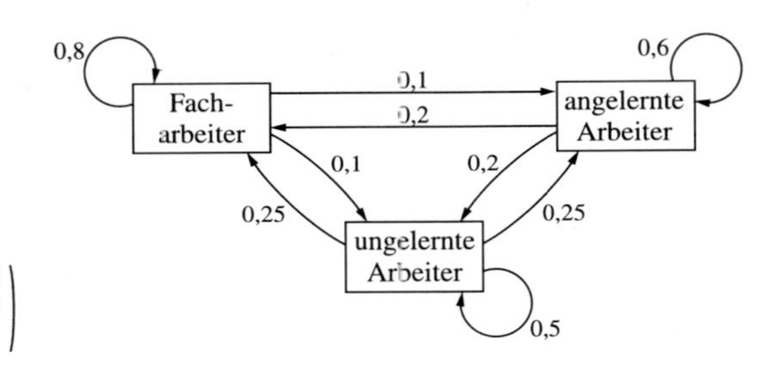

$M = \begin{pmatrix} 0{,}8 & 0{,}2 & 0{,}25 \\ 0{,}1 & 0{,}6 & 0{,}25 \\ 0{,}1 & 0{,}2 & 0{,}5 \end{pmatrix}$

$M^2 = \begin{pmatrix} 0{,}685 & 0{,}33 & 0{,}375 \\ 0{,}165 & 0{,}43 & 0{,}3 \\ 0{,}15 & 0{,}24 & 0{,}325 \end{pmatrix}$

$M^3 = \begin{pmatrix} 0{,}6185 & 0{,}41 & 0{,}44125 \\ 0{,}205 & 0{,}351 & 0{,}29875 \\ 0{,}1765 & 0{,}239 & 0{,}26 \end{pmatrix}$

$M^4 \approx \begin{pmatrix} 0{,}580 & 0{,}458 & 0{,}478 \\ 0{,}229 & 0{,}311 & 0{,}288 \\ 0{,}191 & 0{,}231 & 0{,}234 \end{pmatrix}$

b) Am Matrixelement a_{12} ist ablesbar, mit welcher Wahrscheinlichkeit der Übergang vom Zustand „angelernter Arbeiter" zum Zustand „Facharbeiter" eintritt.
Enkel: 33 %; Urenkel: 41 %; Ururenkel: 45,8 %

c) Startvektor: $\vec{v_0} = \begin{pmatrix} 0{,}3 \\ 0{,}4 \\ 0{,}3 \end{pmatrix}$;

Zustandsvektor nach *einer* Generation: $\vec{v_1} = M \cdot \vec{v_0} = \begin{pmatrix} 0{,}395 \\ 0{,}345 \\ 0{,}26 \end{pmatrix}$;

nach zwei Generationen: $\vec{v_2} = M^2 \cdot \vec{v_0} = \begin{pmatrix} 0{,}45 \\ 0{,}3115 \\ 0{,}2385 \end{pmatrix}$;

nach drei Generationen: $\vec{v_3} = M^3 \cdot \vec{v_0} \approx \begin{pmatrix} 0{,}4819 \\ 0{,}2915 \\ 0{,}2266 \end{pmatrix}$;

...

nach zehn Generationen: $\vec{v_{10}} = M^{10} \cdot \vec{v_0} \approx \begin{pmatrix} 0{,}525 \\ 0{,}264 \\ 0{,}211 \end{pmatrix}$

Der Zustand nähert sich immer mehr einem Grenzzustand von $\vec{v_\infty} \approx \begin{pmatrix} 0{,}526 \\ 0{,}263 \\ 0{,}211 \end{pmatrix}$.

312

3. Übergangsmatrix:

a) $M = \begin{pmatrix} 0 & 0{,}6 & 0 & 0 & 0{,}4 \\ 0{,}4 & 0 & 0{,}6 & 0 & 0 \\ 0 & 0{,}4 & 0 & 0{,}6 & 0 \\ 0 & 0 & 0{,}4 & 0 & 0{,}6 \\ 0{,}6 & 0 & 0 & 0{,}4 & 0 \end{pmatrix}$ **b)** $M = \begin{pmatrix} 0{,}5 & 0{,}5 & 0 & 0 & 0 \\ 0{,}5 & 0 & 0{,}5 & 0 & 0 \\ 0 & 0{,}5 & 0 & 0{,}5 & 0 \\ 0 & 0 & 0{,}5 & 0 & 0{,}5 \\ 0 & 0 & 0 & 0{,}5 & 0{,}5 \end{pmatrix}$

Für beide Labyrinthe gilt:
Im Unterschied zu den bisher betrachteten Übergangsmatrizen enthält diese sehr viele Nullen. Außerdem sind auch die Zeilensummen der Matrix gleich 1.

Egal, welchen Startvektor man betrachtet, $\vec{a} = \begin{pmatrix} 1 \\ 0 \\ 0 \\ 0 \\ 0 \end{pmatrix}$ oder $\vec{a} = \begin{pmatrix} 0 \\ 1 \\ 0 \\ 0 \\ 0 \end{pmatrix}$ … oder $\vec{a} = \begin{pmatrix} 0 \\ 0 \\ 0 \\ 0 \\ 1 \end{pmatrix}$,

der Zustandsvektor nähert sich dem einer Gleichverteilung, also $\overrightarrow{a_\infty} = \begin{pmatrix} 0{,}2 \\ 0{,}2 \\ 0{,}2 \\ 0{,}2 \\ 0{,}2 \end{pmatrix}$,

d. h. die Mäuse nehmen ihr Futter gleichmäßig von allen Futterstellen.

4. a)

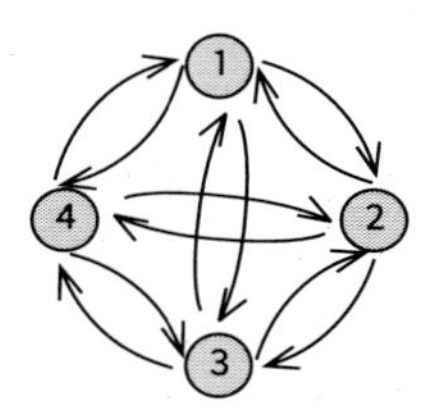

$M = \begin{pmatrix} 0 & \frac{1}{3} & \frac{1}{3} & \frac{1}{3} \\ \frac{1}{3} & 0 & \frac{1}{3} & \frac{1}{3} \\ \frac{1}{3} & \frac{1}{3} & 0 & \frac{1}{3} \\ \frac{1}{3} & \frac{1}{3} & \frac{1}{3} & 0 \end{pmatrix}$; $M^2 = \begin{pmatrix} \frac{3}{9} & \frac{2}{9} & \frac{2}{9} & \frac{2}{9} \\ \frac{2}{9} & \frac{3}{9} & \frac{2}{9} & \frac{2}{9} \\ \frac{2}{9} & \frac{2}{9} & \frac{3}{9} & \frac{2}{9} \\ \frac{2}{9} & \frac{2}{9} & \frac{2}{9} & \frac{3}{9} \end{pmatrix}$; $M^4 \approx \begin{pmatrix} 0{,}2593 & 0{,}2469 & 0{,}2469 & 0{,}2469 \\ 0{,}2469 & 0{,}2593 & 0{,}2469 & 0{,}2469 \\ 0{,}2469 & 0{,}2469 & 0{,}2593 & 0{,}2469 \\ 0{,}2469 & 0{,}2469 & 0{,}2469 & 0{,}2593 \end{pmatrix}$;

$M^8 \approx \begin{pmatrix} 0{,}2501 & 0{,}249962 & 0{,}249962 & 0{,}249962 \\ 0{,}249962 & 0{,}2501 & 0{,}249962 & 0{,}249962 \\ 0{,}249962 & 0{,}249962 & 0{,}2501 & 0{,}249962 \\ 0{,}249962 & 0{,}249962 & 0{,}249962 & 0{,}2501 \end{pmatrix}$

b) $M = \begin{pmatrix} 0 & \frac{2}{5} & \frac{2}{5} & \frac{1}{3} \\ \frac{2}{5} & 0 & \frac{2}{5} & \frac{1}{3} \\ \frac{2}{5} & \frac{2}{5} & 0 & \frac{1}{3} \\ \frac{1}{5} & \frac{1}{5} & \frac{1}{5} & 0 \end{pmatrix}$; $M^2 = \begin{pmatrix} 0{,}38\overline{6} & 0{,}22\overline{6} & 0{,}22\overline{6} & 0{,}2\overline{6} \\ 0{,}22\overline{6} & 0{,}38\overline{6} & 0{,}22\overline{6} & 0{,}2\overline{6} \\ 0{,}22\overline{6} & 0{,}22\overline{6} & 0{,}38\overline{6} & 0{,}2\overline{6} \\ 0{,}16 & 0{,}16 & 0{,}16 & 0{,}2 \end{pmatrix}$; $M^4 \approx \begin{pmatrix} 0{,}294 & 0{,}269 & 0{,}269 & 0{,}277\overline{3} \\ 0{,}269 & 0{,}294 & 0{,}269 & 0{,}277\overline{3} \\ 0{,}269 & 0{,}269 & 0{,}294 & 0{,}277\overline{3} \\ 0{,}1664 & 0{,}1664 & 0{,}1664 & 0{,}168 \end{pmatrix}$

$M^8 \approx \begin{pmatrix} 0{,}278 & 0{,}277 & 0{,}277 & 0{,}277 \\ 0{,}277 & 0{,}278 & 0{,}277 & 0{,}277 \\ 0{,}277 & 0{,}277 & 0{,}278 & 0{,}277 \\ 0{,}166 & 0{,}166 & 0{,}166 & 0{,}166 \end{pmatrix} \rightarrow M^\infty = \begin{pmatrix} \frac{5}{18} & \frac{5}{18} & \frac{5}{18} & \frac{5}{18} \\ \frac{5}{18} & \frac{5}{18} & \frac{5}{18} & \frac{5}{18} \\ \frac{5}{18} & \frac{5}{18} & \frac{5}{18} & \frac{5}{18} \\ \frac{1}{6} & \frac{1}{6} & \frac{1}{6} & \frac{1}{6} \end{pmatrix}$

312

5. a) N = Tag mit Niederschlägen;
S = Tag ohne Niederschläge
Übergangsmatrix (Reihenfolge:
N – S)

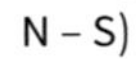

$M = \begin{pmatrix} 0{,}5 & 0{,}3 \\ 0{,}5 & 0{,}7 \end{pmatrix}$

0,5 N 0,5 S 0,7 0,3

Wetter heute: $\overrightarrow{a_0} = \begin{pmatrix} 1 \\ 0 \end{pmatrix}$

Wetter übermorgen: $M^2 \cdot \overrightarrow{a_0} = \begin{pmatrix} 0{,}5 & 0{,}3 \\ 0{,}5 & 0{,}7 \end{pmatrix}^2 \cdot \begin{pmatrix} 1 \\ 0 \end{pmatrix} = \begin{pmatrix} 0{,}4 \\ 0{,}6 \end{pmatrix}$

Wetter am 3. Tag: $M^3 \cdot \overrightarrow{a_0} = \begin{pmatrix} 0{,}38 \\ 0{,}62 \end{pmatrix}$

Wetter am 4. Tag: $M^4 \cdot \overrightarrow{a_0} = \begin{pmatrix} 0{,}376 \\ 0{,}624 \end{pmatrix}$

Wetter am 5. Tag: $M^5 \cdot \overrightarrow{a_0} = \begin{pmatrix} 0{,}3752 \\ 0{,}6248 \end{pmatrix}$

[Wetter auf lange Sicht: $M^{30} \cdot \overrightarrow{a_0} = \begin{pmatrix} 0{,}375 \\ 0{,}625 \end{pmatrix}$, an drei von acht Tagen gibt es Niederschläge, an fünf von acht Tagen keine Niederschläge.]

313

6. a) Die Übergangsmatrix gibt an, mit welcher Wahrscheinlichkeit die Kreuzung einer rot blühenden Pflanze zu Nachkommen führt, die ihrerseits rot, rosa oder weiß sind.

rot rosa weiß

$M = \begin{pmatrix} 1 & 0{,}75 & 0{,}5 \\ 0 & 0{,}25 & 0{,}5 \\ 0 & 0 & 0 \end{pmatrix}$

b) Werden rot blühende Pflanzen mit 50 rot blühenden Pflanzen, 20 rosa blühenden und 10 weiß blühenden Pflanzen gekreuzt und es entsteht jedes Mal ein Nachkomme, dann entstehen insgesamt

$1 \cdot 50 + 0{,}75 \cdot 20 + 0{,}5 \cdot 10 = 70$ rote Pflanzen

$0 \cdot 50 + 0{,}25 \cdot 20 + 0{,}5 \cdot 10 = 10$ rosa Pflanzen

$0 \cdot 50 + 0 \cdot 20 + 0 \cdot 10 = 0$ weiße Pflanzen

In Matrixform geschrieben: $\begin{pmatrix} 1 & 0{,}75 & 0{,}5 \\ 0 & 0{,}25 & 0{,}5 \\ 0 & 0 & 0 \end{pmatrix} \cdot \begin{pmatrix} 50 \\ 20 \\ 10 \end{pmatrix} = \begin{pmatrix} 70 \\ 10 \\ 0 \end{pmatrix}$

c) Gesucht sind die Kreuzungspartner für rot blühende Pflanzen (also der Vektor, auf den die Matrix angewandt werden soll):

$\begin{pmatrix} 1 & 0{,}75 & 0{,}5 \\ 0 & 0{,}25 & 0{,}5 \\ 0 & 0 & 0 \end{pmatrix} \cdot \begin{pmatrix} x \\ y \\ z \end{pmatrix} = \begin{pmatrix} 100 \\ 40 \\ 0 \end{pmatrix}$

Das lineare Gleichungssystem hat unendlich viele Lösungen. Da die Lösungen nicht negativ sein müssen, ergibt sich für $20 \le z \le 80$:

$(x; y; z) = (z - 20; 160 - 2z; z)$,

d. h. es gibt 61 ganzzahlige Lösungen ($z = 20, z = 21, \ldots, z = 80$).

312 **7. a)**

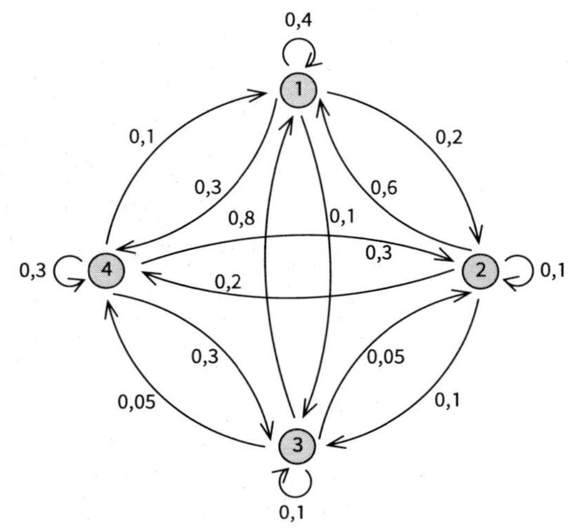

b) Anfangsvektor

$$\vec{a} = M^{-1} \cdot \vec{z} = \begin{pmatrix} 0{,}75 & 15{,}75 & -11{,}75 & -4{,}25 \\ -0{,}75 & -25{,}75 & 11{,}75 & 14{,}25 \\ 1{,}5 & 11{,}5 & -3{,}5 & -8{,}5 \\ -0{,}5 & -0{,}5 & 4{,}5 & -0{,}5 \end{pmatrix} \cdot \begin{pmatrix} 0{,}53 \\ 0{,}14 \\ 0{,}12 \\ 0{,}21 \end{pmatrix} = \begin{pmatrix} 0{,}3 \\ 0{,}4 \\ 0{,}2 \\ 0{,}1 \end{pmatrix}$$

c) Entwicklung nach 2 Jahren:

$$M^2 \cdot \vec{a} = \begin{pmatrix} 0{,}39 & 0{,}4 & 0{,}435 & 0{,}49 \\ 0{,}195 & 0{,}195 & 0{,}185 & 0{,}155 \\ 0{,}16 & 0{,}14 & 0{,}11 & 0{,}16 \\ 0{,}255 & 0{,}265 & 0{,}27 & 0{,}195 \end{pmatrix} \cdot \begin{pmatrix} 0{,}3 \\ 0{,}4 \\ 0{,}2 \\ 0{,}1 \end{pmatrix} = \begin{pmatrix} 0{,}413 \\ 0{,}189 \\ 0{,}142 \\ 0{,}256 \end{pmatrix}$$

Entwicklung nach fünf Jahren:

$$M^5 \cdot \vec{a} = \begin{pmatrix} 0{,}422665 & 0{,}423295 & 0{,}42425 & 0{,}422505 \\ 0{,}18387 & 0{,}18365 & 0{,}1833 & 0{,}18383 \\ 0{,}14881 & 0{,}14863 & 0{,}14846 & 0{,}14945 \\ 0{,}244655 & 0{,}244425 & 0{,}24399 & 0{,}244215 \end{pmatrix} \cdot \begin{pmatrix} 0{,}3 \\ 0{,}4 \\ 0{,}2 \\ 0{,}1 \end{pmatrix} = \begin{pmatrix} 0{,}423218 \\ 0{,}183664 \\ 0{,}148732 \\ 0{,}244386 \end{pmatrix}$$

6.3.3 Stabilisieren von Zuständen – stationäre Zustände

313

Einstiegsaufgabe ohne Lösung

a) Reihenfolge rot – grün – blau; $M = \begin{pmatrix} 0{,}4 & 0{,}6 & 0{,}4 \\ 0{,}3 & 0{,}2 & 0{,}4 \\ 0{,}3 & 0{,}2 & 0{,}2 \end{pmatrix}$

b)

	1	2	3	4	5	6	7	8	9	10
rot	0	0,6	0,44	0,460	0,4592	0,4590	0,4590	0,4590	0,4590	0,4590
grün	1	0,2	0,30	0,296	0,2948	0,2951	0,2951	0,2951	0,2951	0,2951
blau	0	0,2	0,26	0,244	0,2460	0,2459	0,2459	0,2459	0,2459	0,2459

Die Wahrscheinlichkeiten stabilisieren sich.

c) Betrachtet man die Sektoren des Glücksrads, dann stehen die Anteile im Verhältnis r : g : b. Betrachtet man alle möglichen Ausgangspositionen (= Startvektoren) eines Spiels, dann müssten diese auch im Verhältnis r : g : b stehen; so ergibt sich das lineare Gleichungssystem.

$\begin{pmatrix} 0{,}4 & 0{,}6 & 0{,}4 \\ 0{,}3 & 0{,}2 & 0{,}4 \\ 0{,}3 & 0{,}2 & 0{,}2 \end{pmatrix} \cdot \begin{pmatrix} r \\ g \\ b \end{pmatrix} = \begin{pmatrix} r \\ g \\ b \end{pmatrix}$ kann auch notiert werden in der Form

$\begin{pmatrix} -0{,}6 & 0{,}6 & 0{,}4 \\ 0{,}3 & -0{,}8 & 0{,}4 \\ 0{,}3 & 0{,}2 & -0{,}8 \end{pmatrix} \cdot \begin{pmatrix} r \\ g \\ b \end{pmatrix} = \begin{pmatrix} 0 \\ 0 \\ 0 \end{pmatrix}$.

Das Gleichungssystem hat unendlich viele Lösungen $(r; g; b) = \left(\frac{28}{15} \cdot b; \frac{6}{5} \cdot b; b\right)$

Da die Summe der Komponenten gleich 1 sein muss, also $\left(\frac{28}{15} + \frac{6}{5} + 1\right) \cdot b = 1$, folgt $b = \frac{15}{61}$; $r = \frac{28}{61}$; $g = \frac{18}{61}$.

Demnach hat das Glücksrad 61 Sektoren, davon sind 15 blau, 28 rot, 18 grün.

316

1. a) (1) $\left| \begin{array}{l} 0{,}2x + 0{,}1y + 0{,}2z = x \\ 0{,}3x + 0{,}8y + 0{,}4z = y \\ 0{,}5x + 0{,}1y + 0{,}4z = z \\ x + y + z = 1 \end{array} \right| \Leftrightarrow \left| \begin{array}{l} -0{,}8x + 0{,}1y + 0{,}2z = 0 \\ 0{,}3x - 0{,}2y + 0{,}4z = 0 \\ 0{,}5x + 0{,}1y - 0{,}6z = 0 \\ x + y + z = 1 \end{array} \right| \Leftrightarrow \left| \begin{array}{l} x \approx 0{,}136 \\ y \approx 0{,}644 \\ z \approx 0{,}220 \end{array} \right|$

(2) $M^{50} \approx \begin{pmatrix} 0{,}136 & 0{,}136 & 0{,}136 \\ 0{,}644 & 0{,}644 & 0{,}644 \\ 0{,}220 & 0{,}220 & 0{,}220 \end{pmatrix}$

b) Ein solcher Startvektor kann nicht existieren, da mit Wahrscheinlichkeit 100 % ein Übergang von Zustand A und B erfolgt und umgekehrt.

c) Jeder Startvektor erfüllt die Bedingung, da sich die Zustände nicht ändern.

d) Fixvektor $\vec{v_F} = \begin{pmatrix} \frac{3}{11} \\ \frac{8}{11} \end{pmatrix} = \begin{pmatrix} 0{,}\overline{27} \\ 0{,}\overline{72} \end{pmatrix}$

e) Fixvektor $\vec{v_F} = \begin{pmatrix} \frac{1}{6} \\ \frac{5}{6} \end{pmatrix} = \begin{pmatrix} 0{,}1\overline{6} \\ 0{,}8\overline{3} \end{pmatrix}$

f) Fixvektor $\vec{v_F} = \begin{pmatrix} 0{,}\overline{148} \\ 0{,}\overline{4} \\ 0{,}\overline{259} \\ 0{,}\overline{148} \end{pmatrix}$

316

2. Gesucht ist der Fixvektor der Übergangsmatrix, da die Aufteilung der Anhänger dann stabil bleibt.
Lösung mithilfe eines linearen Gleichungssystems:

$$\left|\begin{array}{l} 0{,}75x+0{,}08y+0{,}04z=x \\ 0{,}10x+0{,}80y+0{,}06z=y \\ 0{,}15x+0{,}12y+0{,}90z=z \\ x+y+z=1 \end{array}\right| \Leftrightarrow \left|\begin{array}{l} -0{,}25x+0{,}08y+0{,}04z=0 \\ 0{,}10x-0{,}20y+0{,}06z=0 \\ 0{,}15x+0{,}12y-0{,}10z=0 \\ x+y+z=1 \end{array}\right| \Leftrightarrow \left|\begin{array}{l} x\approx 0{,}173 \\ y\approx 0{,}257 \\ z\approx 0{,}569 \end{array}\right|$$

Lösung mithilfe von Matrixpotenzen:

$$M^{20}=\begin{pmatrix} 0{,}174 & 0{,}175 & 0{,}173 \\ 0{,}258 & 0{,}260 & 0{,}256 \\ 0{,}567 & 0{,}566 & 0{,}571 \end{pmatrix};\ M^{50}=\begin{pmatrix} 0{,}173 & 0{,}173 & 0{,}173 \\ 0{,}257 & 0{,}257 & 0{,}257 \\ 0{,}569 & 0{,}569 & 0{,}569 \end{pmatrix}$$

3. a) Der Übergang kann durch die Abbildung $f(\vec{x})=M\cdot\vec{x}+\vec{a}$ mit
$M=\begin{pmatrix} 0{,}5 & 0{,}2 & 0{,}1 \\ 0{,}4 & 0{,}4 & 0{,}3 \\ 0 & 0{,}3 & 0{,}5 \end{pmatrix}$ und $\vec{a}=\begin{pmatrix} 2\,000 \\ 8\,000 \\ 0 \end{pmatrix}$ beschrieben werden.

Nach n Jahren gilt: $\vec{x_n}=M^n\cdot\vec{x_0}+(M^{n-1}+M^{n-2}+\ldots+M+E_3)\cdot\vec{a}$

Anfangsvektor: $\vec{x_0}=\begin{pmatrix} 28\,856 \\ 47\,813 \\ 29\,891 \end{pmatrix}$

Nach einem Jahr: $\vec{x_1}=M\cdot\begin{pmatrix} 28\,856 \\ 47\,813 \\ 29\,891 \end{pmatrix}+\vec{a}=\begin{pmatrix} 28\,979{,}7 \\ 47\,634{,}9 \\ 29\,289{,}4 \end{pmatrix}$

Nach zwei Jahren: $\vec{x_2}=M^2\cdot\begin{pmatrix} 28\,856 \\ 47\,813 \\ 29\,891 \end{pmatrix}+(M+E_3)\cdot\vec{a}=\begin{pmatrix} 28\,945{,}8 \\ 47\,432{,}7 \\ 28\,935{,}2 \end{pmatrix}$

Nach fünf Jahren: $\vec{x_5}=M^5\cdot\begin{pmatrix} 28\,856 \\ 47\,813 \\ 29\,891 \end{pmatrix}+(M^4+M^3+M^2+M+E_3)\cdot\vec{a}=\begin{pmatrix} 28\,631{,}8 \\ 46\,869{,}8 \\ 28\,372{,}1 \end{pmatrix}$

b) Löse das System $M\cdot\vec{x}=\vec{x_0}-\vec{a} \Leftrightarrow \vec{x}=M^{-1}\cdot(\vec{x_0}-\vec{a})$.

Damit ist $\vec{x}=\begin{pmatrix} 4{,}07407 & -2{,}59259 & 0{,}740741 \\ -7{,}40741 & 9{,}25926 & -4{,}07407 \\ 4{,}44444 & -5{,}55556 & 4{,}44444 \end{pmatrix}\cdot\left(\begin{pmatrix} 28\,856 \\ 47\,813 \\ 29\,891 \end{pmatrix}-\begin{pmatrix} 2\,000 \\ 8\,000 \\ 0 \end{pmatrix}\right)=\begin{pmatrix} 28\,335{,}9 \\ 47\,927{,}4 \\ 31\,025{,}6 \end{pmatrix}$

c) Löse das System $\vec{x}=M\cdot\vec{x}+\vec{a} \Leftrightarrow (E_3-M)\cdot\vec{x}=\vec{a} \Leftrightarrow \vec{x}=(E_3-M)^{-1}\cdot\vec{a}$.

Damit ist $\vec{x}=\begin{pmatrix} 3{,}96226 & 2{,}45283 & 2{,}26415 \\ 3{,}77358 & 4{,}71698 & 3{,}58491 \\ 2{,}26415 & 2{,}83019 & 4{,}15094 \end{pmatrix}\cdot\begin{pmatrix} 2\,000 \\ 8\,000 \\ 0 \end{pmatrix}=\begin{pmatrix} 27\,547{,}2 \\ 45\,283 \\ 27\,169{,}8 \end{pmatrix}$

7 Aufgaben zur Vorbereitung auf das Abitur

7.1 Aufgaben zur Analysis

322

1. a) $f(x) = x^3 - 3x^2 = x^2 \cdot (x-3)$
f hat eine doppelte Nullstelle bei $x_1 = 0$ und eine einfache Nullstelle bei $x_2 = 3$.
Wenn $x \to \infty$, dann $f(x) \to \infty$.
Wenn $x \to -\infty$, dann $f(x) \to -\infty$.

b) *1. Möglichkeit:*
$x = 0$ ist eine doppelte Nullstelle und somit eine Extremstelle.
Für alle $x \le 3$ gilt: $f(x) = x^2 \cdot (x-3) \le 0$
Somit berührt der Graph von f an der Stelle $x = 0$ die x-Achse von unten.
Also ist $O(0\,|\,0)$ ein Hochpunkt.
2. Möglichkeit:
$f'(x) = 3x^2 - 6x = 0$ für $x_1 = 0$ und $x_2 = 2$
$f''(x) = 6x - 6$, $f''(0) = -6 < 0$
Somit ist $O(0\,|\,0)$ ein Hochpunkt.

c) Weitere Extremstelle:
$f'(x) = 3x^2 - 6x = 3x \cdot (3x - 2)$
$x = 2$, Tiefpunkt

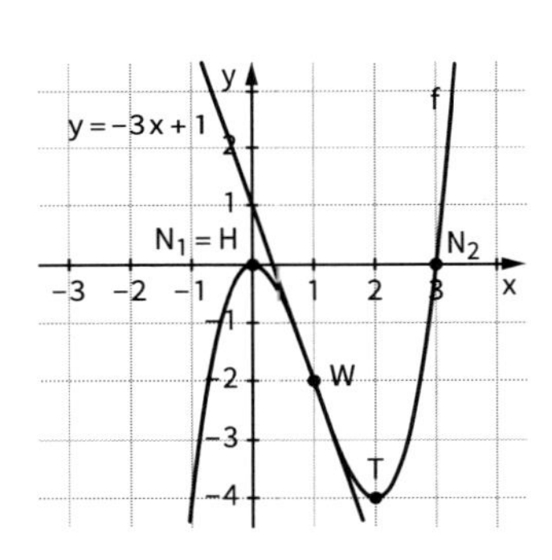

d) $f''(x) = 6x - 6$, $f''(x) = 0$ für $x = 1$
f'' hat bei $x = 1$ einen Vorzeichenwechsel. Also ist $W(1\,|\,-2)$ der Wendepunkt des Graphen von f.
Die Wendetangente hat die Steigung $f'(1) = -3$ und geht durch den Punkt $W(1\,|\,-2)$.
Somit hat diese Tangente die Gleichung $y = (-3) \cdot (x-1) - 2 = -3x + 1$.

2. a) $f(x) = a \cdot x^2 - 3a \cdot x + 1$
$f'(x) = 2a \cdot x - 3a$
$f'(1) = -a$
Die Tangente hat die Steigung $-a$ und geht durch den Punkt $P(1\,|\,-2a+1)$
$y = (-a) \cdot (x-1) - 2a + 1 = -ax - a + 1$

b) Für $a = 1$ hat die Tangente an der Stelle $x_0 = 1$ die Gleichung $y = -x$ und verläuft somit durch den Koordinatenursprung.

3. a) Wahr, denn $f'(x) < 0$ für alle x aus $[-2; 1]$. Das heißt, die Steigung des Graphen von f ist über dem gesamten Intervall $[-2; 1]$ negativ.

b) Falsch, denn f' hat an der Stelle keinen Vorzeichenwechsel. Der Graph von f hat dort einen Sattelpunkt.

322

c) Richtig, denn f′ hat dort genau zwei Extremstellen bei $x = -3$ und bei $x = -1$. Die Extremstellen von f′ sind die Wendestellen von f.

d) Nicht zu entscheiden. Der Graph von f hat an der Stelle $x = 2$ einen Tiefpunkt, denn es gilt $f'(2) = 0$ und f′ hat dort einen Vorzeichenwechsel von – nach +. Man kann aber nicht entscheiden, ob der Tiefpunkt oberhalb, unterhalb oder auf der x-Achse liegt.

4.
- Bei $x = -2$ liegt eine Nullstelle von f′ mit –/+ Vorzeichenwechsel. Also hat der Graph von f dort einen Tiefpunkt.
- Bei $x = 0{,}5$ liegt eine Extremstelle von f′. Also hat f dort eine Wendestelle.
- Bei $x = 3$ liegt eine Nullstelle von f′ mit +/– Vorzeichenwechsel. Also hat der Graph von f dort einen Hochpunkt.

5. a)

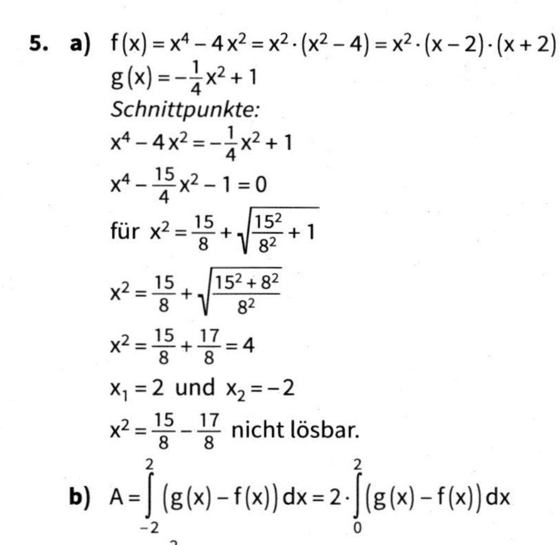

$f(x) = x^4 - 4x^2 = x^2 \cdot (x^2 - 4) = x^2 \cdot (x-2) \cdot (x+2)$

$g(x) = -\frac{1}{4}x^2 + 1$

Schnittpunkte:

$x^4 - 4x^2 = -\frac{1}{4}x^2 + 1$

$x^4 - \frac{15}{4}x^2 - 1 = 0$

für $x^2 = \frac{15}{8} + \sqrt{\frac{15^2}{8^2} + 1}$

$x^2 = \frac{15}{8} + \sqrt{\frac{15^2 + 8^2}{8^2}}$

$x^2 = \frac{15}{8} + \frac{17}{8} = 4$

$x_1 = 2$ und $x_2 = -2$

$x^2 = \frac{15}{8} - \frac{17}{8}$ nicht lösbar.

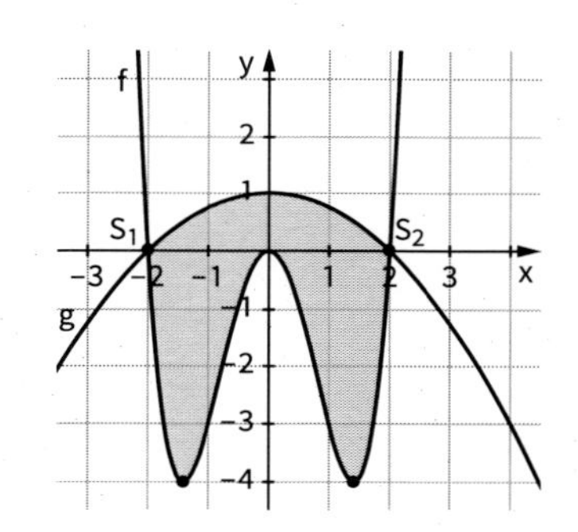

b) $A = \int_{-2}^{2} \left(g(x) - f(x)\right) dx = 2 \cdot \int_{0}^{2} \left(g(x) - f(x)\right) dx$

$A = 2 \cdot \int_{0}^{2} \left(-x^4 + \frac{15}{4}x^2 + 1\right) dx$

$A = 2 \cdot \left[-\frac{1}{5}x^5 + \frac{5}{4}x^3 + x\right]_0^2$

$A = 2 \cdot \left[-\frac{32}{5} + 10 + 2\right]$

$A = 2 \cdot 5{,}6$

$A = 11{,}2$ [FE]

6. F_1 ist richtig.
Wenn F_1 Stammfunktion von f ist, so gilt $F_1' = f$. Der Graph von f hat an der Stelle –2 eine doppelte Nullstelle. Der Graph der Stammfunktion muss dort einen Sattelpunkt haben. Somit bleibt nur F_1 übrig. Zudem hat f an der Stelle 3 eine Nullstelle mit –/+ Vorzeichenwechsel. Der Graph der Stammfunktion hat dort also einen Tiefpunkt, siehe F_1.

323

7. Man bestimmt die Schnittstellen x_1 und x_2 der beiden Graphen.
Da der Graph von f im Intervall $[x_1; x_2]$ oberhalb des Graphen von g verläuft, gilt:

$$A = \int_{x_1}^{x_2} (f(x) - g(x))\,dx$$

Schnittstellen:

$-x^2 + 4 = 2x + 1$

$x^2 + 2x - 3 = 0$ für $x_{1/2} = -1 \pm \sqrt{4}$, $x_1 = 1$ und $x_2 = -3$

$$A = \int_{-3}^{1} (-x^2 - 2x + 3)\,dx = \left[-\tfrac{1}{3}x^3 - x^2 + 3x\right]_{-3}^{1}$$

$$A = \left(\tfrac{5}{3}\right) - (-9) = \tfrac{32}{3} = 10,\overline{6}\ [FE]$$

8. a) Nullstellen von f:

$x_1 = -4,\ x_2 = -1,\ x_3 = 2$

Weiter gilt:

$f(x) \to -\infty$ für $x \to -\infty$ und

$f(x) \to \infty$ für $x \to \infty$

Damit erhält man eine grobe Skizze (rechts).

Es gilt: $\int_{-3}^{0} f(x)\,dx = A_1 - A_2 = \frac{13}{4}$

Gesucht ist aber $A_1 + A_2$.

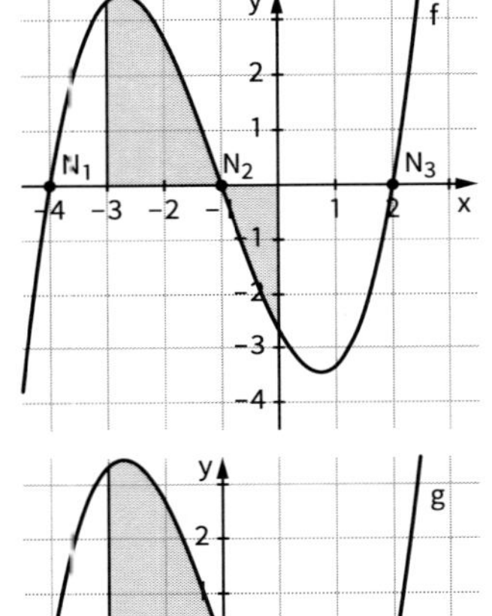

b) $A = \int_{-3}^{-1} f(x)\,dx + \left|\int_{-1}^{0} f(x)\,dx\right|$

Hinweis: Eine Berechnung von A muss nicht erfolgen.

Falls man A bestimmen will, so erhält man durch Ausmultiplizieren

$f(x) = \frac{1}{3}x^3 + x^2 - 2x - \frac{8}{3}$

Man kann aber auch den Graphen zu g mit

$g(x) = f(x-1)$ betrachten:

$g(x) = \frac{1}{3}\cdot(x+3)\cdot x\cdot(x-3) = \frac{1}{3}x^3 - 3x$

Dann gilt:

$$A = \int_{-2}^{0} g(x)\,dx + \left|\int_{0}^{1} g(x)\,dx\right|$$

$$A = \left[\tfrac{1}{12}x^4 - \tfrac{3}{2}x^2\right]_{-2}^{0} + \left|\left[\tfrac{1}{12}x^4 - \tfrac{3}{2}x^2\right]_{0}^{1}\right|$$

$$A = \left(0 - \left(-\tfrac{14}{3}\right)\right) + \left|-\tfrac{17}{12}\right|$$

$$A = \tfrac{73}{12}\ [FE]$$

$$A \approx 6,083\ [FE]$$

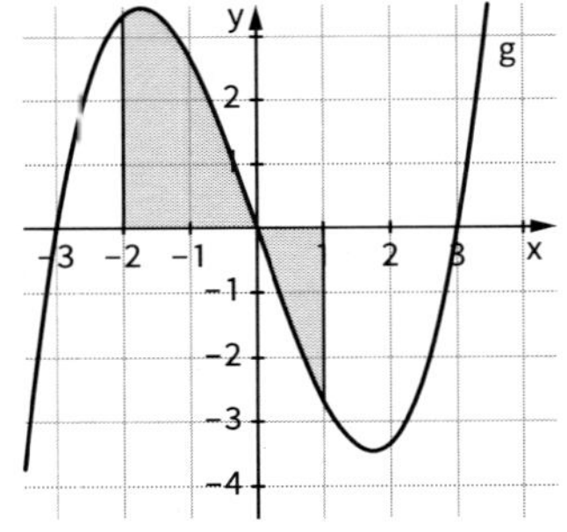

323

9. Exponentielles Wachstum kann mithilfe der Funktion f mit $f(t) = a \cdot e^{k \cdot t}$ beschrieben werden. Dabei ist $f(0) = 0$ der Anfangswert.

- Für $k > 0$ beschreibt f eine exponentielle Zunahme mit der Verdoppelungszeit $t_v = \frac{\ln(2)}{k}$.
- Für $k < 0$ beschreibt f eine exponentielle Abnahme mit der Halbwertzeit $t_H = \frac{\ln\left(\frac{1}{2}\right)}{k}$.

a) Falsch. Die Verdoppelungszeit ist unabhängig vom Anfangswert.

b) Vorher: $t_H = \frac{\ln\left(\frac{1}{2}\right)}{k}$

Die Halbwertzeit verdoppelt sich für $k^* = \frac{1}{2}k$, also $t_H^* = \frac{\ln\left(\frac{1}{2}\right)}{\frac{1}{2}k} = 2\,t_{H.}$

Nun gilt:

$k = \ln(b) = \ln\left(1 - \frac{p}{100}\right)$ und bei halbierter prozentualer Abnahme, also bei $\frac{p}{2}$ gilt:

$k^* = \ln\left(1 - \frac{p}{200}\right)$

Wenn $k^* = \frac{1}{2}k$, dann gilt:

$\ln\left(1 - \frac{p}{200}\right) = \frac{1}{2} \cdot \ln\left(1 - \frac{p}{100}\right)$ und somit $e^{1 - \frac{p}{200}} = \left(e^{1 - \frac{p}{100}}\right)^{\frac{1}{2}}$ also $e^{2 - \frac{p}{100}} = e^{1 - \frac{p}{100}}$.

Die e-Funktion ist im gesamten Definitionsbereich streng monoton wachsend. Es gibt also keine Werte $x_1 \neq x_2$ mit $e^{x_1} = e^{x_2}$.

Die Aussage ist also falsch.

c) $f(10 \cdot T_H) = a \cdot e^{k \cdot 10 \cdot T_H} = a \cdot \left(e^{k \cdot T_H}\right)^{10} = a \cdot \left(\frac{1}{2}\right)^{10} \approx 0{,}0009765\,a$

$\frac{1}{1000} = 0{,}001$

Die Aussage ist richtig.

d) Vorher: $t_v = \frac{\ln(2)}{k}$

Nachher: $t_v^* = \frac{\ln(2)}{2k} = \frac{1}{2}t_v$

Die Aussage ist richtig.

10. a) $f(0) = 8\,000$, $f(10) = 1{,}03 \cdot 8\,000 = 8\,240$

$f(t) = 8\,000 \cdot b^t$

$\frac{f(10)}{8\,000} = 1{,}03 = b^{10}$

$b = (1{,}03)^{\frac{1}{10}}$

Somit gilt: $f(t) = 8000 \cdot 1{,}03^{\frac{t}{10}}$ mit t in Jahren oder $f(t) = 8\,000 \cdot e^{0{,}1 \cdot \ln(1{,}03) \cdot t}$

b) $f'(t) = 800 \cdot \ln(1{,}03) \cdot e^{0{,}1 \cdot \ln(1{,}03) \cdot t}$

$f'(6) = 800 \cdot \ln(1{,}03) \cdot e^{0{,}6 \cdot \ln(1{,}03)}$

323

11. a) $f(x) = 0$ für $x = -1$

Wegen $f(x) = \frac{x+1}{e^{2x}}$ gilt:

$f(x) \to 0$ mit $f(x) > 0$ für $x \to \infty$

$f(x) \to -\infty$ mit $f(x) < 0$ für $x \to -\infty$

Mit $f(0) = 1$ ergibt sich die Skizze rechts.

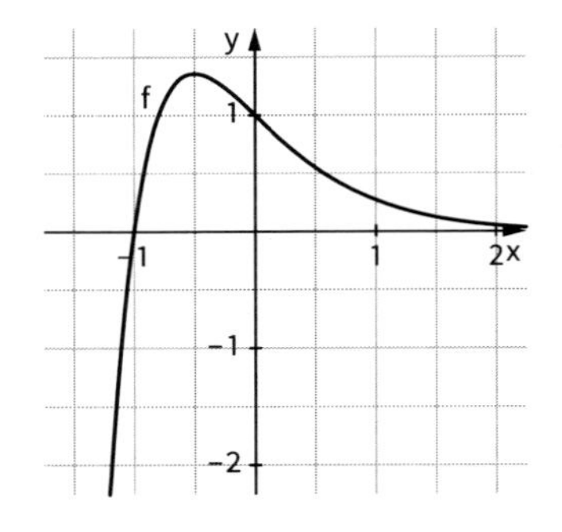

b) $F(x) = -\frac{1}{4}(2x+3) \cdot e^{-2x}$

$F'(x) = \left(-\frac{1}{2}\right) \cdot e^{-2x} + \left(-\frac{1}{4}(2x+3)\right) \cdot (-2) \cdot e^{-2x}$ (Produktregel und Kettenregel)

$F'(x) = -\frac{1}{2} \cdot e^{-2x} + \frac{1}{2}(2x+3)\,e^{-2x}$

$F'(x) = \left[\frac{1}{2}(2x+3) - \frac{1}{2}\right] \cdot e^{-2x}$

$F'(x) = (x+1) \cdot e^{-2x} = f(x)$

c) $A = \lim\limits_{b \to \infty} \int\limits_{-1}^{b} f(x)\,dx$

$A = \lim\limits_{b \to \infty} \left[-\frac{1}{4}(2x+3) \cdot e^{-2x}\right]_{-1}^{b}$

$A = \lim\limits_{b \to \infty} \left[\left(-\frac{1}{4}(2b+3) \cdot e^{-2b}\right) - \left(-\frac{1}{4} \cdot e^{2}\right)\right]$

$A = \frac{1}{4} \cdot e^2$ [FE] $\approx 1{,}8473$ [FE]

12. a) $f(x) = 4 \cdot e^{-0{,}5x}$

$f'(x) = (-2) \cdot e^{-0{,}5x}$

Schnittpunkt P mit y-Achse: $P(0\,|\,4)$

$f'(0) = -2$

Die Tangente hat die Steigung -2 und verläuft durch $P(0\,|\,4)$.

Somit hat die Tangente die Gleichung $y = -2x + 4$

b)

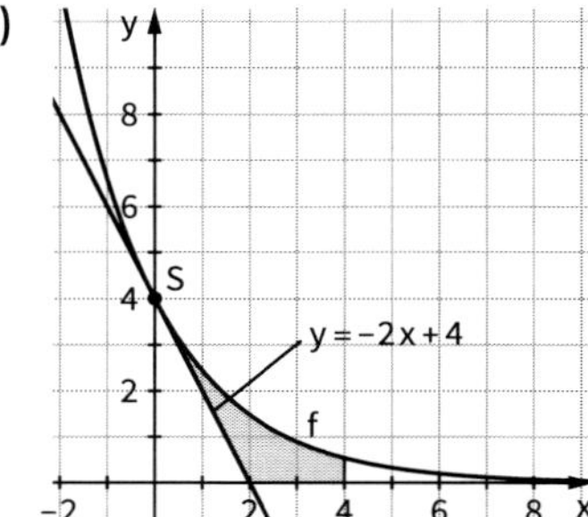

c) $A = \int\limits_{0}^{4} f(x)\,dx - 4$

$A = \left[(-8) \cdot e^{-0{,}5x}\right]_0^4 - 4$

$A = (-8) \cdot e^{-2} - (-8) - 4$

$A = 4 - \frac{8}{e^2}$ [FE] $\approx 2{,}91732$ [FE]

324

13. a) $f(x) = e^x$

1. Schritt: $f_1(x) = e^{-x}$ Graph von f an der y-Achse spiegeln
2. Schritt: $f_2(x) = -e^{-x}$ Graph von f_1 an der x-Achse spiegeln
3. Schritt: $f_3(x) = g(x) = 1 - e^{-x}$ Graph von f_2 um 1 Einheit nach oben schieben

b)

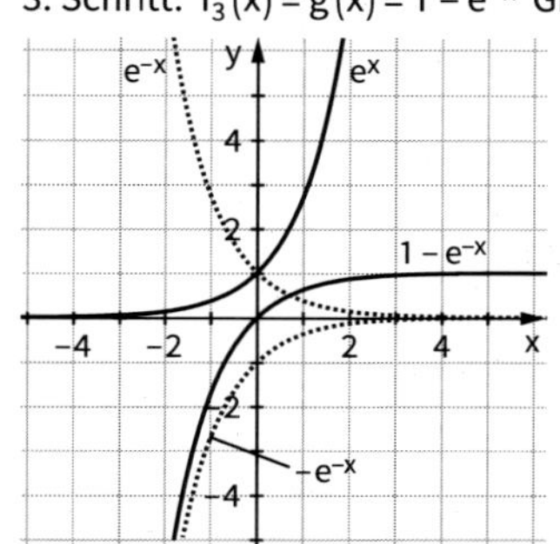

c) Den Graph von g um drei Einheiten nach oben verschieben: $y = g(x) + 3$
und um eine Einheit nach rechts verschieben: $y = g(x - 1) + 3$
Daraus ergibt sich die neue Funktion M mit $h(x) = 4 - e^{-(x-1)} = 4 - e^{(1-x)}$

14. a) $f(x) = 5 - e^x$

- $f(x) \to 5$ für $x \to -\infty$ mit $f(x) < 5$
- $f(x) \to -\infty$ für $x \to \infty$

Schnittpunkte mit den Koordinatenachsen: $P(0|4)$ und $Q(\ln(5)|0)$

b) Für $x \to -\infty$ nähert sich der Graph von f von unten an die Gerade mit $y = 5$.

c)

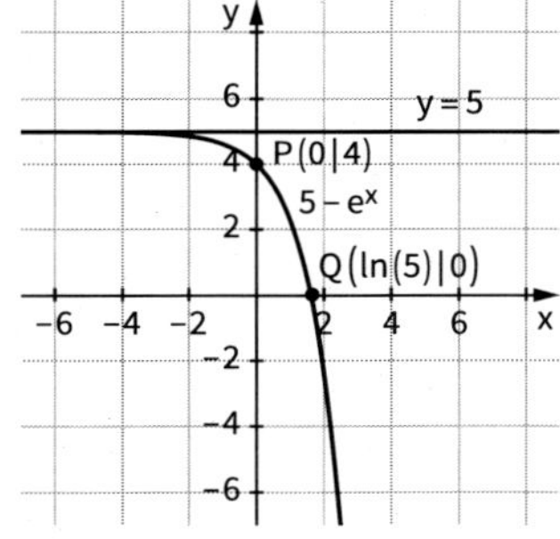

d) $A = \int_0^{\ln(5)} f(x)\,dx = [5x - e^x]_0^{\ln(5)} = (5 \cdot \ln(5) - 5) - (-1)$
$= 5 \cdot \ln(5) - 4$ [FE]
$\approx 2{,}0472$ [FE]

15. a) $f(x) = ax^4 + bx^2 + c$ $f'(x) = 4ax^3 + 2bx$ $f''(x) = 12ax^2 + 2b$

Es gilt:

(1) $f(1) = a + b + c = 0$

(2) $f(\sqrt{3}) = 9a + 3b + c = -1$

(3) $f'(\sqrt{3}) = 12 \cdot \sqrt{3}\,a + 2\sqrt{3}\,b = 0 \Leftrightarrow 6a + b = 0$

324

Daraus erhält man

$b = -6a,\ c = 5a$ und $a = \frac{1}{4}$,

also $a = \frac{1}{4},\ b = -\frac{3}{2},\ c = \frac{5}{4}$

$f(x) = \frac{1}{4}x^4 - \frac{3}{2}x^2 + \frac{5}{4}$

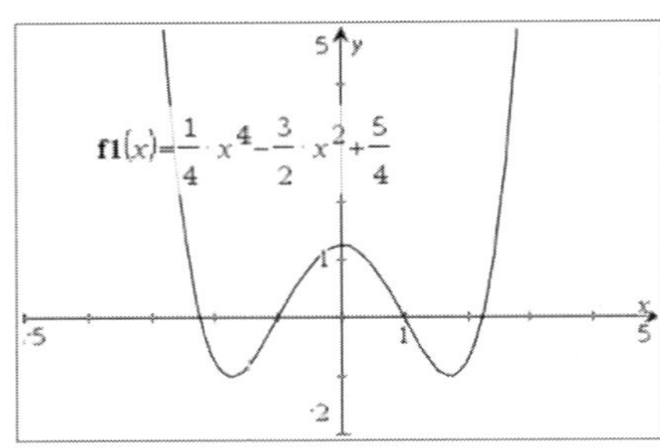

b) $\int_{-\sqrt{5}}^{\sqrt{5}} f(x)\,dx = 0$; d. h. die orientierten Flächen heben sich auf.

c) $f'(x) = 4x^3 - 12x = 0 \Leftrightarrow x = 0,\ x = \sqrt{3},\ x = -\sqrt{3}$

Tiefpunkte: $T_1(\sqrt{3} \mid k - 9),\ T_2(-\sqrt{3} \mid k - 9)$

Für $k = 9$ berühren die Tiefpunkte die x-Achse.

d) Keine Lösungen für $k > 9$.

16. a) (1) Definitionsmenge und Wertemenge

$D = \mathbb{R};\ W = \mathbb{R}_+$

(2) Symmetrie

Achsensymmetrie zur y-Achse

(3) Nullstellen und Schnittpunkte mit der y-Achse

$f(x) = 0 \Leftrightarrow x = -\sqrt{2}$ oder $x = \sqrt{2}$ jeweils doppelt.

Schnittpunkt mit der y-Achse: $f(0) = 1$; damit $S(0 \mid 1)$

(4) Extrempunkte

$f'(x) = x^3 - 2x$

Löse $f'(x) = 0 \Leftrightarrow x = -\sqrt{2} \approx -1{,}414$ oder $x = 0$ oder $x = \sqrt{2} \approx -1{,}414$

$f''(x) = 3x^2 - 2$

$f''(-\sqrt{2}) = f''(\sqrt{2}) = 4 > 0 \Rightarrow$ Tiefpunkte $T_1(-\sqrt{2} \mid 0);\ T_2(\sqrt{2} \mid 0)$

$f''(0) = -2 < 0 \Rightarrow$ Hochpunkt $H(0 \mid 1)$

(5) Wendepunkte

Löse $f''(x) = 0$

$\Leftrightarrow x = -\sqrt{\frac{2}{3}} \approx -0{,}816$ oder

$x = \sqrt{\frac{2}{3}} \approx -0{,}816$

Wendepunkte bei

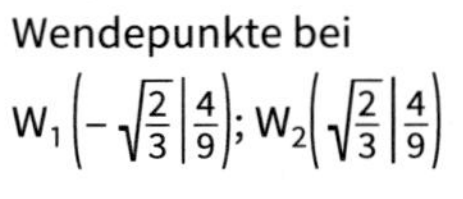

$W_1\left(-\sqrt{\frac{2}{3}} \,\middle|\, \frac{4}{9}\right);\ W_2\left(\sqrt{\frac{2}{3}} \,\middle|\, \frac{4}{9}\right)$

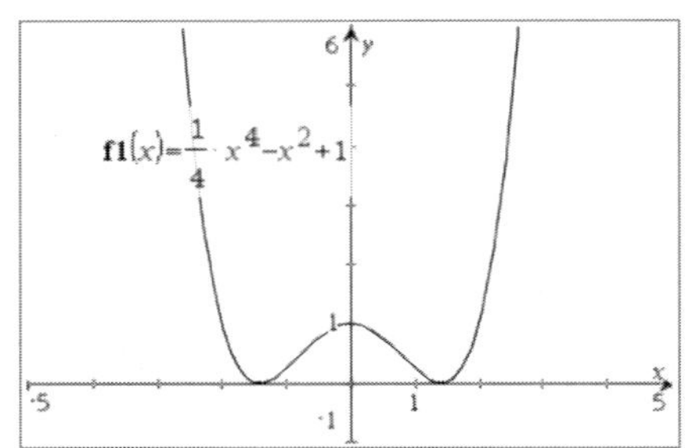

b) $A = (9 - f(x)) \cdot \frac{1}{2} \cdot 2x$

$A(x) = 9x - x \cdot f(x) = -\frac{1}{5}x^5 + x^3 + 8x$

Extremwert von A

$A'(x) = 8 - \frac{5}{4}x^4 + 3x^2 = 0$ für $x = 2$ $(A''(2) = -28)$ und $x = -2$ $(A''(-2) = 28)$

Das Dreieck ABC mit $A(0 \mid 9)$, $B(2 \mid 1)$ und $C(-2 \mid 1)$ hat den maximalen Flächeninhalt $A = 16$.

324

c) $\frac{1}{4}x^4 - x^2 + 1 = \frac{1}{4}x^2$

$\frac{1}{4}x^4 - \frac{5}{4}x^2 + 1 = 0$

für $x = 2,\ x = -2,\ x = 1,\ x = -1$

$A = \int_{-2}^{2} \left| \frac{1}{4}x^4 - \frac{5}{4}x^2 + 1 \right| dx = 2$

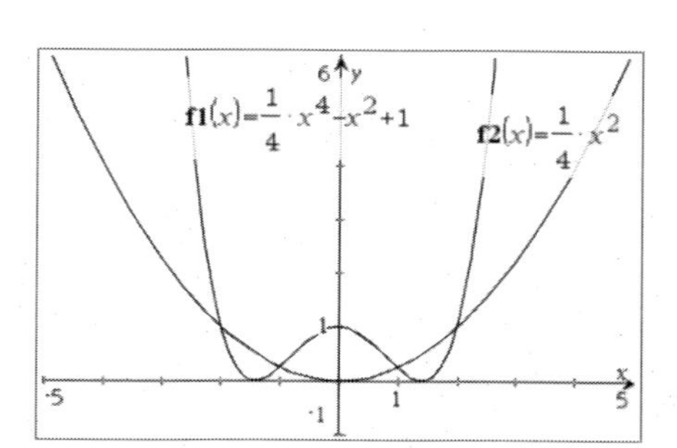

d) $\frac{1}{4}x^4 - \frac{5}{4}x^2 + 1 - c = 0$

$x^4 - 5x^2 + 4 - 4c = 0$

$x_{1/2}^2 = +\frac{5}{2} \pm \sqrt{\frac{25}{4} - 4 + 4c}$

$\frac{25}{4} - 4 + 4c = 0 \Leftrightarrow c = -\frac{9}{16}$

Die Gleichung der Parabel lautet

$y = \frac{1}{4}x^2 - \frac{9}{16}$.

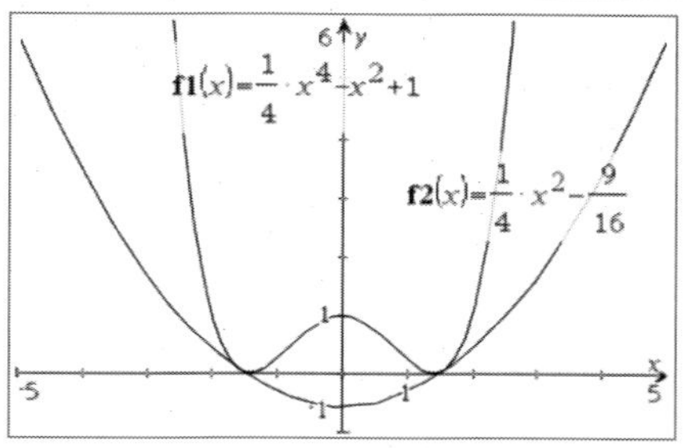

17. a) Es muss überprüft werden, ob sich die beiden Geraden unter einem Winkel von etwa 53° schneiden.

Es gilt $\left| \frac{m_1 - m_2}{1 + m_1 \cdot m_2} \right| = \frac{4}{3} \approx \tan(53°)$.

Bedingungen:

$f(-2) = f(2) = 1;\quad f'(-2) = -\frac{1}{2}$ und $f'(2) = \frac{1}{2}$

b) Der Graph von f muss achsensymmetrisch zur y-Achse sein. Dann müssen nur noch drei Bedingungen erfüllt werden:

$f(2) = 0;$

$f'(2) = \frac{1}{2};$

$f''(2) = 0$

Wähle also $f(x) = a x^4 + b x^2 + c$.

Bestimmen von $f(x)$:

Lösen des Gleichungssystems $\left| \begin{array}{l} a \cdot 2^4 + b \cdot 2^2 + c = 1 \\ 4a \cdot 2^3 + 2b \cdot 2 = \frac{1}{2} \\ 12a \cdot 2^2 + 2b = 0 \end{array} \right|$ liefert

$a = -\frac{1}{128},\ b = \frac{3}{16}$ und $c = \frac{3}{8}$, also gilt $f(x) = -\frac{1}{128}x^4 + \frac{3}{16}x^2 + \frac{3}{8}$.

325

18. a) $F_1(t) = 600 \cdot e^{2,5t} + 100$

$F_2(t) = 600 \cdot e^{2,5t} + 200$

$F_3(t) = 600 \cdot e^{2,5t} + 1\,000$

Allgemein gilt: $F(t) = 600 \cdot e^{2,5t} + c,\ c \in \mathbb{R}$

$F(t)$ gibt dabei die Anzahl der Salmonellen zum Zeitpunkt t in Stunden an.

b) Es ist $F(0) = 600$. Also ist $F(t) = 600 \cdot e^{2,5t}$ die gesuchte Stammfunktion.

c)

nach t in h	$\frac{1}{12}$ (≙5 min)	$\frac{1}{6}$ (≙10 min)	$\frac{1}{4}$ (≙15 min)	$\frac{1}{3}$ (≙20 min)	$\frac{5}{12}$ (≙25 min)	$\frac{1}{2}$ (≙30 min)
F(t)	739	910	1 121	1 381	1 700	2 094

d) $t = \frac{\ln(2)}{k} = \frac{2\ln(2)}{5} \approx 0{,}28$, also $h \approx 17\,\text{min}$

325

19. a) Hochpunkt von f bei $x = 0 \Rightarrow$ der innere Bogen hat eine Höhe von $f(0) = 3\,\text{m}$.

b) $g(x) = -x^2 + 4$

c) 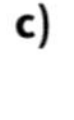

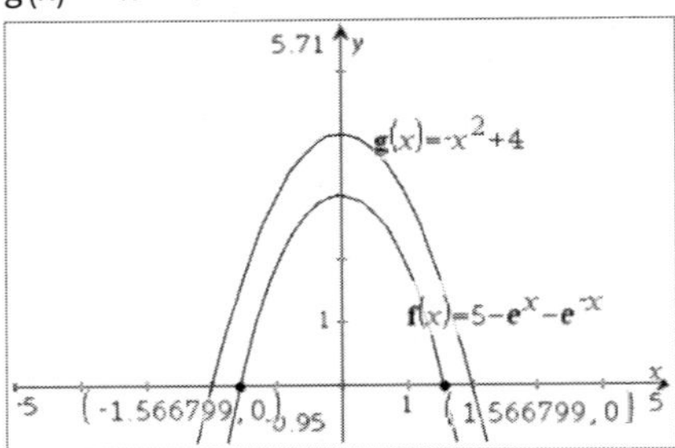

d) $A = 2 \cdot \int\limits_0^{1{,}567} (-x^2 + 4 - (5 - e^x - e^{-x}))\,dx + 2 \cdot \int\limits_{1{,}567}^{2} (-x^2 + 4)\,dx \approx 4{,}164$

20. a) Die errechneten Werte weichen nur minimal von den Messwerten ab.

x	f(x):= -1/50000*x^3+3/1000*x^2+1/...
0.	45.
25.	51.5625
50.	60.
75.	68.4375
100.	75.
125.	77.8125

45.

b) Extrempunkte

$f'(r) = -\frac{3}{50\,000} r^2 + \frac{3}{500} r + \frac{1}{5}$

$f'(r) = 0 \Leftrightarrow r = 50 \pm \frac{50}{3}\sqrt{21}$

Hochpunkt $H\left(50 + \frac{50}{3}\sqrt{21} \,\middle|\, 60 + \frac{35}{3}\sqrt{\frac{7}{3}}\right)$

Tiefpunkt $T\left(50 - \frac{50}{3}\sqrt{21} \,\middle|\, 60 - \frac{35}{3}\sqrt{\frac{7}{3}}\right)$

Wendepunkt $f''(r) = 0 \Leftrightarrow r = 50$

$\Rightarrow$ Wendepunkt bei $W(50\,|\,60)$

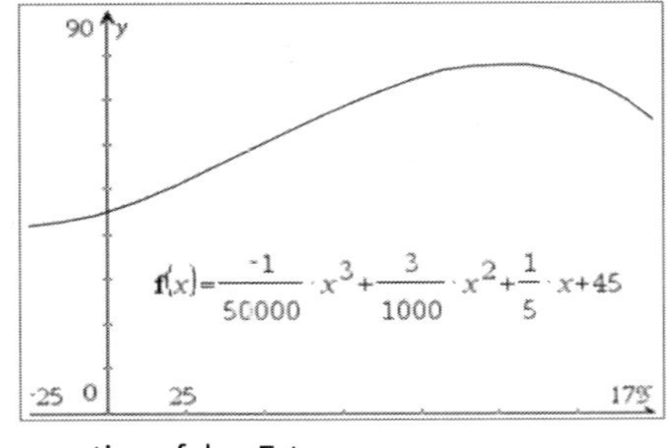

c) Eine Erhöhung der Düngemenge wirkt sich negativ auf den Ertrag aus.
Beim Hochpunkt $f(126{,}38) \approx 77{,}82$ ist der maximale Ernteertrag mit etwa 78 dt pro ha erreicht.
Durch zu viel Dünger kann der Boden nachteilig verändert werden, sodass sich dies negativ auf die Pflanzen auswirkt.

326

21. a) Annahme: Grad 2

$a_0 = 4$

$f(x) = a_2 x^2 + 4$

$f'(x) = 2a_2 x$

$f'(4) = 2a_2 \cdot 4 = 8a_2 \rightarrow a_2 = 0$

$f(x) = 4$ im Widerspruch zu $f(4) = 0$

$\Rightarrow$ Grad ≥ 4.

Wegen der Symmetrie des Graphen scheidet Grad 1 und Grad 3 aus.

b) Annahme: Grad 4

$f(x) = a_4 x^4 + a_2 x^2 + a_0$

$f'(x) = 4a_4 x^3 + 2a_2 x$

$$\left.\begin{array}{l} f'(4) = 0 \Leftrightarrow a_2 = -32a_4 \\ f(4) = 0 \Leftrightarrow a_2 = -16a_4 - \frac{1}{16} \end{array}\right\} \Rightarrow a_4 = \frac{1}{64};\ a_2 = -\frac{1}{2}$$

$f(x) = \frac{1}{64}x^4 - \frac{1}{2}x^2 + 4$

c) *Ansatz:* Nullstellen von g sind $x_1 = -4$ und $x_2 = 4$.

Es wird im Folgenden nur der Bereich rechts der y-Achse betrachtet, dies vereinfacht die Rechnung.

$$\int_0^s g(x)\,dx - s \cdot g(s) = s \cdot g(s) + \int_s^4 g(x)\,dx$$

$$\int_0^s g(x)\,dx = 2 \cdot s \cdot g(s) + \int_s^4 g(x)\,dx$$

$$\frac{s^5}{320} - \frac{s^3}{6} + 4s = \frac{1}{32}s^5 - s^3 + 8s + \left(-\frac{s^5}{320} + \frac{s^3}{6} + 4s + \frac{128}{15}\right)$$

Vereinfachen dieser Gleichung und Lösen ergibt $s \approx 2{,}57$ bzw. $h \approx 1{,}375$.

22. a) $f'(x) = \left(7 - \frac{35}{8}x\right) \cdot e^{-\frac{5}{8}x}$;

$f''(x) = \left(\frac{175}{64}x - \frac{35}{4}\right) \cdot e^{-\frac{5}{8}x}$

Schnittpunkt mit der x-Achse:

$f(x) = 0$, also $x = 0$

$N(0|0)$

Extrempunkt: $f'(x) = 0$, also $x = \frac{8}{5} = 1{,}6$

$f''\left(\frac{8}{5}\right) = -\frac{35}{8e} < 0$, also $H\left(\frac{8}{5}\middle|\frac{56}{5e}\right)$

Wendepunkt: $f''(x) = 0$ hat $x = \frac{16}{5}$ als einzige Lösung, somit $W\left(\frac{16}{5}\middle|\frac{112}{5e^2}\right)$

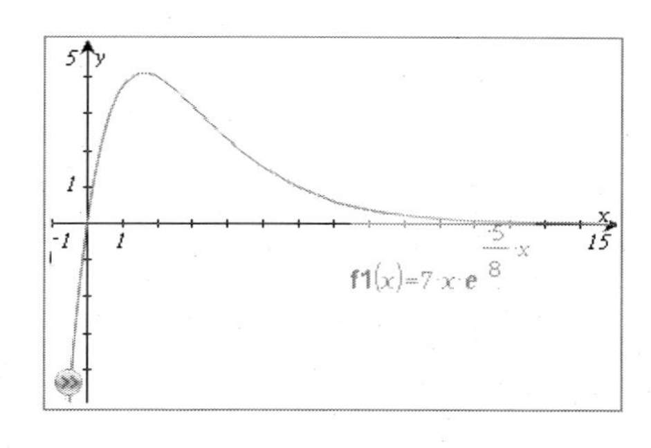

b)

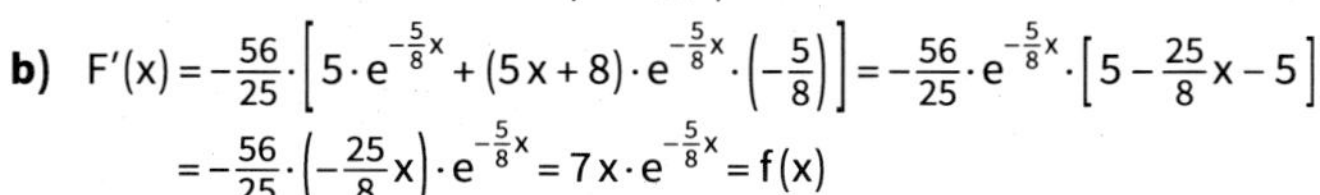

$$F'(x) = -\frac{56}{25} \cdot \left[5 \cdot e^{-\frac{5}{8}x} + (5x + 8) \cdot e^{-\frac{5}{8}x} \cdot \left(-\frac{5}{8}\right)\right] = -\frac{56}{25} \cdot e^{-\frac{5}{8}x} \cdot \left[5 - \frac{25}{8}x - 5\right]$$

$$= -\frac{56}{25} \cdot \left(-\frac{25}{8}x\right) \cdot e^{-\frac{5}{8}x} = 7x \cdot e^{-\frac{5}{8}x} = f(x)$$

F ist eine Stammfunktion zu f.

c) $A = \int_0^4 f(x)\,dx = [F(x)]_0^4 = -\frac{1568}{25} \cdot e^{-\frac{5}{2}} - \left(-\frac{448}{25}\right) = \frac{448}{25} - \frac{1568}{25} \cdot e^{-\frac{5}{2}} \approx 12{,}77$

326

d) Die Konzentration ist am höchsten 1,6 h nach Einnahme der Medikamente.
Der Anstieg der Konzentration ist am stärksten zum Zeitpunkt $x = 0$, die Abnahme zum Zeitpunkt $x = \frac{16}{5} = 3{,}2$.

e) Schnittstellen der Graphen von f mit der Geraden mit der Gleichung $y = 1{,}5$
$x_1 \approx 0{,}25$; $x_2 \approx 5{,}06$
Die Wirkungsdauer beträgt ca. 4,8 h.

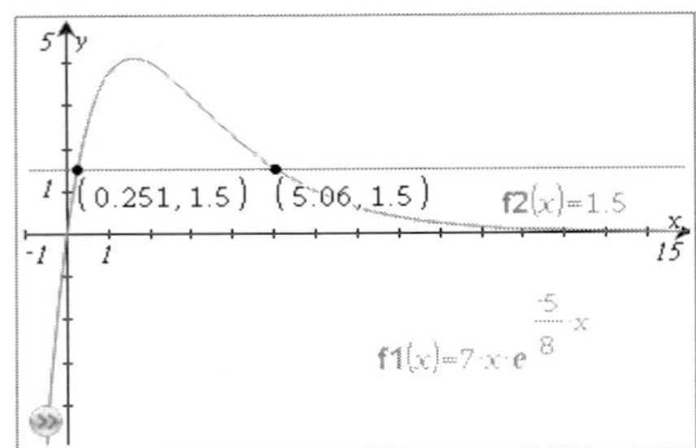

23. a) $f'(x) = \frac{17}{10} \cdot e^{-0,1x}$; $f''(x) = -\frac{17}{100} \cdot e^{-0,1x}$
$f''(x) < 0$ für alle $x \in \mathbb{R}$.
Somit bildet der Graph von f für alle $x \in \mathbb{R}$ eine Rechtskurve.
f″ besitzt keine Nullstelle, deshalb hat der Graph von f keinen Wendepunkt.
$f(x) \to 24$ für $x \to \infty$
Die Gerade $y = 24$ ist Asymptote des Graphen.

b)

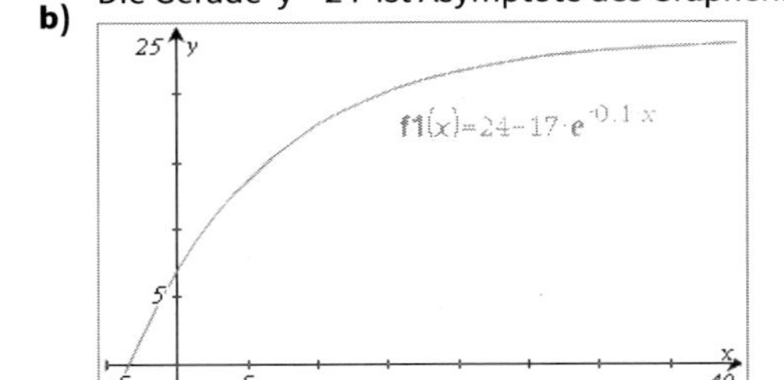

c) $A(u) = \int_0^u (24 - f(x)\,dx = \int_0^u 17 \cdot e^{-0,1x}\,dx = [-170 \cdot e^{-0,1x}]_0^u = -170 \cdot e^{-0,1u} - (-170)$
$= 170 - 170\,e^{-0,1 \cdot u}$
$A(u) = 170 - \frac{170}{e}$, also $\frac{170}{e} = \frac{170}{e^{0,1u}}$, somit $u = 10$
Für $u = 10$ beträgt der Inhalt der Fläche $170 - \frac{170}{e}$.

d) Es gilt: $g(0) = 80$, also $20 + a \cdot e^0 = 80$, somit $a = 60$
$g(t) = 20 + 60 \cdot e^{-0,3t}$
$g(5) = 20 + 60 \cdot e^{-1,5} \approx 33{,}4$
Nach 5 min beträgt die Temperatur noch 33,4 °C.

e) $g(t) = 22$, also $60 \cdot e^{-0,3t} = -2$
Somit $t \approx 11{,}3$
Es dauert ca. 11,3 min, bis das Wasser die Temperatur von 22 °C erreicht hat.

327

24. a) $f(0) = 10$, also $4 + a = 10$ bzw. $a = 6$
$f(x) = 4 + 6 \cdot e^{-0,1x}$

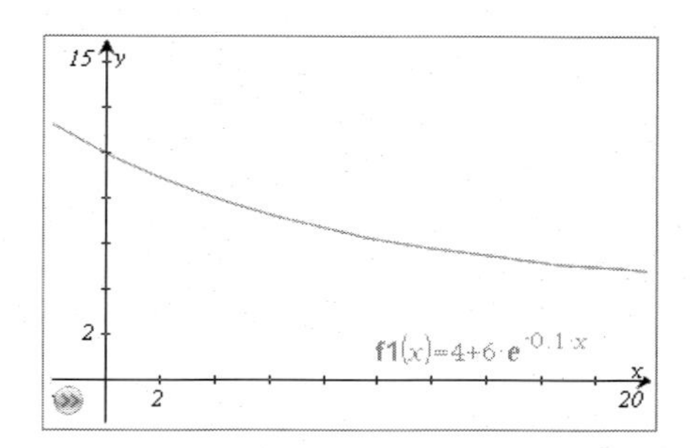

b) Für $x \to \infty$ gilt $f(x) \to 4$
Die Gerade mit der Gleichung $y = 4$ ist Asymptote des Graphen.
$f'(x) = -\frac{3}{5} \cdot e^{-0,1x}$; $f''(x) = \frac{3}{50} \cdot e^{-0,1x}$
$f''(x) > 0$ für alle $x \in \mathbb{R}$, somit bildet der Graph von f für alle $x \in \mathbb{R}$ eine Linkskurve.

c) $A = \int_0^{10} f(x)\,dx = [4x - 60\,e^{-0,1x}]_0^{10}$
$= 40 - 60 \cdot e^{-1} - (-60) = 100 - 60 \cdot e^{-1}$
$\approx 77,9$

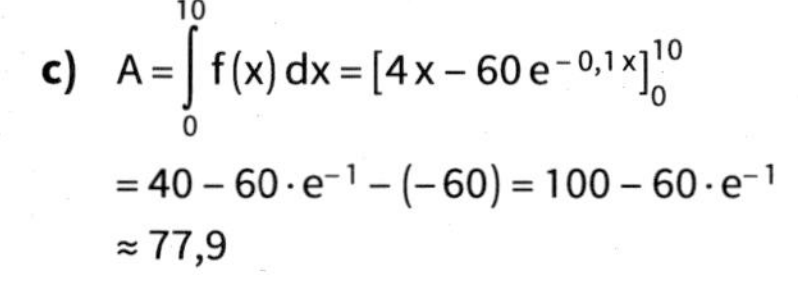

d) Flüssigkeitsmenge zu Beginn des Füllvorgangs: $f(0) = 300$
Zu Beginn waren 300 ℓ im Behälter.
$f(t) = 2500$
Schnittstelle des Graphen mit der Geraden mit der Gleichung $y = 2\,500$; $t \approx 7,4$
Nach ca. 7,4 min war der Behälter zur Hälfte gefüllt.
Die Gleichung $f(t) = 2\,500$ kann auch mithilfe des nsolve-Befehls gelöst werden.

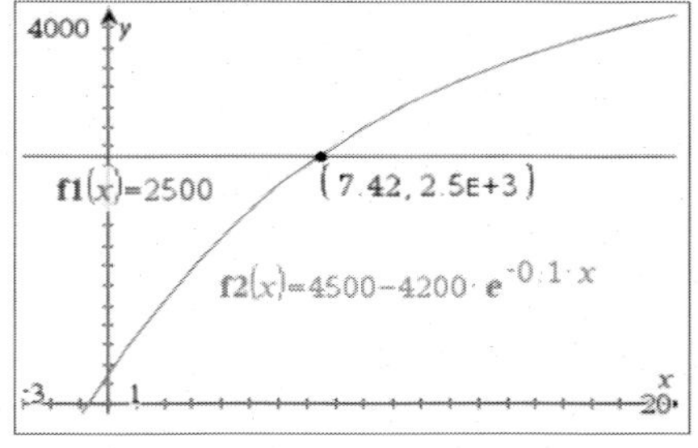


```
nSolve(4500−4200·e^-0.1·x=2500,x)
                                7.41937
```

$f'(t) = 420 \cdot e^{-0,1\,t} > 0$ für alle $t \in \mathbb{R}$
f ist streng monoton wachsend, die Flüssigkeitsmenge nimmt während des Füllvorgangs ständig zu.

e) Für $t \to \infty$ gilt $f(t) \to 4\,500$.
Bei diesem Füllvorgang wird der Behälter maximal mit 4 500 ℓ gefüllt.
85 % von 5 000 ℓ: 4 250 ℓ
Die Vorschrift wird nicht eingehalten.

25. a) $f'(x) = 500 \cdot (5\,e^{-0,5x} - 3\,e^{-0,3x})$
$f''(x) = 50 \cdot (9\,e^{-0,3x} - 25\,e^{-0,5x})$
Schnittpunkt mit der x-Achse: $x = 0$, also $N(0\,|\,0)$

327

Extrempunkte: H (2,55 | 929,52)

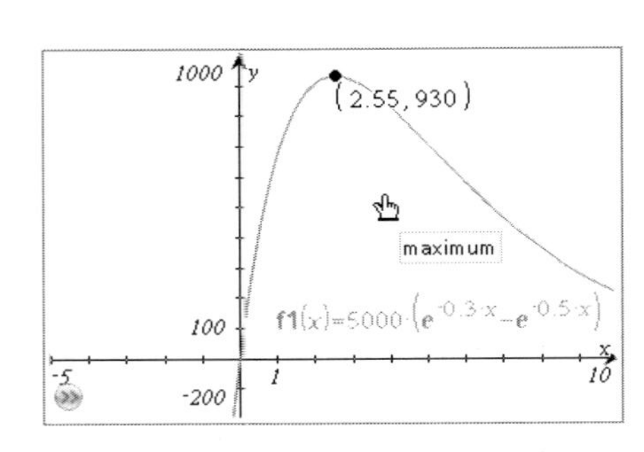

Wendepunkt: W (5,11 | 691,0)

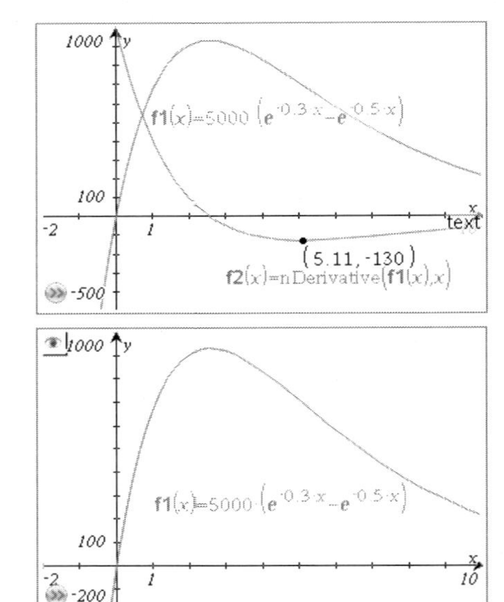

b) $A = \int_0^{10} f(x)\,dx \approx 5\,904{,}26$

$$\int_0^{10} \left(5000\cdot\left(e^{-0.3\cdot x}-e^{-0.5\cdot x}\right)\right)dx$$

5904.26

c) Die maximale Zuflussrate beträgt ca. $929{,}5\,\frac{\text{Liter}}{\text{Stunde}}$.
Schnittstellen des Graphen von f mit der Geraden mit der Gleichung $y = 500$:
$x_1 \approx 0{,}65$; $x_2 \approx 6{,}65$
Die Zuflussrate ist im Intervall [0,65; 6,65] größer als 500 Liter pro Stunde.

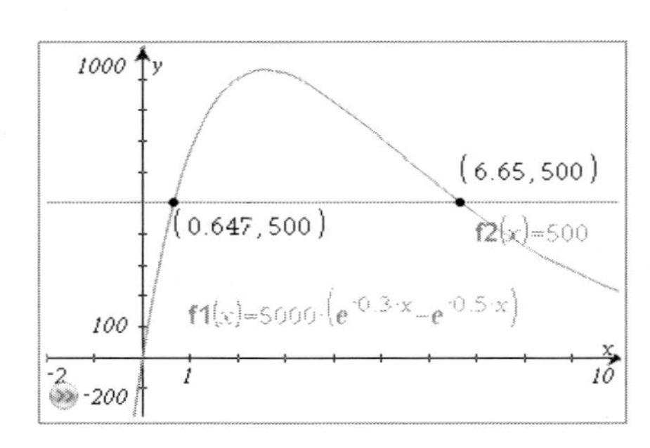

327

d) Regenwasser der ersten 10 Stunden:

$\int_0^{10} f(x)\,dx \approx 5904$

In den ersten 10 Stunden fallen ca. 5 904 Liter Regenwasser an. Der Tank kann diese Menge nicht aufnehmen.

26. a) Es gilt: $f_k(2) = 26{,}813 = 20 \cdot 2 \cdot e^{-2k}$

Daraus ergibt sich $e^{-2k} = \frac{26{,}813}{40}$ und somit $-2k = \ln\left(\frac{26{,}813}{40}\right) \approx -0{,}4$, also $k \approx 0{,}2$.

Damit erhält man $f_{0,2}(t) = 20 \cdot t \cdot e^{-0{,}2t}$ und $f_{0,2}(12) = 240 \cdot e^{-2{,}4} \approx 21{,}772$

b) Durch Anwenden der Produktregel und der Kettenregel erhält man:

$f'_{0,2}(t) = 20 \cdot e^{-0{,}2t} - 4t \cdot e^{-0{,}2t} = (20 - 4t)\,e^{-0{,}2t}$

Es gilt $f'_{0,2}(t) = 0$ für $t = 5$.

Am Graphen erkennt man ebenfalls gut, dass dort ein Maximum liegt.

Daraus ergibt sich die maximale Wirkstoffkonzentration mit

$f_{0,2}(5) = 100 \cdot e^{-1} \approx 36{,}788$, in $\frac{mg}{l}$.

c) Aus $f_{0,2}(t) = 20 \cdot t \cdot e^{-0{,}2t}$ ergibt sich durch Einsetzen: $f_{0,2}(24) = 480e^{-4{,}8} \approx 3{,}95$

d) Aus $f'_{0,2}(t) = (20 - 4t) \cdot e^{-0{,}2t}$ ergibt sich durch Anwenden der Produktregel und der Kettenregel:

$f''_{0,2}(t) = (-4) \cdot e^{-0{,}2t} + (20 - 4t) \cdot (-0{,}2) \cdot e^{-0{,}2t} = (0{,}8t - 8) \cdot e^{-0{,}2t}$

Es gilt $f''_{0,2}(t) = 0$ für $t = 10$, was man auch ungefähr am Graphen erkennen kann, da die Tangente an den Graphen dort den Graphen durchsetzt.

Nach 10 Stunden nimmt die Wirkstoffkonzentration also am stärksten ab.

7.2 Aufgaben zur Analytischen Geometrie

328

1. a) $b = -\frac{2}{3},\ c = \frac{4}{3}$ **b)** $b = -\frac{3}{7},\ c = \frac{9}{7}$

2. a) $h: \vec{x} = \begin{pmatrix} 1 \\ -3 \\ 6 \end{pmatrix} + t \cdot \begin{pmatrix} 0 \\ 2 \\ -4 \end{pmatrix}$

b) Die beiden Richtungsvektoren $\begin{pmatrix} 0 \\ 1 \\ -2 \end{pmatrix}$ und $\begin{pmatrix} 0 \\ 2 \\ -4 \end{pmatrix}$ sind Vielfache voneinander, somit sind g und h parallel zueinander.

Punktprobe: $\begin{pmatrix} 1 \\ -3 \\ 6 \end{pmatrix} = \begin{pmatrix} 0{,}5 \\ -1{,}5 \\ 3 \end{pmatrix} + k \cdot \begin{pmatrix} 0 \\ 1 \\ -2 \end{pmatrix}$

ist für keinen Wert von k erfüllbar, somit sind g und h parallel zueinander, aber verschieden voneinander.

3. $C(6 - 2r \mid 4 + r \mid 5 + 2r)$

$\overrightarrow{CA} = \begin{pmatrix} 2r - 3 \\ -r - 2 \\ -2r - 6 \end{pmatrix}$; $\overrightarrow{CB} = \begin{pmatrix} 2r + 1 \\ -r - 8 \\ 1 - 2r \end{pmatrix}$

Rechter Winkel bei C, falls $\overrightarrow{CA} * \overrightarrow{CB} = 0$, also $9r^2 + 16r + 7 = 0$, also für $r = -1$ oder $r = -\frac{7}{9}$.

Als mögliche Punkte kommen die Punkte $C_1(8 \mid 3 \mid 3)$ und $C_2\left(\frac{68}{9} \middle| \frac{29}{9} \middle| \frac{31}{9}\right)$ infrage.

328

4. a) $\overrightarrow{AB} = \begin{pmatrix} 4 \\ 3 \\ 0 \end{pmatrix}$; $\overrightarrow{AC} = \begin{pmatrix} 1 \\ 7 \\ 0 \end{pmatrix}$; $\overrightarrow{BC} = \begin{pmatrix} -3 \\ 4 \\ 0 \end{pmatrix}$

$\overrightarrow{AB} * \overrightarrow{BC} = 0$, also ist das Dreieck ABC ein rechtwinkliges Dreieck mit dem rechten Winkel bei B.

$|\overrightarrow{AB}| = |\overrightarrow{BC}| = 5$

Das Dreieck ABC ist ein gleichschenklig-rechtwinkliges Dreieck und kann zu einem Quadrat ergänzt werden.

b) Für D gilt: $\overrightarrow{OD} = \overrightarrow{OA} + \overrightarrow{BC} = \begin{pmatrix} 0 \\ 6 \\ 0 \end{pmatrix}$

D(0|6|0)

c) Für die Koordinaten von M gilt (Mittelpunkt z. B. der Strecke $\overline{AC}$):

$\overrightarrow{OM} = \frac{1}{2}(\overrightarrow{OA} + \overrightarrow{OC}) = \begin{pmatrix} 3,5 \\ 5,5 \\ 0 \end{pmatrix}$, also M(3,5|5,5|0)

d) $\vec{h} = \begin{pmatrix} 0 \\ 0 \\ 1 \end{pmatrix}$ ist ein Normalenvektor zu der Ebene, in der das Quadrat liegt.

g: $\vec{x} = \begin{pmatrix} 3,5 \\ 5,5 \\ 0 \end{pmatrix} + r \cdot \begin{pmatrix} 0 \\ 0 \\ 1 \end{pmatrix}$

5. a) g: $\vec{x} = \begin{pmatrix} 6 \\ -2 \\ -1 \end{pmatrix} + k \cdot \begin{pmatrix} -2 \\ 1 \\ 1 \end{pmatrix}$

Schnittpunkt von g mit der x_2x_3-Ebene:

$x_1 = 6 - 2k = 0$, also $k = 3$; S(0|1|2)

b) $\overrightarrow{AB} = \begin{pmatrix} -10 \\ 5 \\ 5 \end{pmatrix}$; $\overrightarrow{AS} = \begin{pmatrix} -6 \\ 3 \\ 3 \end{pmatrix} = \frac{3}{5}\begin{pmatrix} -10 \\ 5 \\ 5 \end{pmatrix}$, d. h. S liegt zwischen A und B.

c) Wir wählen als Richtungsvektor der Geraden h z. B. $\begin{pmatrix} 1 \\ 0 \\ 2 \end{pmatrix}$.

Es gilt: $\begin{pmatrix} -2 \\ 1 \\ 1 \end{pmatrix} * \begin{pmatrix} 1 \\ 0 \\ 2 \end{pmatrix} = 0$

Mögliche Geraden h: $\vec{x} = \begin{pmatrix} 0 \\ 1 \\ 2 \end{pmatrix} + r \cdot \begin{pmatrix} 1 \\ 0 \\ 2 \end{pmatrix}$

6. a) E ist parallel zur x_2-Achse. E: $\vec{x} = \begin{pmatrix} 4 \\ 0 \\ 0 \end{pmatrix} + r \cdot \begin{pmatrix} 4 \\ 0 \\ -8 \end{pmatrix} + s \cdot \begin{pmatrix} 0 \\ 1 \\ 0 \end{pmatrix}$

b) E ist parallel zur x_1x_3-Ebene. E: $\vec{x} = \begin{pmatrix} 0 \\ -5 \\ 0 \end{pmatrix} + r \cdot \begin{pmatrix} 1 \\ 0 \\ 0 \end{pmatrix} + s \cdot \begin{pmatrix} 0 \\ 0 \\ 1 \end{pmatrix}$

c) E ist parallel zur x_1x_2-Ebene. E: $\vec{x} = \begin{pmatrix} 0 \\ 0 \\ 25 \end{pmatrix} + r \cdot \begin{pmatrix} 1 \\ 0 \\ 0 \end{pmatrix} + s \cdot \begin{pmatrix} 0 \\ 1 \\ 0 \end{pmatrix}$

7. 5 m über dem Boden.

329

8. a) Spitze des Sendemastes: G(4|−3|20)

Gerade g durch G in Richtung der Sonnenstrahlen: g: $\vec{x} = \begin{pmatrix} 4 \\ -3 \\ 20 \end{pmatrix} + k \cdot \begin{pmatrix} 3 \\ 3 \\ -5 \end{pmatrix}$

Schnittpunkt von g mit der x_1x_2-Ebene: $x_3 = 20 - 5k = 0$, also $k = 4$

S(16|9|0)

b) Länge des Schattens: $|\overrightarrow{FS}| = \left|\begin{pmatrix} 12 \\ 12 \\ 0 \end{pmatrix}\right| = \sqrt{288} \approx 16,97$

Der Schatten ist ca. 170 m lang.

329

9. a) $v = \frac{s}{t}$

$s = \left| \begin{pmatrix} -9 \\ -54 \\ 7 \end{pmatrix} - \begin{pmatrix} -4 \\ -99 \\ 7 \end{pmatrix} \right| = \sqrt{2050},\ t = 5\,\text{min}$

$v = \frac{\sqrt{2050}}{5} \frac{\text{km}}{\text{min}} = \frac{\sqrt{2050}}{5} \cdot 60 \frac{\text{km}}{\text{h}} \approx 543{,}32 \frac{\text{km}}{\text{h}}$

Gerade durch F_1 und F_2: $g: \vec{x} = \begin{pmatrix} -9 \\ -54 \\ 7 \end{pmatrix} + s \cdot \begin{pmatrix} 1 \\ -9 \\ 0 \end{pmatrix}$

$s = 1$ entspricht 1 Minute.

Berechnung des erreichten Punktes nach 14 Minuten: $\begin{pmatrix} -9 \\ -54 \\ 7 \end{pmatrix} + 14 \cdot \begin{pmatrix} 1 \\ -9 \\ 0 \end{pmatrix} \cdot 2{,}8 = \begin{pmatrix} 5 \\ -180 \\ 7 \end{pmatrix}$

Abstand zur Radarstation: $\left| \begin{pmatrix} 61 \\ -110 \\ 1 \end{pmatrix} - \begin{pmatrix} 5 \\ -180 \\ 7 \end{pmatrix} \right| = \left| \begin{pmatrix} 56 \\ 70 \\ -6 \end{pmatrix} \right| = \sqrt{8072} \approx 89{,}84\,\text{km}$

b) Die Flugbahn kann durch die Gerade g beschrieben werden.

$g: \vec{x} = \begin{pmatrix} -9 \\ -54 \\ 7 \end{pmatrix} + s \cdot \begin{pmatrix} 1 \\ 9 \\ 0 \end{pmatrix}$

Abstand des Punktes $P(61\,|-110\,|\,1)$ von g bestimmen:

$\overrightarrow{PF} = \begin{pmatrix} -70 \\ 56 \\ 6 \end{pmatrix} + s \cdot \begin{pmatrix} 1 \\ -9 \\ 0 \end{pmatrix}$

$0 = \overrightarrow{PF} * \begin{pmatrix} 1 \\ -9 \\ 0 \end{pmatrix} \Leftrightarrow 82s - 574 = 0 \Leftrightarrow s = 7$

Abstand: $\left| \begin{pmatrix} 63{,}7 \\ 7 \\ -6 \end{pmatrix} \right| \approx 63{,}67\,\text{km}$

Um 18:44 Uhr entfernt sich das Flugzeug von der Radarstation.
Es hat zu diesem Zeitpunkt eine Entfernung von etwa 63,67 km von der Station.

c) Gerade durch G_1 und G_2: $g: \vec{x} = \begin{pmatrix} 14 \\ -276 \\ 6 \end{pmatrix} + t \cdot \begin{pmatrix} 0 \\ -70 \\ -2 \end{pmatrix}$

Bei $t = 2{,}5$ wird die Höhe von 1 000 m erreicht.
$t = 1$ entspricht 10 Minuten.
$t = 2{,}5$ entspricht 25 Minuten.
Wenn das Flugzeug mit der Geschwindigkeit von 19:05 Uhr weiter fliegt, kann es den Flugplatz frühestens um 19:30 Uhr erreichen.

10. a) $C(0\,|\,c\,|\,0)$

$\overrightarrow{BA} = \begin{pmatrix} 0 \\ -4 \\ 3 \end{pmatrix};\ \overrightarrow{BC} = \begin{pmatrix} -6 \\ c-4 \\ 0 \end{pmatrix}$

$\overrightarrow{BA} * \overrightarrow{BC} = 0$, also $-4c + 16 = 0$, d. h.
$c = 4$; $C(0\,|\,4\,|\,0)$

$\overrightarrow{OD} = \overrightarrow{OA} + \overrightarrow{BC} = \begin{pmatrix} 0 \\ 0 \\ 3 \end{pmatrix}$, also $D(0\,|\,0\,|\,3)$

$|\overrightarrow{AB}| = 5$; $|\overrightarrow{BC}| = 6$

Flächeninhalt des Rechtecks:
$|\overrightarrow{AB}| \cdot |\overrightarrow{BC}| = 30$

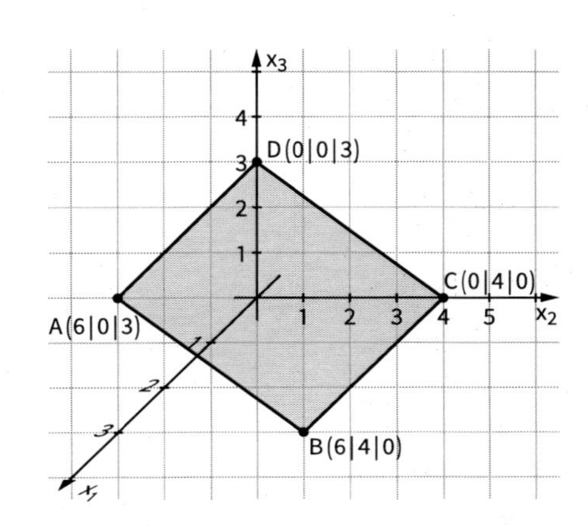

329

b) $\overrightarrow{OS} = \frac{1}{2}\left(\overrightarrow{OA} + \overrightarrow{OC}\right) = \begin{pmatrix} 3 \\ 2 \\ 1{,}5 \end{pmatrix}$, also $S(3|2|1{,}5)$

Für den Richtungsvektor $\vec{u} = \begin{pmatrix} u_1 \\ u_2 \\ u_3 \end{pmatrix}$ von g gilt

(1) $\vec{u} * \overrightarrow{AC} = 0$

(2) $\vec{u} * \overrightarrow{BD} = 0$, also

(1) $-6u_1 + 4u_2 - 3u_3 = 0$

(2) $-6u_1 - 4u_2 + 3u_3 = 0$

Mögliche Lösung $u_1 = 0,\ u_2 = 3;\ u_3 = 4$ also $\vec{u} = \begin{pmatrix} 0 \\ 3 \\ 4 \end{pmatrix}$

g: $\vec{x} = \begin{pmatrix} 3 \\ 2 \\ 1{,}5 \end{pmatrix} + t \cdot \begin{pmatrix} 0 \\ 3 \\ 4 \end{pmatrix}$

c) $P_t(3|2+3t|1{,}5+4t)$

$\left|\overrightarrow{SP_t}\right| = \left|t \cdot \begin{pmatrix} 0 \\ 3 \\ 4 \end{pmatrix}\right| = 5 \cdot |t|$

Aus $\left|\overrightarrow{SP_t}\right| = 15$ folgt $t = 3$ oder $t = -3$.

Die gesuchten Punkte sind $P_1(3|11|13{,}5)$ und $P_2(3|-7|-10{,}5)$.

11. a) $\overrightarrow{AB} = \begin{pmatrix} -6 \\ 3 \\ 6 \end{pmatrix}$, $\overrightarrow{DC} = \begin{pmatrix} -2 \\ 1 \\ 2 \end{pmatrix}$

$\overrightarrow{AB} = 3 \cdot \overrightarrow{DC}$

Die Seiten $\overline{AB}$ und $\overline{DC}$ des Vierecks sind parallel zueinander, das Viereck ist also ein Trapez.

$$\cos(\alpha) = \frac{\overrightarrow{AB} * \overrightarrow{AD}}{|\overrightarrow{AB}| \cdot |\overrightarrow{AD}|} = \frac{\begin{pmatrix} -6 \\ 3 \\ 6 \end{pmatrix} * \begin{pmatrix} -3 \\ -4 \\ 4 \end{pmatrix}}{\left|\begin{pmatrix} -6 \\ 3 \\ 6 \end{pmatrix}\right| \cdot \left|\begin{pmatrix} -3 \\ -4 \\ 4 \end{pmatrix}\right|} = \frac{30}{9 \cdot \sqrt{41}},\ \text{also } \alpha \approx 58{,}6°$$

$$\cos(\beta) = \frac{\overrightarrow{BA} * \overrightarrow{BC}}{|\overrightarrow{BA}| \cdot |\overrightarrow{BC}|} = \frac{\begin{pmatrix} 6 \\ -3 \\ -6 \end{pmatrix} * \begin{pmatrix} 1 \\ -6 \\ 0 \end{pmatrix}}{\left|\begin{pmatrix} +6 \\ -3 \\ -6 \end{pmatrix}\right| \cdot \left|\begin{pmatrix} 1 \\ -6 \\ 0 \end{pmatrix}\right|} = \frac{24}{9 \cdot \sqrt{37}},\ \text{also } \beta \approx 64{,}0°$$

$\gamma = 180° - \beta \approx 116°$

$\delta = 180° - \alpha \approx 121{,}4°$

b) Es gilt: $\overrightarrow{OE} = \overrightarrow{OA} + \overrightarrow{BC} = \begin{pmatrix} 3 \\ 2 \\ 1 \end{pmatrix}$, also $E(3|2|1)$.

7.3 Aufgaben zur Wahrscheinlichkeitsrechnung und zu Matrizen

330

1. a)

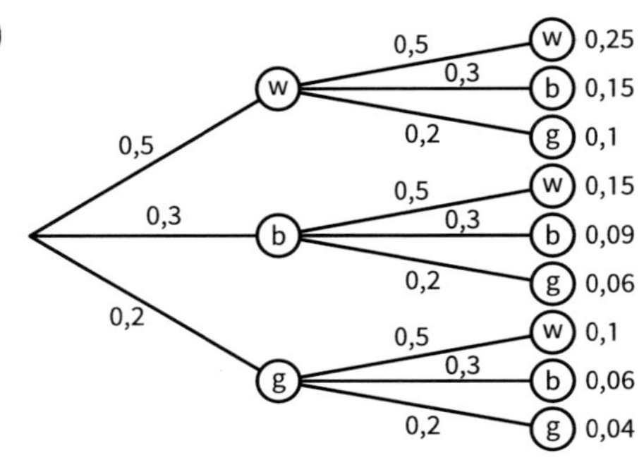

330

b) $P(E) = 0{,}5^2 + 0{,}3^2 + 0{,}2^2 = 0{,}38$

c) Zufallsgröße X: *Auszahlung in €*

$E(X) = 0{,}38 \cdot 2\,€ + 0{,}62 \cdot 0\,€ = 0{,}76\,€$

Im Mittel werden pro Spiel 0,76 € ausgezahlt, d. h. der Spielbetreiber hat im Mittel einen Gewinn von 0,24 € pro Spiel.

2. a) Aus dem Histogramm ist zu entnehmen:

$P(X=0) = P(X=4) = \frac{1}{9}$; $P(X=1) = P(X=3) = \frac{2}{9}$ sowie $P(X=2) = \frac{3}{9}$.

Da das Histogramm symmetrisch ist, müsste $p = 0{,}5$ sein; allerdings ist dann:

$P(X=0) = P(X=4) = 0{,}5^4 = 0{,}0625$; $P(X=1) = P(X=2) = 4 \cdot 0{,}5^4 = 0{,}25$ und

$P(X=3) = 6 \cdot 0{,}5^4 = 0{,}375$, was nicht mit den Werten des Histogramms übereinstimmt.

Alternativ kann man schließen: Aus $P(X=0) = p^4 = \frac{1}{9}$, dass gilt: $p = \frac{1}{\sqrt[4]{9}} = \frac{1}{\sqrt{3}}$;

andererseits müsste wegen $P(X=4) = (1-p)^4$ auch gelten: $q = \frac{1}{\sqrt[4]{9}} = \frac{1}{\sqrt{3}}$.

Da aber $p + q = 1$ sein muss, kann das abgebildete Histogramm nicht zu einer Binomialverteilung gehören.

b) Wenn $p = 0{,}5$ ist, dann ist auch $q = 0{,}5$ und daher vereinfacht sich die Berechnung gemäß BERNOULLI-Formel: $P(X=k) = \binom{n}{k} \cdot 0{,}5^k$. Da für die Binomialkoeffizienten gilt $\binom{n}{k} = \binom{n}{n-k}$, d. h. der Binomialkoeffizient ist symmetrisch, folgt

$P(X = n-k) = \binom{n}{n-k} \cdot 0{,}5^k = \binom{n}{k} \cdot 0{,}5^k = P(X=k)$.

c) Die Wahrscheinlichkeitsverteilung wurde bereits in der Lösung von Teilaufgabe b) angegeben:

k	P(X = k)
0	0,0625
1	0,2500
2	0,3750
3	0,2500
4	0,0625

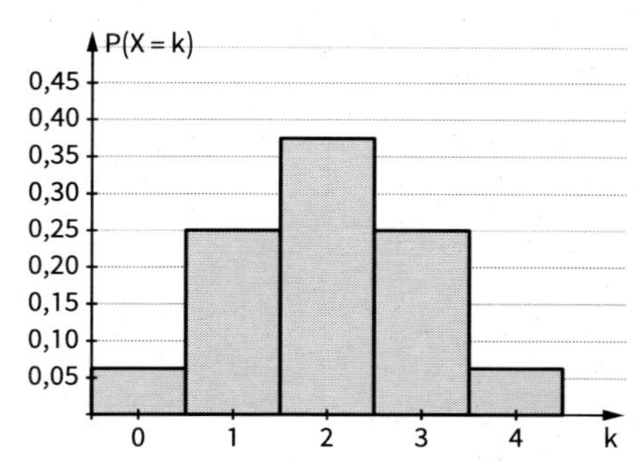

d) Da n ungerade ist, ist der Erwartungswert nicht ganzzahlig. Hier ergibt sich: $E(X) = 5 \cdot 0{,}5 = 2{,}5$. Daher gibt es zwei Anzahlen von Erfolgen, für welche die Wahrscheinlichkeit maximal ist:

Es gilt $P(X=2) = P(X=3) = 10 \cdot 0{,}5^5 = 0{,}3125$.

3. a) $\mu = n \cdot p = 150 \cdot 0{,}4 = 60$; $\sigma = \sqrt{150 \cdot 0{,}4 \cdot 0{,}6} = \sqrt{36} = 6$.

b) Die LAPLACE-Bedingung $(\sigma > 3)$ ist erfüllt. Daher lassen sich die Sigma-Regeln anwenden. $1{,}96 \cdot \sigma \approx 11{,}76$. Mit einer Wahrscheinlichkeit von ca. 95 % wird die Anzahl der gewonnenen Spiele also zwischen 49 und 71 (einschließlich) liegen.

c) In der 1 σ-Umgebung von μ liegen ungefähr zwei Drittel der Ergebnisse, d. h. die Wahrscheinlichkeit, dass die Anzahl der gewonnenen Spiele in das Intervall $54 \le X \le 66$ fällt, ist deutlich größer als 50 %, also ist die Wette vorteilhaft.

4. a) $M = \begin{pmatrix} a & b \\ d & c \end{pmatrix}$

330

b) Da vom Zustand A aus entweder ein Übergang nach A oder nach B erfolgt, muss die Summe der Wahrscheinlichkeiten a und d gleich 1 sein. Entsprechendes gilt für die Übergänge von B aus. Daher gilt: $a + d = 1$ und $b + c = 1$.

c) $\vec{v_1} = \begin{pmatrix} a & b \\ d & c \end{pmatrix} \cdot \begin{pmatrix} 1 \\ 0 \end{pmatrix} = \begin{pmatrix} a \\ d \end{pmatrix}$; $\vec{v_2} = \begin{pmatrix} a & b \\ d & c \end{pmatrix} \cdot \begin{pmatrix} a \\ d \end{pmatrix} = \begin{pmatrix} a^2 + b \cdot d \\ a \cdot d + c \cdot d \end{pmatrix}$.

d) Es muss gelten: $\begin{pmatrix} a & b \\ d & c \end{pmatrix} \cdot \begin{pmatrix} 0{,}5 \\ 0{,}5 \end{pmatrix} = \begin{pmatrix} 0{,}5 \\ 0{,}5 \end{pmatrix}$, also $0{,}5\,a + 0{,}5\,b = 0{,}5$ $(\Leftrightarrow a + b = 1)$ und $0{,}5\,d + 0{,}5\,c = 0{,}5$ $(\Leftrightarrow d + c = 1)$. Da außerdem noch die Bedingungen aus Teilaufgabe b) gelten müssen, ergibt sich ein lineares Gleichungssystem mit 4 Gleichungen und 4 Variablen:

$$\left| \begin{matrix} a + b = 1 \\ c + d = 1 \\ a + d = 1 \\ b + c = 1 \end{matrix} \right|.$$

Hinweis: Dieses Gleichungssystem besitzt unendlich viele Lösungen: $(1 - t; t; 1 - t; t)$ mit $0 \le t \le 1$.

5. a) Da die Übergangswahrscheinlichkeiten von den Zuständen A, B, C zu den Zuständen A, B, C jeweils zusammen 100 % betragen müssen, ergibt sich: $x = 0{,}7$ und $y = 0{,}7$ sowie $a = 0{,}2$; $b = 0{,}5$; $c = 0{,}5$.

b) $M_2 = \begin{pmatrix} 0{,}3 & 0{,}3 \\ 0{,}7 & 0{,}7 \end{pmatrix}$; $M_3 = \begin{pmatrix} 0{,}3 & 0{,}3 & 0{,}3 \\ 0{,}2 & 0{,}2 & 0{,}2 \\ 0{,}5 & 0{,}5 & 0{,}5 \end{pmatrix}$

c) $\begin{pmatrix} 0{,}3 & 0{,}3 \\ 0{,}7 & 0{,}7 \end{pmatrix} \cdot \begin{pmatrix} x \\ y \end{pmatrix} = \begin{pmatrix} 0{,}3x + 0{,}3y \\ 0{,}7x + 0{,}7y \end{pmatrix} = \begin{pmatrix} 0{,}3 \cdot (x + y) \\ 0{,}7 \cdot (x + y) \end{pmatrix} = \begin{pmatrix} 0{,}3 \\ 0{,}7 \end{pmatrix}$, da $x + y = 1$.

$\begin{pmatrix} 0{,}3 & 0{,}3 & 0{,}3 \\ 0{,}2 & 0{,}2 & 0{,}2 \\ 0{,}5 & 0{,}5 & 0{,}5 \end{pmatrix} \cdot \begin{pmatrix} x \\ y \\ z \end{pmatrix} = \begin{pmatrix} 0{,}3 \cdot (x + y + z) \\ 0{,}2 \cdot (x + y + z) \\ 0{,}5 \cdot (x + y + z) \end{pmatrix} = \begin{pmatrix} 0{,}3 \\ 0{,}2 \\ 0{,}5 \end{pmatrix}$, da $x + y + z = 1$.

331

6. a) X: *Anzahl der tatsächlich belegten Plätze*; $n = 54$; $p = 0{,}9$;
$P(X < 51) = P(X \le 50) = \text{binomcdf}(54, 0.9, 50) = 0{,}802$

b) $n = 120$; $p = 0{,}9$; $P(X \le 108) = \text{binomcdf}(120, 0.9, 108) = 0{,}544$

c) $n = 200$; $p = 0{,}95$;
$P(X \le 180) = \text{binomcdf}(200, 0.95, 180) = 0{,}0027$

d) X: *Anzahl der Buchungen*; $n = 150$, $p = 0{,}45$;
Prognose (Intervallschätzung): $\mu = 67{,}5$; $1{,}96\sigma \approx 11{,}94$; also σ-Regel:
$P(55 \le X \le 80) \approx 0{,}95$ (Kontrollrechnung: $P(55 \le X \le 80) = 0{,}967$; $P(56 \le X \le 79) = 0{,}951$)
Das Ergebnis $X = 59$ weicht nicht signifikant von μ ab.

e) X: *Anzahl der Einzelzimmer-Buchungen*; $p = 0{,}23$;
$P(X \ge 1) = 1 - P(X = 0) = 1 - 0{,}77^n \ge 0{,}99 \Leftrightarrow 0{,}77^n \le 0{,}01 \Leftrightarrow n \ge \log_{0{,}77}(0{,}01) \approx 17{,}6$
Mindestens 18 Buchungen müssen abgewartet werden, bis darunter mit einer Wahrscheinlichkeit von mindestens 99 % mindestens eine Einzelzimmerbuchung ist.

7. a) X: *Anzahl der Sportbegeisterten*; $n = 250$, $p = 0{,}7$
(1) $P(X = 175) = \text{binompdf}(250, 0.7, 175) = 0{,}055$
(2) $P(X < 180) = P(X \le 179) = \text{binomcdf}(250, 0.7, 179) = 0{,}731$
(3) $P(170 \le X \le 185) = \text{binomcdf}(250, 0.7, 170, 185) = 0{,}705$

331 **b)**

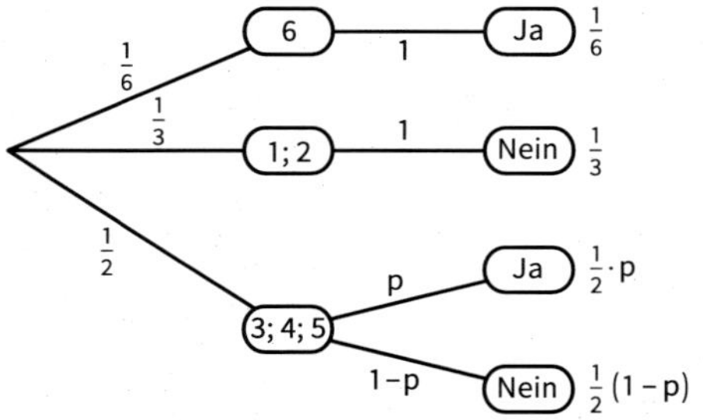

Baumdiagramm:
- $\frac{1}{6}$ → 6 → 1 → Ja: $\frac{1}{6}$
- $\frac{1}{3}$ → 1; 2 → 1 → Nein: $\frac{1}{3}$
- $\frac{1}{2}$ → 3; 4; 5 → p → Ja: $\frac{1}{2}\cdot p$
- $\frac{1}{2}$ → 3; 4; 5 → 1 − p → Nein: $\frac{1}{2}(1-p)$

(1) $P(\text{„Ja“}) = \frac{1}{6} + \frac{1}{2} \cdot 0{,}21 \approx 27{,}2\,\%$

(2) $\frac{1}{6} + \frac{1}{2} \cdot p = 0{,}35 \Rightarrow p \approx 36{,}7\,\%$

c) X: *Anzahl der Jugendlichen, deren Lieblingsfach Geschichte ist*; $n = 180$; $p = \frac{1}{3}$
Prognose (Intervallschätzung): $\mu = 60$; $1{,}96\,\sigma \approx 12{,}40$: σ-Regel: $P(47 \le X \le 73) \approx 0{,}95$
(Kontrollrechnung: $P(47 \le X \le 73) = 0{,}968$; $P(48 \le X \le 72) = 0{,}952$)
Wenn weniger als 48 oder mehr als 72 Mädchen in der Befragung Geschichte als Lieblingsfach bezeichnen, würde man den Ansatz $p = \frac{1}{3}$ für falsch halten.

d) X: *Anzahl der Jugendlichen, die zum Interview bereit sind*; $p = 0{,}4$

n	600	650	660	670	675	676
$P(X \ge 250) = 1 - P(X \le 249)$	0,214	0,800	0,876	0,928	0,947	0,950

Alternative Lösung mithilfe der σ-Regeln: $P(\mu - 1{,}64\,\sigma \le X \le \mu + 1{,}64\,\sigma) \approx 0{,}9$;
also $P(X \ge \mu - 1{,}64\,\sigma) \approx 0{,}95$.
Gesucht wird die Lösung der Ungleichung $0{,}4 \cdot n - 1{,}64 \cdot \sqrt{n \cdot 0{,}5 \cdot 0{,}6} \ge 250$.
Mithilfe des Gleichungslösers des GTR findet man $n \ge 677{,}3$.
Durch Kontrollrechnung kann dann dieser Näherungswert korrigiert werden.

332 **8. a)**

Anzahl Pralinen	Wahrscheinlichkeit	Gewinn* in €	Berechnung des Erwartungswertes
0	0,5	−1	−0,5
2	0,1	−0,6	−0,06
4	0,1	−0,2	−0,02
6	0,1	+0,2	+0,02
8	0,1	+0,6	+0,06
10	0,1	+1	+0,1
		E(Gewinn*) =	−0,4

* Gewinn aus der Sicht des Spielteilnehmers

Der Betreiber des Spiels gewinnt im Mittel 0,40 € pro Spiel.

b)

Anzahl Pralinen	Wahrscheinlichkeit	Gewinn* in €	Berechnung des Erwartungswertes
1	0,5	−0,8	−0,4
a	0,3	0,2 a − 1	0,06 a − 0,3
2a	0,1	0,2 a − 1	0,02 a − 0,1
5a	0,1	0,5 a − 1	0,05 a − 0,1
		E(Gewinn) =	0,13 a − 0,9

Dieser Erwartungswert des Gewinns ist für $a \in \{1; 2; \ldots; 6\}$ negativ, d. h. günstig für den verfolgten Zweck.

332

c) $p = 0{,}2$; X: Anzahl der Pralinen vom Typ *Kult*

$n = 10$

(1) $P(X = 2) = \binom{10}{2} \cdot 0{,}2^2 \cdot 0{,}8^8 \approx 0{,}302$

(2) $P(X \le 4) \approx 0{,}967$

(3) $P(3 < X < 6) = P(X = 4) + P(X = 5) \approx 0{,}115$

d) $n = 100$

(1) $P(18 \le X \le 22) \approx 0{,}468$

(2) $P(X > 25) = 1 - P(X \le 25) \approx 0{,}087$

e) $P(X \ge 1) = 1 - P(X = 0) \ge 0{,}99$; $P(X = 0) = 0{,}8^n$

Aus $1 - 0{,}8^n \ge 0{,}99$ folgt $0{,}8^n \le 0{,}01$. $n \ge \log_{0,8}(0{,}01) \approx 20{,}6$

Dies ist erfüllt für $n \ge 21$.

9. a) Startvektor: $\vec{v_0} = \begin{pmatrix} 0{,}32 \\ 0{,}28 \\ 0{,}22 \\ 0{,}18 \end{pmatrix}$.

Zustand nach einem Quartal:

$\vec{v_1} = M \cdot \vec{v_0} = \begin{pmatrix} 0{,}367 \\ 0{,}297 \\ 0{,}194 \\ 0{,}142 \end{pmatrix}$

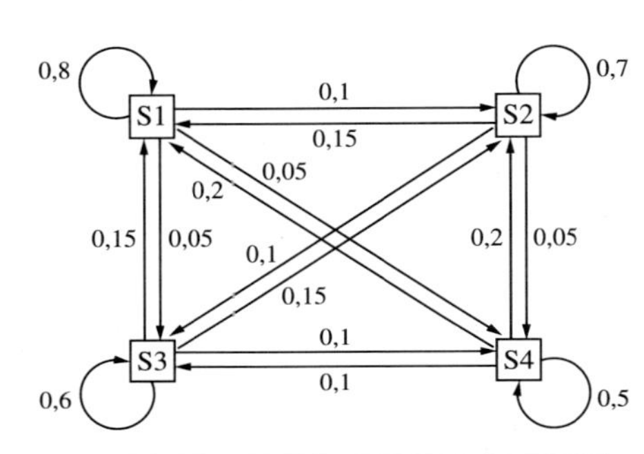

b)

Hersteller	1. Quartal	2. Quartal	3. Quartal	4. Quartal	5. Quartal	6. Quartal
S1	0,367	0,396	0,413	0,424	0,431	0,436
S2	0,297	0,302	0,303	0,301	0,300	0,299
S3	0,194	0,179	0,170	0,164	0,161	0,159
S4	0,142	0,124	0,115	0,110	0,108	0,107

Der Marktanteil von S2 liegt im 2. bis 5. Quartal oberhalb von 30 %.

c) Auf lange Sicht ergibt sich: $\vec{v_\infty} = \begin{pmatrix} 0{,}444 \\ 0{,}296 \\ 0{,}156 \\ 0{,}105 \end{pmatrix}$ (Rundungsfehler: Summe = 1,001)

d) Lösung mithilfe des linearen Gleichungssystems $M \cdot \begin{pmatrix} a \\ b \\ c \\ d \end{pmatrix} = \begin{pmatrix} 0{,}32 \\ 0{,}28 \\ 0{,}22 \\ 0{,}18 \end{pmatrix}$ oder mithilfe der Umkehrmatrix M^{-1}: $M^{-1} \cdot \vec{v_0} = \begin{pmatrix} 0{,}242 \\ 0{,}235 \\ 0{,}264 \\ 0{,}260 \end{pmatrix}$

Geht man noch weiter zurück, so erhält man negative Anteile, d. h. die Annahme der gleichbleibenden Übergangsquoten ist nicht realistisch:

Hersteller	letztes Quartal	vorletztes Quartal	vorvorletztes Quartal
S1	0,242	0,108	−0,125
S2	0,235	0,125	−0,129
S3	0,264	0,339	0,466
S4	0,260	0,428	0,788